Horst Kretzschmar

Die Orchideen Deutschlands

Finden und Bestimmen

3., überarbeitete Auflage

Quelle & Meyer Verlag Wiebelsheim

Die Angaben in diesem Buch sind vom Autor und dem Verlag sorgfältig erwogen und geprüft, dennoch kann keine Garantie übernommen werden. Eine Haftung des Autors bzw. des Verlags und seiner Beauftragten für Personen-, Sach- und Vermögensschäden ist ausgeschlossen.

Bibliografische Information der Deutschen Nationalbibliothek
Die Deutsche Nationalbibliothek verzeichnet diese Publikation in der Deutschen Nationalbibliografie; detaillierte bibliografische Daten sind im Internet über http://dnb.d-nb.de abrufbar.

3., überarbeitete Auflage

www.quelle-meyer.de

Umschlagabbildungen: Dr. Horst Kretzschmar
Druck und Verarbeitung: Belvédère Print & Packaging b.v., Niederlande
Printed in Europe/Imprimé en Europe
ISBN 978-3-494-01741-9

Inhaltsverzeichnis

Einleitung, Zielsetzung, Artbegriff, Definitionen

Mit dem vorliegenden Buch im „Taschenformat" möchte der Autor dem interessierten Naturfreund ein Buch in die Hand geben, das „im Kern" die deutschen Orchideen darstellt. Es sollte hiermit auch dem botanischen Laien möglich sein, diese besonders vielgestaltigen Pflanzen zu bestimmen (mit Hilfe besonderer Schlüssel) und zusätzlich viel über die Überlebensstrategien, wie die Vorgänge beim Bestäuben z. B. und ihre Verwandtschaftsbeziehungen untereinander, zu verstehen. Neue Forschungsergebnisse auf genetischem Gebiet machten es erforderlich, Namensänderungen einzuführen, die den tatsächlichen Verwandtschaftsverhältnissen Rechnung tragen. Dadurch ist man dem schon vom Vater der Botanik, Carl von Linné, formulierten „Traum der Botaniker" nach einer natürlichen Systematik, ein gutes Stück näher gekommen. Es erscheint sinnvoll, die zugrunde liegenden Techniken zumindest in den Grundzügen zu erklären. Wohl bekannt ist, dass sämtliche Erbinformation eines Individuums in seiner DNS (Desoxyribonukleinsäure) als Code gespeichert vorliegt, der aus nur wenigen Aminosäuren aufgebaut ist. Für die Klärung der Artzugehörigkeit ist es wenig hilfreich, sich Bereiche des Stranges anzusehen, wo Merkmale codiert werden, weil sich diese den unterschiedlichen Merkmalen entsprechend auch unterscheiden. Vielmehr muss man sich ein Areal des Codes nehmen, welches selber keine Bedeutung hinsichtlich Merkmalsausprägung hat und nur der zufälligen Mutation unterliegt. Einen solchen Bereich hat man im sogenannten ITS-Segment gefunden, dessen Sequenzierung (die Analyse seiner Nukleotidsequenz) heute ein biochemisches Standardverfahren ist. Mittels mathematischer Verfahren kann man die wahrscheinliche Verwandtschaft verschiedener solcher Sequenzen zueinander errechnen. Die damit erreichte statistische Sicherheit ist meist hoch und wird umso besser, je mehr Taxa einer Gruppe analysiert wurden. Mittels sogenannter Bootstrap-Werte kann man in erstellten Verwandtschaftsbäumen den Grad der Sicherheit charakterisieren, den eine gewisse Verzweigung des Baumes besitzt. Zumindest auf Gattungsebene sind dadurch heute nicht mehr viele Fragen offen, während auf Artebene (oder bei niedrigeren Rangstufen) noch weit größere Kenntnislücken bestehen.

Nach dem phylogenetischen (oder evolutionären) Artkonzept sollte ein Taxon generell ein Monophylum darstellen, d. h. die Summe aller Nachkommen umfassen, die von einem Individuum abstammen. Dies wurde bei der Systematik und Nomenklatur im vorliegenden Buch konsequent angewandt und im Einzelfall begründet. Allerdings ist eine Systematik der Orchideen nicht in allen Teilen so „konstruierbar", weil es einige Gattungen gibt, die sich auf der Ebene ihrer Arten durch eine ungeheure Neigung zu Polyploidie und Hybridisation mit spezifischer ökologischer Anpassung auszeichnen, wie z. B. die Gattung *Dactylorhiza* (siehe dort). Zwar kann man auch hier mittels sogenannter Allozymanalysen und ähnlichen Techniken Genstrukturen erfassen und damit auch den Entstehungsweg dieser Sippen, jedenfalls in Bezug auf die untersuchten Gene nachvollziehen, die Ergebnisse zeigen aber, dass in diesen Fällen über Polyploidie und nachfolgender Hybridisation das phylogenetische Prinzip eben gerade umgangen wurde. (Anmerkung: Allozyme sind Varianten von Polypeptiden, die verschiedene allelische Alternativen, d. h. verschiedene mögliche Ausprägungen eines Genes, am gleichen Ort im Chromosom repräsentieren).

Es bleibt in vielen Fällen keine Alternative, zur Festlegung von Rangstufen unterhalb der Art weitere Kriterien heranzuziehen. Nachfolgende Definitionen dienten im vorliegenden Buch zur Entscheidungsfindung (nach Kretzschmar et. al, 2007):

Eine **Art** liegt vor, wenn zu ihrer Charakterisierung eindeutige, konstante, genetische und/oder morphologisch trennende Kriterien vorhanden sind und wenn sie ökologisch, geographisch oder auf andere Weise von verwandten Arten isoliert ein bestimmtes Verbreitungsgebiet besiedelt.

Wenn am Rand des Verbreitungsgebietes einer Art — seltener auch innerhalb des Areals — deren Erscheinungsbild sich wandelt, sodass es nicht nur lokal zur Ausbildung einheitlicher Populationen aus morphologisch eindeutig von der Stammart zu unterscheidenden Pflanzen kommt, die aber in wesentlichen Merkmalen noch mit der Stammart übereinstimmen, wird der Begriff der **Unterart** benutzt. Mischpopulationen zweier Unterarten sind in der Regel durch unterscheidende Faktoren (z. B. unterschiedliche ökologische oder geologische Ansprüche) ausgeschlossen. Obwohl in Überschneidungsarealen die Zuordnung schwierig sein kann, ist aufgrund einer bestehenden, großräumigen Stabilisierung solcher Sippen die Zubilligung des Unterartranges notwendig.

Der Begriff der **Varietät** wird gebraucht für Abweichungen, die kleinräumig innerhalb des Verbreitungsgebietes einer Art auftreten oder auch gelegentlich, z. B. nicht selten bei Neubesiedlungen, clusterartige Kleinpopulationen ausbilden.

Auffällige individuelle Abweichungen einzelner Pflanzen, auch wenn sie im gesamten Verbreitungsgebiet nicht selten sind, werden unter dem Begriff der **Form** eingeordnet.

Wie Benennungen zu erfolgen haben, wird grundsätzlich festgelegt im Internationalen Code der botanischen Literatur (2012). Hier heißt es in den Präambeln:

> „Dieser Code soll feste Richtlinien geben für die Benennung taxonomischer Gruppen und für die Vermeidung und Verwerfung von Namen, die zu Irrtum oder Zweifel Anlaß geben oder die Wissenschaft in Verwirrung stürzen. Wichtig ist ferner das Vermeiden der unnützen Aufstellung von Namen. Die allein maßgeblichen Gründe, einen Namen zu ändern, sind entweder eine gründlichere Kenntnis der Tatsachen, die sich aus sachkundiger taxonomischer Forschung ergibt, oder die Notwendigkeit, eine regelwidrige Benennung aufzugeben."

Der Aufbau des Buches

Nach Gliederung und einleitendem Kapitel mit Begriffsdefinitionen und allgemein erklärenden Anmerkungen wird zunächst die Entwicklung der Orchideen beschrieben, dann die systematische Gliederung aller aufgenommenen Taxa zusammenhängend dargestellt. Es folgen exemplarisch drei Kapitel, die nacheinander typische Biotope zeigen, in denen Orchideen auftreten, Austriebe und Winterblätter verschiedener Arten abbilden und eine Einführung in die Bestäubungsmechanismen geben. Ein großes Kapitel zeigt nebeneinander die Fruchtstände bzw. Samenstände aller Arten und erläutert die Unterschiede. Nach den Schlüsseln folgt der alphabetisch geordnete Artenteil. Der Name jeder Art oder Unterart ist weiß auf rotem Grund abgehoben. Da im jeweiligen Artkapitel auf jegliche Systematik verzichtet wurde, erfolgt hinter dem Artnamen ein Verweis (abgekürzt mit „S") auf die Seite im Buch, auf der die Taxonomie behandelt wird. Weiterhin findet sich an dieser Stelle, gekennzeichnet mit „F", ein Verweis auf die Abbildung der zugehörigen Frucht. Gibt es Hybriden, an der das betreffende Taxon beteiligt ist, werden mit vorangestelltem „H“ die Seiten im Buch aufgelistet, auf denen solche Hybriden erwähnt oder abgebildet werden. Zu jeder Art ist eine morphologische Charakteristik vorhanden, besonders spezifische Merkmale werden darin halbfett hervorgehoben, es werden der Vegetationszyklus und die Ökologie beschrieben, Zytologie und Variationsbreite genannt. Abschließend folgen im Einzelfall Angaben zu Schutz und Gefährdung. Zu jeder in Deutschland natürlich vorkommenden Art wird eine kleine Verbreitungskarte auf der Basis von Messtischblättern (MTB) gezeigt. Funde ab 1980 werden durch rote Punkte, Funde vor dieser Zeit als blaue dargestellt. Unter der Karte steht in einem grau unterlegtem Feld jeweils eine ökologisch charakterisierende Formel (nach LANDOLD, die Erklärung dieser Formel findet sich auf S. 7), in der nächsten Zeile werden die Dauer der Vegetationsphase (d. h. die Zeit vom Austrieb bis zum Vergehen) und die Dauer der Blütezeit genannt, in der letzten Zeile wird die Verbreitung auf der Basis von MTB insgesamt zu allen Zeiten und die aktuelle Verbreitung angegeben. Ein kleines Kapitel nach dem Artenteil gibt exemplarisch eine Übersicht auftretender Monstrositäten, gefolgt von einem umfassenden Teil mit bekannten Hybriden. Das Buch wird beschlossen von einem Verzeichnis zitierter Literatur, einem Verzeichnis der Bildautoren, einer Liste von Kontaktadressen zu den Arbeitskreisen Heimische Orchideen, einem Glossar und einem Index.

Die Bilder tragen keine Unterschriften (bis auf wichtige Ausnahmen) und sie sind auch nicht datiert, weil der dafür benötigte Platz sehr zu Lasten der Bildgrößen gegangen wäre.

Ein großer Teil der Kenntnis über die Verbreitung der Orchideen in Deutschland ist der Arbeit der Mitglieder der Arbeitskreise Heimische Orchideen (AHO) zu verdanken. Diese Funddaten wurden in einem sehr umfassenden Werk, „Die Orchideen Deutschlands“, von den AHO 2005 publiziert. Die im jetzt vorliegenden Feldführer gezeigten Verbreitungskarten basieren auf diesen 2005 publizierten Karten.

Bild rechts: Sicher der Inbegriff der heimischen Orchideen: *Cypripedium calceolus*, der Frauenschuh.

Was sind Orchideen?

Orchideen sind Samenpflanzen aus der Abteilung der Bedecktsamer. Hier gehören sie zur Klasse der einkeimblättrigen Pflanzen (*Liliopsida*). In deren Unterklasse der Lilienähnlichen (*Liliidae*) gehören sie zur Ordnung der Spargelartigen (*Asparagales*). Man kann den grundsätzlichen Blütenaufbau von einer typischen „lilienartigen" Blüte wie z. B. einer Tulpe ableiten. Grundsätzlich besteht eine solche Blüte (wie im Bild links oben zu sehen) aus 3 Kelch- und 3 Kronblättern, die bei einer solchen Blüte sehr ähnlich gestaltet sind, sodass diese 6 farbige Blütenblätter trägt. Diese schließen ebenfalls 6 Staubblätter ein, die um den oberständigen Fruchtknoten herum angeordnet sind. Letzterer bietet an seiner Spitze die Narbe zur Bestäubung an.

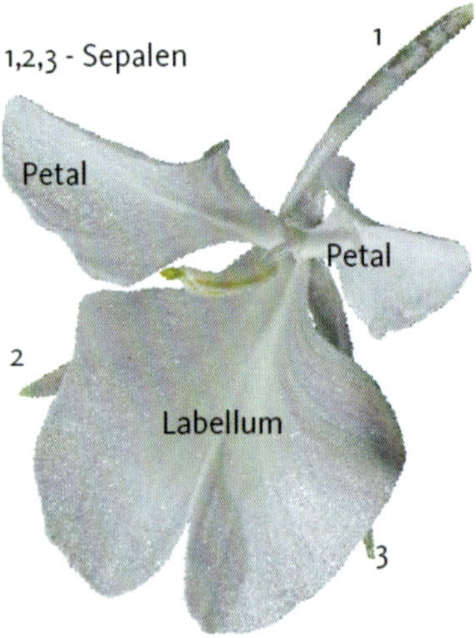

Um zum Grundaufbau der Blüten der Orchideen zu kommen, waren einige Veränderungen notwendig. Bemerkenswert ist die Tatsache, dass es in anderen Klassen der Einkeimblättrigen ähnliche Entwicklungen gegeben hat, z. B. in der Familie der Ingwergewächse, bei denen sehr gut Zwischenschritte einer solchen Evolution beobachtet werden können. Kelch- und Kronblätter (Sepalen und Petalen) nehmen eine unterschiedliche Gestalt an, ein Petalum vergrößert sich zu einer auffälligen Lippe (Labellum), sodass das Resultat eine spiegelsymmetrische Blüte ist. Gleichzeitig bilden sich 5 der 6 Staubblätter zurück, das verbliebene liegt einem verlängerten Griffel an. Diese beschriebenen Veränderungen sind an der abgebildeten Blüte eines Ingwergewächses (*Hedychium coronarium*, links unten) gut zu erkennen.

Orchideen haben in den Grundzügen eine ähnliche Entwicklung genommen, die aber noch erheblich weitergeht. Die Gliederung in einen äußeren Kranz aus 3 Sepalen und einen inneren Ring aus paarigen Petalen und einem speziell gestalteten Labellum (Lippe) entspricht dem vorherigen Beispiel, zusätzlich erfolgt meist eine Drehung (Resupination), sodass die Lippe in der Regel unten steht. Allen Orchideen gemeinsam ist die zusätzliche Entwicklung einer Griffelsäule (Gynostemium), weibliche und männliche Organe sind zu diesem einen Organ verwachsen. Nur ein Staubblatt

bleibt funktionsfähig (lediglich bei *Cypripedium* sind es zwei), zwei weitere werden zu sogenannten Staminodien umgewandelt.
Unten links ist eine Griffelsäule von *Orchis purpurea* abgebildet. An der Spitze sind hier zwei getrennte Pollenfächer (8 – in anderen Fällen gibt es nur ein gemeinsames Pollenfach oder dieses fehlt ganz) mit den darin liegenden Pollinarien angeordnet. Berührt ein anfliegendes Insekt die Klebscheibe (10) unter den Pollenfächern, so werden ihm die Pollinarien an den Kopf geklebt, wie im Bild rechts zu sehen. Unter den Pollenorganen liegt, direkt über dem Sporneingang, eine feucht schimmernde, herzförmige Fläche, die Narbe. Besucht das „präparierte“ Insekt die nächste Blüte, und versucht den Sporneingang zu erreichen, presst es die „Puderquaste“ auf die Narbe und vollzieht die Bestäubung.

Einheitlicher Aufbau aller Orchideen-Blüten trotz vielgestaltigen Aussehens (anhand von 4 Blüten, dazu eine Griffelsäule von *Orchis purpurea*):
1-Lippe (Labellum), 2-Petal, 3-Sepal, 4-Griffelsäule (Gynostemium), 5-Sporn des Labellums, 6-Narbenhöhle, 7-Pollinarium, 8-Pollenfach, 9-Tetraden, 10-Klebscheibe, 11-Fruchtknoten. 12-Hypochil, 13-Epichil: Hinter- und Vorderteil einer *Epipactis*-Blüte.

Die natürliche Gliederung der Gattungen

Die hergebrachte Gliederung oberhalb der Gattungen, wie sie seit langer Zeit eingeführt ist, bleibt unverändert. Die Arten Mitteleuropas gehören zu drei Unterfamilien (*Cypripedioideae, Epidendrioideae* und *Orchidoideae*). Die Unterfamilie der *Cypripedioideae* enthält für Europa nur die Gattung *Cypripedium*. Die *Epidendrioideae* gliedern sich in 4 Triben (*Neottieae, Gastroidieae, Calypsoeae* und *Malaxideae*), die *Orchidoideae* in 2 Triben (*Cranichideae, Orchidieae*). Die *Orchidieae* teilen sich

Anmerkung: In jeweils gleicher Farbe hinterlegt sind Tribus, Subtribus und ihre zugehörige Gattungen. Umstritten eigenständige Einheiten sind mit Fragezeichen belegt, der betreffende Zweig des Kladogramms ist grau und nicht schwarz wie alle übrigen Verzweigungen dargestellt.

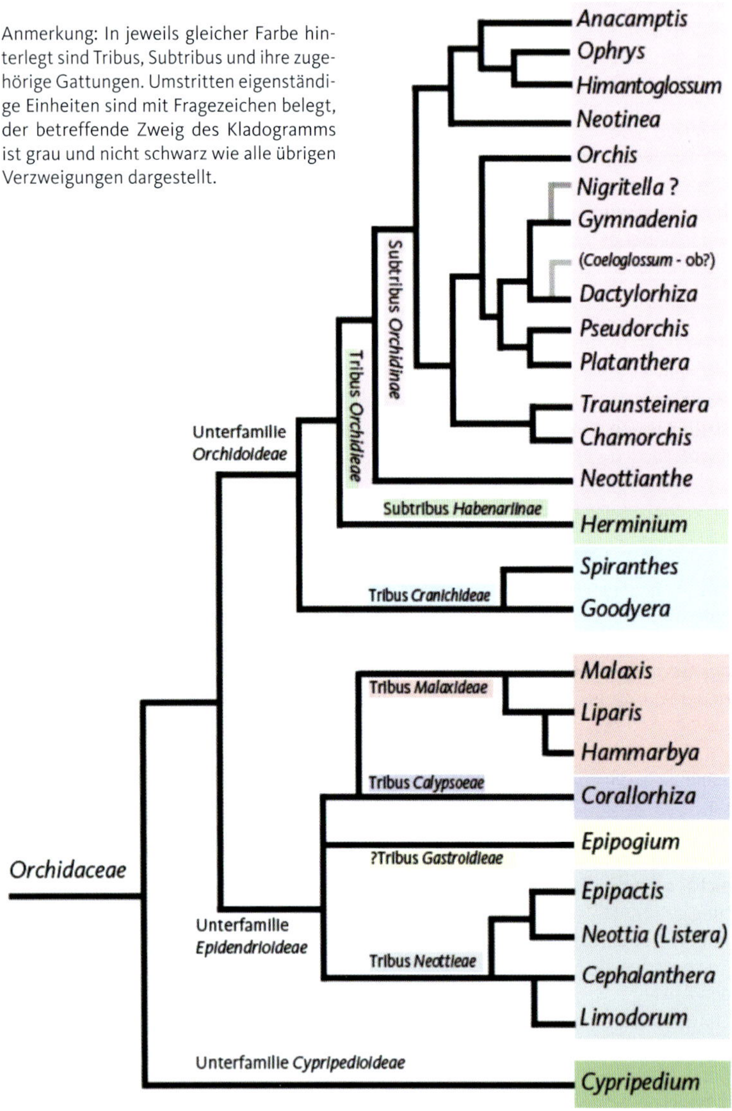

in 2 Subtriben (*Habenariinae, Orchidinae*). Im Kladogramm auf S. 10 sind diese Gliederungselemente farbig markiert, die zugehörigen Gattungen jeweils gleichfarbig hinterlegt.

Auf der Ebene der Gattungen allerdings ergeben sich nach neuen genetischen Untersuchungen (insbesondere von BATEMAN & al., 1997, 2001, 2003) erhebliche Veränderungen, auch hinsichtlich der Zuordnung verschiedener Arten zu Gattungen.

Im Kladogramm sind zunächst 2 Zweige grau und nicht schwarz eingezeichnet, die zu *Nigritella* bzw. *Coeloglossum* führen. Umstritten ist, ob die Arten von *Nigritella* zu *Gymnadenia* zu stellen sind oder weiterhin in selbstständiger Gattung geführt werden sollen. Auch wenn es in Skandinavien mit ×*Gymnigritella runei* eine stabilisierte Hybridsippe zwischen Vertretern beider Gattungen gibt, zeigen neuere Allozym-Analysen, dass es sich bei diesen beiden Gattungen höchstwahrscheinlich phylogenetisch um Schwestern handelt. Im Sinne einer stabilen Nomenklatur spricht dann nichts gegen eine Beibehaltung getrennter Gattungen. Anders verhält es sich mit *Coelogossum viride*. Nach den Analysen von BATEMAN ET AL. (2001, 2003) reiht sich diese Art in die Gattung *Dactylorhiza* ein. Will man die phylogenetische Defini-

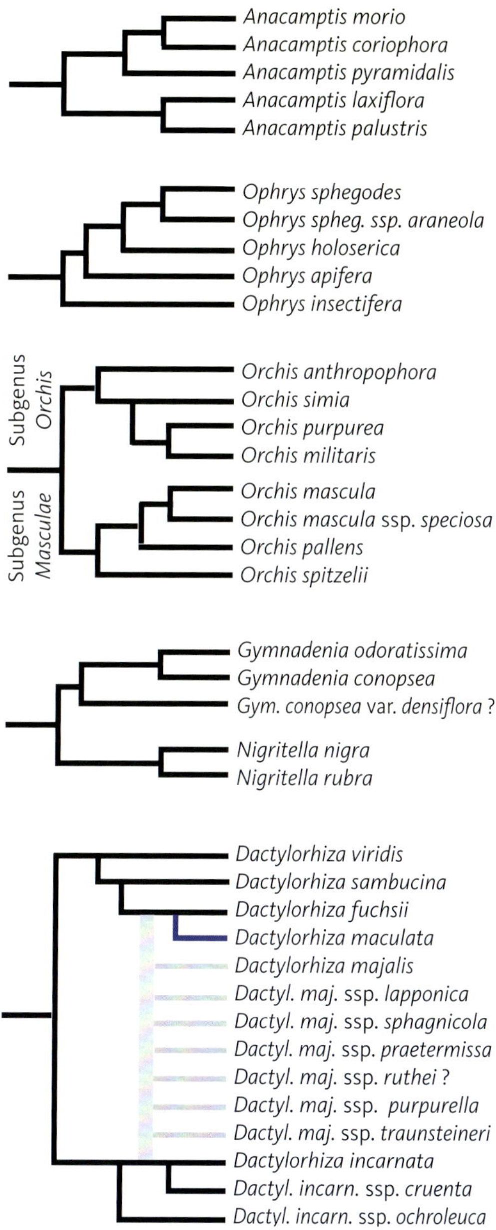

tion des Artbegriffes aufrechterhalten, muss man *Coeloglossum viride* trotz gewisser Eigenständigkeit unter *Dactylorhiza* führen. Da nach einer anderen Untersuchung (DEVOS & al., 2006) dem widersprochen wird, und *Coeloglossum* als Schwestergattung zu *Dactylorhiza* aufgefasst wird, ist diese Variante ebenfalls grau markiert eingezeichnet. In die Nomenklatur dieses Feldführers wird die Art als *Dactylorhiza viridis* aufgenommen. Ein weiterer Punkt, der noch nicht endgültig geklärt ist, ist die Stellung des Tribus *Gastroidieae* mit der Gattung *Epipogium*. Mit Ausnahme dieser Gattung ist das dargestellte System der Gattungen streng monophyletisch organisiert. Für alle Gattungen, die mehr als 2 Arten beinhalten, wird ein zusätzliches Kladogramm gezeigt. Allerdings finden sich Hinweise auf eine eventuell notwendige Änderung hinsichtlich der Gattung Neottianthe. In genetischen Analysen (TANG & al., 2015) dieser und anderer ostasiatischer Gattungen zeigt sich, dass die Arten der Gattung *Hemipilia* mit denen von *Neottianthe* sich verwoben auf einem Ast darstellen; *Hemipilia* hätte dann Vorrang. Da aber eine andere Arbeitsgruppe (JIN & al., 2014) stattdessen eine Vereinigung von *Neottianthe* und *Ponerorchis* vorschlägt, wird hier in diesem Buch bis zur endgültigen Klärung der alte Name *Neottianthe* beibehalten.
Bei der Zuordnung der Arten der „alten“ Gattung *Orchis* haben BATEMAN & al. aus phylogenetischer Sicht notwendige Änderungen vorgeschlagen, die auch hier im Buch übernommen werden. Nur ein Teil der Arten bleibt bei *Orchis*, der Rest muss den Gattungen *Anacamptis* und *Neotinea* zugeordnet werden. *Anacamptis* (S. 11, oben) zeigt eine Gliederung in 2 Äste, den von *A. laxiflora/A. palustris* und den restlichen Arten, aus denen sich *A. pyramidalis* abspaltet von dem Ast, aus dem auch *A. morio* und *A. coriophora* hervorgehen. Die Stellung von *A. pyramidalis* innerhalb der Verzweigungen schließt die monospezifische Weiterführung der Gattung (wie bisher) aus. Innerhalb *Orchis* fallen zudem 2 klar getrennte Untergattungen auf (vgl. KRETZSCHMAR & al., 2007). In der Untergattung *Orchis* ist *O. anthropophora* Schwester zu den übrigen Arten, von denen *O. simia* zuerst abzweigt, *O. purpurea* und *O. militaris* sind ebenfalls Schwestern. Im Subgenus *Masculae* ist *O. spitzelii* die älteste Art im Gebiet, die abkreuzt, gefolgt von *O. pallens* und dann *O. mascula* mit ihren Unterarten. Neuerdings (z. B. DELFORGE, 2016) wurde eine gänzlich andere Aufteilung der alten Gattung „*Orchis*“ vorgeschlagen: Er trennt die Gattung *Anacamptis* im Sinne von BATEMAN & al. auf in *Anacamptis, Herorchis, Paludorchis, Anteriorchis* und *Vermeulenia*, innerhalb *Orchis* im Sinne von BATEMAN & al. benamt er die Arten der von uns (KRETZSCHMAR & al., 2007) definierten Sektion *Masculae* um in *Androorchis*. Dies macht – ohne Not – eine viel größere Zahl von Namensänderungen notwendig, was gegen den Code der Botan. Nomenklatur verstößt, zudem gegen die Regeln der Phylogenie. Ein solches Konzept ist daher zu verwerfen. Die Struktur der Gattung *Ophrys* zeigt, dass *O. insectifera* als älteste Art anzusehen ist, da sie als erste abzweigt, gefolgt von *O. apifera* und *O. holoserica* statt. *O. sphegodes* ist mit ihren beiden Unterarten die jüngste Art.
Nigritella wird bewusst zusammen mit *Gymnadenia* in einen Kladogramm dargestellt (s. o.), in dem beide zueinander Schwestern sind Nach der hier in diesem Feldführer verwendeten Systematik sind *N. nigra* und *N. rubra* wiederum als Schwestern aufzufassen. Innerhalb *Gymnadenia* überrascht die Tatsache, dass nach BATEMAN & al. (2001)„*densiflora*“ Schwester zum Artenpaar *G. conopsea* und *G. odoratissima* ist. Es ist denkbar, dass innerhalb der formenreichen *G. conopsea* in ihrem riesigen Verbreitungsgebiet, in dem sie auch ökologisch äußerst unterschiedliche Lebensräume besiedelt, bei weiteren Untersuchungen noch mehr differenzierbare Sippen gefun-

den werden. Die nachfolgende Gattung *Dactylorhiza* ist insofern problematisch, weil sich in ihrem Fall ein monophyletischer Baum nur teilweise aufrecht erhalten lässt. Dies liegt daran, dass die meisten beschriebenen Sippen keine „reinerbigen" Genome aufweisen, weil sie durch einen besonderen „Trick" (Allotetraploidie) entstandene Kreuzungsprodukte von *D. fuchsii* oder *D. maculata* mit *D. incarnata* darstellen.

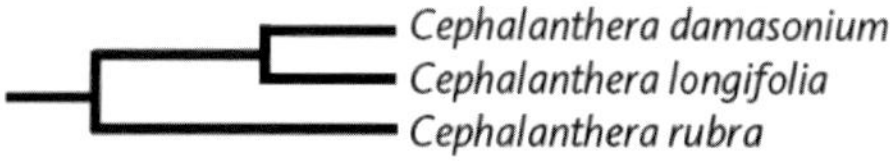

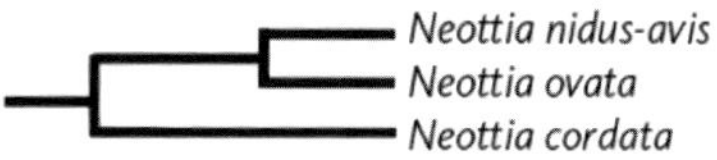

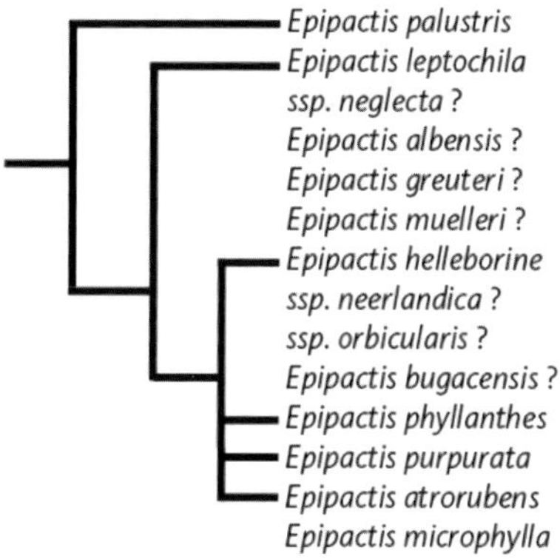

Hedrén (1996) schlägt vor, all diese Mischsippen unter *D. majalis* zusammenzufassen: dem wird hier gefolgt, diese Sippen sind graphisch hellgrau als Parallel-Entwicklungen dargestellt. Ansonsten sind *D. fuchsii* und *D. viridis* zusammen als Schwesterzweig zu *D. incarnata* mit ihren Unterarten aufzufassen. *D. maculata* ist tetraploide Schwester der diploiden *D. fuchsii*, um auf dieses Phänomen hinzuweisen, wird dieser Zweig blau dargestellt. Man mag diese allotetraploiden Sippen auch im Artrang führen,wie es Eccarius (2016) in seiner neuen Monographie der Gattung *Dactylorhiza* macht, dann wird aber der grundsätzliche Unterschied der Entstehung verwischt. Bei *Cephalanthera* ist *C. rubra* Schwester zum weißblütigen Artenpaar *C. longifolia* und *C. damasonium*. Weiterhin kommt man nicht umhin, die Gattungen *Neottia* und *Listera* zu einer Gattung *Neottia* zu vereinen (siehe das Kladogramm dieser Gattung auf S. 13), da *N. cordata* Schwester zu einem Zweig ist, aus dem sich *N. nidus-avis* und *N. ovata* entwickelten. Im Sinne der Aufrechterhaltung des Abstammungsprinzips gibt es zu dieser Gliederung keine Alternative. Auch die Gattung *Epipactis* ist problematisch, z. T. deshalb, weil viele Arten bislang nicht sequenziert wurden. Sicher ist, dass *E. palustris* Schwester zum Stamm aller übrigen Arten ist. Diese übrigen Arten trennen sich in zwei Zweige auf, der eine enthält *E. leptochila* und andere autogame Arten, der andere meist (aber nicht ausschließlich) allogame Arten. Mehr wird daher im Kladogramm auch nicht gezeigt, die anderen hier behandelten Sippen (von denen keine untereinander vergleichbaren genetischen Analysen vorliegen) werden rein hypothetisch eingereiht (kenntlich an einem Fragezeichen). Es ist anzumerken dass sich solch lückenhafte Baum-Zuordnungen durch Analyse weiterer Sippen noch stark ändern können. Von Morphologie und Ökologie her kann man mutmaßen, dass eine Trennung in zwei Schwestergruppen vorliegt: Auf der einen Seite *E. atrorubens* und *E. microphylla* als Schwesterarten, auf dem anderen Zweig *E. helleborine* und *E. purpurata*, wobei sich unter *E. helleborine* eine Differenzierung in zahlreiche Sippen ergeben könnte. Dies ist aber reine Spekulation.

Arten, Unterarten und Varietäten im Gebiet

In die Auflistung wurden nur solche Synonyme aufgenommen, die für das Verstehen eines aufgenommenen Taxons von Bedeutung sind. Konsequent wurden in Taxonomie und Nomenklatur die Ergebnisse der genetischen Analysen umgesetzt.

Genus *Anacamptis* RICH., De Orchid. eur.: 19, 25, 33. 1817.

Anacamptis coriophora (L.) R.M.BATEMAN, PRIDGEON & M.W.CHASE, Lindleyana 12(3): 120. 1997.
Wanzen-Knabenkraut
Syn.: *Orchis coriophora* L., Sp. Pl.: 940. 1753, *Anteriorchis coriophora* (L.) E.KLEIN & STRACK, Phytochemistry 28(8): 2137. 1989.

Anacamptis laxiflora (LAM.) R.M.BATEMAN, PRIDGEON & M.W.CHASE, Lindleyana 12(3): 120. 1997.
Lockerblütiges Knabenkraut
Syn.: *Orchis laxiflora* LAM., Fl. Franç. 3: 504. 1779.

Anacamptis morio (L.) R.M.BATEMAN, PRIDGEON & M.W.CHASE, Lindleyana 12(3): 120. 1997.
Kleines Knabenkraut
Syn.: *Orchis morio* L., Sp. Pl.: 940. 1753.

Anacamptis palustris (JACQ.) R.M.BATEMAN, PRIDGEON & M.W.CHASE, Lindleyana 12(3): 120. 1997.
Sumpf-Knabenkraut
Syn.: *Orchis palustris* JACQ., Collectanea 1: 75. 1787.

Anacamptis pyramidalis (L.) RICH., De Orchid. eur.: 33. 1817.
Pyramiden-Hundswurz

Genus *Cephalanthera* RICH., De Orchid. eur.: 21, 29. 1817.

Cephalanthera damasonium (MILL.) DRUCE, Ann. Scott. Nat. Hist. 60: 225. 1906.
Weißes Waldvögelein

Cephalanthera longifolia (L.) FRITSCH, Oesterr. Bot. Zeitschr. 38: 81. 1888.
Schwertblättriges Waldvögelein

Cephalanthera rubra (L.) RICH., De Orchid. eur.: 38. 1817.
Rotes Waldvögelein

Genus *Chamorchis* RICH., De Orchid. eur.: 20, 27, 35. 1817.

Chamorchis alpina (L.) RICH., De Orchid. eur.: 35. 1817.
Zwergorchis

Genus *Corallorhiza* GAGNEBIN, Acta helv. physico-math. 2: 61. 1755.

Corallorhiza trifida CHÂTEL., Specim. inaug. Corallorhiza: 8, 11. 1760.
Korallenwurz

Genus *Cypripedium* L., Sp. pl.: 951. 1753.

Cypripedium calceolus L., Sp. pl.: 951. 1753.
Frauenschuh

Genus *Dactylorhiza* NECK. ex NEVSKI, Trudy Bot. Inst. Akad. Nauk SSSR, Ser. 1, Fl. Sist. Vyss. Rast 4: 332. 1937.

Die Problematik der Gattung *Dactylorhiza* wird bereits auf den S. 12-13 angesprochen. Da ssp. *ruthei* als östlicher Vertreter der „*Praetermissa*-Gruppe" bislang nicht als Subspezies unter *D. majalis* kombiniert worden war, wurde dies hier nachgeholt.

Dactylorhiza fuchsii (Druce) Soó, Nom. nova gen. Dactylorhizae: 8. 1962.
Fuchs' Fingerwurz

var. ***sudetica*** (Poech ex Rchb. f.) H.Baumann, Künkele & R.Lorenz, J. Eur. Orch. 36 (3): 771. 2004.
Fuchs' Fingerwurz, Sudetische Varietät

Dactylorhiza incarnata (L.) Soó, Nom. nova gen. Dactylorhizae: 3. 1962.
Fleischfarbene Fingerwurz

var. ***hyphaematodes*** (Neuman) Landwehr, Orchideeën 37: 80. 1975.
Fleischfarbene Fingerwurz, Gefleckte Varietät

var. ***serotina*** (Hausskn.) Soó, Nom. nova gen. Dactylorhizae: 3: 1962.
Fleischfarbene Fingerwurz, Spätblühende Varietät

ssp. ***cruenta*** (O. F. Müll.) P.D.Sell, Watsonia 6: 317. 1967.
Fleischfarbene Fingerwurz, Blutrote Unterart

ssp. ***ochroleuca*** (Boll) P.F.Hunt & Summerh., Watsonia 6: 130. 1965.
Fleischfarbene Fingerwurz, Blaßgelbe Unterart

Dactylorhiza maculata (L.) Soó, Nom. nova gen. Dactylorhizae: 7. 1962.
Gefleckte Fingerwurz
Syn.: *Dactylorhiza elodes* (Griseb.) Aver., Bot. Zhurn. 67: 309. 1982, *Orchis elodes* Griseb., Über die Bildung des Torfes in den Emsmooren: 277. 1845, *Orchis maculata* var. *elodes* Rchb.f., Icon. fl. germ. helv. 13–14: 87. 1851, *Orchis maculata* ssp. *elodes* (Griseb.) K. Richt., Pl. Eur. 1: 272. 1890, *Dactylorhiza ericetorum* (E. F. Linton) Aver., Bot. Zhurn. 67: 309. 1982.

Dactylorhiza sambucina (L.) Soó, Nom. nova gen. Dactylorhizae: 3. 1962.
Holunder-Fingerwurz

Dactylorhiza viridis (L.) R.M.Bateman, Pridgeon & M.W.Chase, Lindleyana 12 (3): 129. 1997.
Grüne Hohlzunge
Syn.: *Coeloglossum viride* (L.) Hartm., Handb. Skand. fl.: 329. 1820.

Allotetraploide Sippen werden zusammengefasst unter:

Dactylorhiza majalis (Rchb.) P.F.Hunt & Summerh., Watsonia 6: 130. 1965.
Breitblättrige Fingerwurz

var. ***pumila*** (Freyn ex M. Schulze) Landwehr, Orchideeën. 37: 80. 1975.
Breitblättrige Fingerwurz, Alpine Varietät

ssp. ***lapponica*** (Laest. ex Hartm.) Sundermann, Eur. Medit. Or. ed. 2: 45. 1975.
Lappländische Fingerwurz
Syn.: *Dactylorhiza lapponica* (Laest. ex Hartm.) Soó, Nom. nova gen. Dactylorhizae: 5. 1962.

ssp. ***praetermissa*** (Druce) D.M.Moore & Soó, Bot. J. Linn. Soc. 76: 367. 1978.
Übersehene Fingerwurz
Syn.: *Dactylorhiza praetermissa* (Druce) Soó, Nom. nova gen. Dactylorhizae: 5. 1962.

var. ***junialis*** (Verm.) Senghas, Jber. Naturwiss. Ver. Wuppertal 21/22: 126. 1968.
Übersehene Fingerwurz, Ringförmig gefleckte Varietät

ssp. ***purpurella*** (T. & T.A.Stephenson) D.M.Moore & Soó, Bot. J. Linn. Soc. 76(4): 367. 1978.
Purpurne Fingerwurz
Syn.: *Dactylorhiza purpurella* (T. & T.A. Stephenson) Soó, Nom. nova gen. Dactylorhizae: 5. 1962.

ssp. *ruthei* (M.SCHULZE ex R.RUTHE) H.KRETZSCHMAR comb. nov.
Basionym: *Orchis ruthei* M.SCHULZE ex R.RUTHE, Deutsche Bot. Monatsschr. 15: 237. 1897.
Ruthes Fingerwurz
Syn.: *Dactylorhiza ruthei* (M.SCHULZE EX R.RUTHE) SOÓ, Nom. nova gen. Dactylorhizae 6. 1962 (pro hybr.).

ssp. *sphagnicola* (HÖPPNER) H.Æ.PEDERSEN & HEDRÉN, Nord. J. Bot. 22(6): 651. 2004.
Torfmoos-Fingerwurz
Syn.: *Dactylorhiza sphagnicola* (HÖPPNER) SOÓ, Nom. nov. gen. Dactylorhizae: 6. 1962. *Dactylorhiza sennia* VOLLMAR, Ber. Arbeitskr. Heim. Orch. 18 (2): 98. 2002 („2001").

ssp. *traunsteineri* (SAUT.) H.SUND., Eur. medit. Orch. ed. 3: 40. 1980.
Traunsteiners Fingerwurz
Syn.: *Dactylorhiza traunsteineri* (SAUT.) SOÓ, Nom. nova gen. Dactylorhizae: 5. 1962

Genus *Epipactis* ZINN, Cat. pl. hort. Gott.: 85. 1757, nom. cons.

Wie bereits auf S. 13 angesprochen, ist die genetische Erforschung der Gattung *Epipactis* bislang unbefriedigend, da ein Großteil der nur sehr regional und nur in kleinen Populationen auftretenden Sippen Mitteleuropas bislang nicht analysiert wurde. Nach Untersuchungen, die überwiegend an vergleichbaren Sippen in England erfolgten, steht zu vermuten, dass es sich auch bei Lokalsippen des Kontinents um lokale Mutationen handelt, die auch genetisch eindeutig differenziert werden können. Solange aber ihre Verwandtschaft zueinander nicht geklärt ist, erscheint es sinnvoll, morphologisch klar trennbare Sippen zunächst im Artrang zu belassen.

Epipactis albensis NOVÁKOVÁ & RYDLO, Preslia 50, 2: 162. 1978.
Elbe-Stendelwurz

Epipactis atrorubens HOFFM. ex BESSER, Prim. fl. Galiciae austr. 2: 220. 1809.
Rotbraune Stendelwurz

Epipactis bugacensis ROBATSCH, Ber. Arbeitskr. Heim. Orch. 7: 13. 1990.
Bugacz-Stendelwurz

Epipactis greuteri H.BAUMANN & KÜNKELE, Mitt. Bl. Arbeitskr. Heim. Orch. Baden-Württemberg 13: 344-345. 1981.
Greuters Stendelwurz

Epipactis helleborine (L.) CRANTZ, Stirp. austr. fasc. ed. 2, 2(6): 467. 1769, typ. cons.
Breitblättrige Stendelwurz

ssp. *neerlandica* (VERM.) BUTTLER, Willdenowia 16: 115. 1986.
Breitblättrige Stendelwurz, Niederländische Unterart
Syn.: *Epipactis renzii* ROBATSCH, Linzer biol. Beitr. 20 (1): 164. 1988, *Epipactis helleborine* var. *renzii* (ROBATSCH) CLAESSENS, KLEYNEN & WIELINGA, Eurorchis 12: 63. 1998.

ssp. *orbicularis* (K. RICHT.) E.KLEIN, Phyton (Horn) 37(1): 74. 1997.
Breitblättrige Stendelwurz, Kurzblättrige Unterart
Syn.: *Epipactis distans* ARV.-TOUV., Ess. ésp. var. princ. plantes: 11. 1872, *Epipactis helleborine* ssp. *distans* (ARV.-TOUV.) R.ENGEL & QUENTIN, L' Orchidophile 124: 203. 1996.

Epipactis leptochila (GODFERY) GODFERY, J. Bot. (London) 59: 146. 1921.
Schmallippige Stendelwurz
Syn.: *Epipactis peitzii* H.NEUMANN & WUCHERPFENNIG, J. Eur. Orch. 28: 748. 1996.

ssp. *neglecta* KÜMPEL, Mitt. Bl. Arbeitskr. Heim. Orch. Baden-Württ. 15: 58. 1987 („1986").

Schmallippige Stendelwurz, Übersehene Unterart

Epipactis microphylla (EHRH.) SW., Kongl. Vetensk. Acad. Handl. 21: 232. 1800.
Kleinblättrige Stendelwurz

Epipactis muelleri GODFERY, J. Bot. (London) 59: 106. 1921.
Müllers Stendelwurz

Epipactis palustris (L.) CRANTZ, Stirp. austr. fasc. ed 2, 2(6): 462. 1769.
Sumpf-Stendelwurz

Epipactis phyllanthes G.E.SM., Gard. Chron. 1852: 660. 1852.
Englische Stendelwurz
Syn.: *Epipactis confusa* D.P.YOUNG, Bot. Not. 1953, 3: 263. 1953, *Epipactis helleborine* ssp. *confusa* (D.P.YOUNG) H.SUND., Eur. medit. Orch. ed 3: 41. 1980.

Epipactis purpurata SM., Engl. fl. 4: 41. 1828
Violette Stendelwurz
Syn.: *Epipactis viridiflora* HOFFM. EX KROCK, Fl. siles. 3: 41. 1814.

Genus *Epipogium* J. G. GMEL. ex BORKH., Tent. disp. pl. German.: 139. 1792.

Epipogium aphyllum SW., Summa veg. Scand.: 32. 1814.
Blattloser Widerbart

Genus *Goodyera* R.BR., W.T.AITON, Hort. Kew. ed. 2, 5: 197: 1813.

Goodyera repens (L.) R. BR., W.T.AITON, Hort. Kew. ed. 2, 5: 198. 1813.
Kriechendes Netzblatt

Genus *Gymnadenia* R.BR. , W.T.AITON, Hort. Kew. ed. 2, 5: 191. 1813.

Gymnadenia conopsea (L.) R.BR., W.T.AITON, Hort. Kew. ed. 2, 5: 191. 1813.
Mücken-Händelwurz
Syn.: *Gymnadenia conopsea* ssp. *montana* BISSE., Feddes Repert. 67: 187. 1963, *Gymnadenia vernalis* DWORSCHAK, Jber. Naturwiss. Ver. Wuppertal 55: 31. 2002, *Gymnadenia splendida* DWORSCHAK ssp. *splendida*, Jber. Naturwiss. Ver. Wuppertal 55: 35. 2002, *Gymnadenia splendida* ssp. *odorata* DWORSCHAK, Jber. Naturwiss. Ver. Wuppertal 55: 37. 2002, *Gymnadenia conopsea* ssp. *serotina* (SCHÖNH.) DWORSCHAK, Jber. Naturwiss. Ver. Wuppertal 55: 39. 2002, *Gymnadenia graminea* DWORSCHAK, Jber. Naturwiss. Ver. Wuppertal 55: 42. 2002.

Anmerkung: DWORSCHAK (Literatur in der Synonymie zu *G. conopsea*) untersuchte in einem eng begrenzten Gebiet Südbayerns Vorkommen von Pflanzen der Gattung *Gymnadenia* und beschrieb danach drei neue Arten und zwei Unterarten. Es dürfte sich um ökologische Anpassungen handeln, die hier in der Synonymie geführt werden.

var. *alpina* RCHB. f. ex BECK, Fl. Nieder-Österreich: 210. 1893.
Mücken-Händelwurz, Alpine Varietät

var. *densiflora* (WAHLENB.) LINDL., Gen. Sp. Orchid. Pl.: 276. 1835.
Mücken-Händelwurz, Dichtblütige Varietät

Gymnadenia odoratissima (L.) RICH., De Orchid. eur.: 35. 1817.
Wohlriechende Händelwurz

var. *idae* GOIRAN, Nuovo Giorn. bot. Ital. 15: 26. 1883.
Wohlriechende Händelwurz, Alpine Varietät

Genus *Hammarbya* KUNTZE, Rev. gen. pl. 2: 665. 1891.

Hammarbya paludosa (L.) KUNTZE, Rev. gen. pl. 2: 665. 1891.
Sumpf-Weichorchis

Genus *Herminium* L., Opera var.: 251. 1758.

Herminium monorchis (L.) R.BR., Hort. Kew. ed. 2, 5: 191. 1813.
Kleine Einknolle, Honigorchis

Genus *Himantoglossum* SPRENG., Syst. veg. 3: 675, 694. 1826, nom. cons.

Himantoglossum adriaticum H.BAUMANN, Orchidee (Hamburg) 29(4): 171. 1978.
Adriatische Riemenzunge

Himantoglossum hircinum (L.) SPRENG., Syst. veg. 3: 694. 1826, typ. cons.
Bocks-Riemenzunge

Genus *Limodorum* BOEHM. in LUDWIG, Def. Gen. Pl. ed. 3: 358. 1760, nom. cons.

Limodorum abortivum (L.) SW., Nova Acta Regiae Soc. Sci. Upsal., ser. 6: 80. 1799, typ. cons.
Violetter Dingel

Genus *Liparis* RICH., De Orchid. eur.: 21, 30, 38. 1817, nom. cons.

Liparis loeselii (L.) RICH., De Orchid. eur.: 38, tab. No. 10. 1817, typ. cons.
Torf-Glanzkraut

Genus *Malaxis* SOL. ex SW., Prodr. veg. Ind. Occid. 8: 119. 1788.

Malaxis monophyllos (L.) SW., Kongl. Vetensk. Acad. Handl. 21: 234. 1800.
Einblättrige Weichwurz

Genus *Neotinea* RCHB.f., De Poll. Orchid.: 18, 29. 1852.

Neotinea tridentata (SCOP.) R.M.BATEMAN, PRIDGEON & M.W.CHASE, Lindleyana 12(3): 122. 1997.
Dreizähniges Knabenkraut
Syn.: *Orchis tridentata* SCOP., Fl. Carniol., ed. 2, 2: 190. 1772.

Neotinea ustulata (L.) R.M.BATEMAN, PRIDGEON & M.W.CHASE, in Lindleyana 12(3): 122. 1997.
Brand-Knabenkraut
Syn.: *Orchis ustulata* L., Sp. Pl.: 941. 1753.

var. *aestivalis* (KÜMPEL) H. KRETZSCHMAR comb. nov.
Spätblühende Varietät
Basionym: *Orchis ustulata* var. *aestivalis* KÜMPEL, Haussknechtia 4:23.1988.

Genus *Neottia* GUETT., Hist. Acad. Roy. Sci. (Paris) Mém. Math. Phys. 1750: 374. 1754, nom. cons.

Neottia cordata (L.) RICH., De Orchid. eur.: 37. 1817.
Kleines Zweiblatt
Syn.: *Listera cordata* (L.) R. BROWN, W. AITON, Hort. Kew. ed. 2, 5: 201. 1813.

Neottia nidus-avis (L.) RICH., De Orchid. eur.: 59. 1817, typ. cons.
Vogel-Nestwurz

Neottia ovata (L.) BLUFF & FINGERH., Comp. Fl. Germ. Ed. 2, 2: 435. 1838.
Großes Zweiblatt
Syn.: *Listera ovata* (L.) R. BROWN, W. AITON, Hort. Kew. ed. 2, 5: 201. 1813.

Genus *Neottianthe* (REICHENBACH) SCHLECHTER, Repert. Spec. Nov. Regni Veg. 16: 290. 1919.

Neottianthe cucullata (L.) SCHLECHTER, Repert. Spec. Nov. Regni Veg. 16: 292. 1919.
Kapuzen-Nacktdrüse

Genus *Nigritella* RICH., De orchid. eur.: 19, 26, 34, tab. No. 4. 1817.

Kaum eine Gattung hat in den letzten 20 Jahren so viele nomenklatorische Änderungen erfahren wie *Nigritella*. Ein wichtiger Grund dafür ist die Tatsache, dass die Eigenständigkeit der Gattung selber umstritten ist, sie könnte mit der sehr nahe verwandten Gattung *Gymnadenia* vereinigt werden. Folgerichtig wurden bereits zahlreiche Umkombinationen unter diesem Gattungsnamen vollzogen. Indes ist dies nicht notwendig; mit hoher Wahrscheinlichkeit sind beide Gattungen nahe verwandte Schwestern zueinander (HEDRÉN & al., 2000). Daher kann man ohne Verletzung der phylogenetischen Gattungsdefinition auch beide Gattungen nebeneinander führen und den vertrauten Namen *Nigritella* beibehalten.

Die Arten der Gattung *Nigritella* sind untereinander morphologisch und auch bei der Analyse der Nukleotid-Sequenzen sehr ähnlich. Die auffälligsten Unterschiede bestehen in der Färbung der Blüten, erhebliche Unterschiede finden sich auch chromosomal (Diploidie und Polyploidie). Ein systematisches Konzept muss aber nicht nur morphologischen und genetischen Befunden Rechnung tragen. Die daraus resultierende Gliederung muss chorologisch nachvollziehbar sein und eine eindeutige und sichere Abgrenzung der Taxa ermöglichen. In schwierig abgrenzbaren Fällen sollte ein eindeutiges, übergeordnetes Taxon ermittelbar sein. Das ist mit der hier getroffenen Gliederung für das von diesem Feldführer abgedeckte Gebiet sichergestellt.

Unter Berücksichtigung dieser Vorgaben wird die Gattung in zwei Arten, *N. nigra* und *N. rubra* getrennt. Die schwarzrot blühende *N. nigra* ssp. *nigra* ist triploid, kommt nur in Skandinavien und nicht in Mitteleuropa vor. Ebenfalls schwarzrot ist die tetraploide Unterart *austriaca*, beide pflanzen sich apomiktisch in Form von Nuzellarembryonie fort. Die Unterart *rhellicani* ist diploid und vermehrt sich normal geschlechtlich (wie auch die hellblütigen Sippen aus den Südalpen und Karpathen „*lithopolitanica*", „*corneliana*" und „*carpathica*", die genetisch ssp. *rhellicani* nahe stehen [HEDRÉN & al., 2000] und bei geographisch gut abgrenzbarer Verbreitung als weitere Unterarten zu *N. nigra* gestellt werden sollten). Ssp. *rhellican*i blüht dunkel schwarzrot.

Alle anderen Taxa sind weißlich-rosa bis leuchtend rot gefärbt, alle sind tetraploid und einander genetisch nahe verwandt. *N. rubra* besitzt ein großes Verbreitungsareal, während alle anderen hier zusammengefassten Sippen lückig verteilte Kleinareale innerhalb des Areals von *N. rubra* aufweisen und zudem oft nur in Kleinpopulationen auftreten. Sie werden hier als Unterarten zu *N. rubra* gestellt.

Nigritella nigra (L.) RCHB.f., De Orchid. eur.: 19, 26, 34, tab. No. 4. 1817.
Schwarzes Kohlröschen

ssp. *austriaca* TEPPNER & E.KLEIN, Phyton (Horn) 31(1): 17. 1990.
Schwarzes Kohlröschen, Österreichische Unterart

Syn.: *Nigritella austriaca* (TEPPNER & E.KLEIN) P.DELFORGE, Naturalistes belges 72 (3): 100. 1991, *Gymnadenia nigra* ssp. *austriaca* (TEPPNER & E.KLEIN) TEPPNER & E.KLEIN, Phyton (Horn) 38: 221. 1998.

ssp. *rhellicani* (TEPPNER & E.KLEIN) H.BAUMANN, KÜNKELE & R.LORENZ, J. Eur. Orch. 36(3): 776. 2004.
Schwarzes Kohlröschen, Rhellicanus' Unterart
Syn.: *Gymnadenia rhellicani* (TEPPNER & E.KLEIN) TEPPNER & E.KLEIN, Phyton (Horn) 38: 221. 1998.

var. *rosea* GOIRAN, Nuovo Giorn. bot. Ital. 15: 38. 1883.
Rosa Farbvariante

Nigritella rubra (WETTST.) K.RICHT., Pl. eur. 1: 278. 1890.
Rotes Kohlröschen
Syn.: *Gymnadenia rubra* WETTST., Ber. Deutsche Bot. Ges. 7: 312. 1889, *Nigritella nigra* ssp. *rubra* (WETTST.) BEAUVERD, Bull. Soc. Bot. Genève 17: 337. 1925, *Nigritella miniata* auct. non (CRANTZ) JANCH., Cat. Fl. Austr. 1: 866. 1960.

var. *dolomitensis* (TEPPNER & E.KLEIN) R.LORENZ & PERAZZA, G.I.R.O.S. 27: 8. 2004.
Roten Kohlröschen, Dolomiten-Varietät
Syn.: *Nigritella dolomitensis* TEPPNER & E.KLEIN, Phyton (Horn) 38: 223. 1998, *Gymnadenia dolomitensis* (TEPPNER & E.KLEIN) HEDRÉN, E.KLEIN & TEPPNER, Phyton (Horn) 40: 243. 2000.

var. *minor* (W.FOELSCHE & K.ZERNIG) H.KRETZSCHMAR comb. nov.
Rotes Kohlröschen, Kleine Varietät
Basionym: *Nigritella minor* W.FOELSCHE & K.ZERNIG, Joannea Botanik 6: 5-22. 2007.

ssp. *archiducis-joannis* (TEPPNER & E.KLEIN) H.KRETZSCHMAR comb. nov.
Basionym: *Nigritella archiducis-joannis* TEPPNER & E.KLEIN, Phyton (Horn) 25: 168. 1985.
Erzherzog-Johann-Kohlröschen

ssp. *stiriaca* (K. RECHINGER) H.KRETZSCHMAR comb. nov.
Basionym: *Gymnadenia rubra* var. *stiriaca* K.RECHINGER, Mitt. Naturwiss. Vereins Steiermark 42: 148. 1906.
Steirisches Kohlröschen

ssp. *widderi* (TEPPNER & E.KLEIN) H.KRETZSCHMAR comb. nov.
Basionym: *Nigritella widderi* TEPPNER & E.KLEIN, Phyton (Horn) 25: 318. 1985.
Widders Kohlröschen
Syn.: *Gymnadenia widderi* (TEPPNER & E.KLEIN) TEPPNER & E.KLEIN, Phyton (Horn) 38: 222. 1998.

Genus *Ophrys* L., Sp. pl. 2: 945. 1753.

Ophrys apifera HUDS., Fl. angl.: 340. 1762.
Bienen-Ragwurz

var. *aurita* (MOGGR.) GREMLI, Neue Beitr. Fl. Schweiz 4: 31. 1887.
Bienen-Ragwurz, Langohrige Varietät

var. *bicolor* (O.NÄGELI) E.NELSON, Monogr. Ikon. Ophrys: 178. 1962.
Bienen-Ragwurz, Zweifarbige Varietät

var. *friburgensis* FREYHOLD, Tagebl. Versamml. Deutscher Naturf. Aerzte 52: 220. 1879.
Bienen-Ragwurz, Freiburger Varietät

var. *jurana* (NEUBERGER) J.SCHUST., Depert. Spec. Nov. Regni Veg., Beih. 60: 435. 1935.
Bienen-Ragwurz, Jurassische Varietät

var. *trollii* (HEGETSCHW.) RCHB.f., Icon. Fl. Germ. Helv. 13/14: 97. 1851.
Bienen-Ragwurz, Trolls Varietät

Ophrys holoserica (BURM.f.) GREUTER , Boissiera 13: 185. 1967 („holosericea“)
Hummel-Ragwurz
Syn.: *Orchis fuciflora* CRANTZ, Stirp. austr. fasc. ed. 2, 2 (6): 483. 1769, *Ophrys fuciflora* (F.W.SCHMIDT) MOENCH, Suppl. Meth.: 311. 1802.

ssp. *elatior* (GUMPR. ex R.ENGEL & QUENTIN) H.BAUMANN & KÜNKELE, Farn- u. Blütenpfl. Baden-Württ. 8: 416. 1998.
Hummel-Ragwurz, Hochwüchsige Unterart

Ophrys insectifera L., Sp. pl.: 948. 1753.
Fliegen-Ragwurz

Ophrys sphegodes MILL., Gard. dict. ed. 8: no. 8. 1768.
Spinnen-Ragwurz

ssp. *araneola* (RCHB.) LAINZ., Anal. Jard. Bot. Madrid 40: 279. 1983.
Spinnen-Ragwurz, Kleine Unterart
Syn.: *Ophrys araneola* RCHB., Iconogr. bot. pl. crit. 9: 22. tab.: 861, fig. 1153. 1831–1833, *Ophrys litigiosa* E.G.CAMUS, J. Bot. (Paris) 10: 3. 1896, *Ophrys sphegodes* ssp. *litigiosa* (E.G.CAMUS) BECH., Beitr. Pfl.-Geogr. Nordschweiz: 46. 1925, *Ophrys tommasinii* ssp. *araneola* (RCHB.) SOÓ, Acta Bot. Acad. Sci. Hung. 25: 362. 1979.

Genus *Orchis* L., Sp. Pl.: 939. 1753.

Orchis subgen. *Orchis*

Orchis anthropophora (L.) ALL., Fl. Pedem. 2: 148. 1785.
Ohnhorn, Ohnsporn
Syn.: *Aceras anthropophorum* (L.) W.T.AITON, Epitome, ed. 2, Hort. Kew. 281. 1814.

Orchis militaris L., Sp. Pl.: 941. 1753.
Helm-Knabenkraut

Orchis purpurea HUDS., Fl. Angl.: 334. 1762.
Purpur-Knabenkraut

Orchis simia LAM., Fl. Franç. 3: 507. 1779.
Affen-Knabenkraut

Orchis subgen. *Masculae* H.KRETZSCHMAR, W.ECCARIUS & H.DIETRICH, Die Orchideengattungen *Anacamptis*, *Orchis*, *Neotinea*, 292. 2007.

Orchis mascula (L.) L., Fl. Suec., ed. 2: 310. 1755.
Stattliches Knabenkraut, Männliches Knabenkraut

ssp. *speciosa* (W.D.J.KOCH) HEGI, Ill. Fl. Mitt.-Eur.: 347. 1909.
Stattliches Knabenkraut, Prächtige Unterart
Syn.: *Orchis mascula* var. *ovalis* (F.W.SCHMIDT) RCHB., Fl. Germ. Clavis Syn.: 13. 1833, *Orchis ovalis* F.W.SCHMIDT in J.MAYER, Samml. Phys. Aufsätze 1: 224. 1791, *Orchis signifera* VEST, Syll. Pl. Nov. 1: 79. 1824.

Orchis pallens L., Mant. Pl. 2: 292. 1771.
Blasses Knabenkraut

Orchis spitzelii SAUT. ex W.D.J.KOCH, Syn. Fl. Germ. Helv.: 686. 1837.
Spitzels Knabenkraut

Genus *Platanthera* RICH., De Orchid. eur.: 20, 26, 35. 1817, nom. cons.

Platanthera bifolia (L.) RICH., De Orchid. eur. 35: 1817, typ. cons.
Zweiblättrige Waldhyazinthe

var. *subalpina* BRÜGGER, Jber. Natf. Ges. Graubünden 29: 165. 1886.
Zweiblättrige Waldhyazinthe, Subalpische Varietät

Platanthera chlorantha (CUSTER) RCHB., MOESSLER, Handb. Gewächsk. ed. 2, 2: 1565. 1829.
Syn.: *Platanthera montana* (F.SCHMIDT) RCHB.f, Icon. Fl. Germ. Helv. 13/14: 123. 1851.
Grünliche Waldhyazinthe

Genus *Pseudorchis* SÉG., PL. VERON. 3: 254. 1754.

Syn.: Leucorchis E. MEY., Preuss. Pfl.-Gatt. 50. 1839

Pseudorchis albida (L.) Á.LÖVE & D.LÖVE, Taxon 18: 312. 1969.
Weiße Höswurz
Syn.: *Gymnadenia albida* (L.) RICH., De orchid. eur.: 35. 1817, *Leucorchis albida* (L.) E.MEY. in PATZE et al., Fl. Prov. Preuss.: 91. 1848, *Pseudorchis albida* ssp. *tricuspis* (BECK) E.KLEIN, Phyton 40(1): 143.

Genus *Spiranthes* RICH., De Orchid. eur.: 20, 28, 36. 1817, nom. cons.

Spiranthes aestivalis (POIR.) RICH., De Orchid. eur.: 36. 1817.
Sommer-Drehwurz

Spiranthes spiralis (L.) CHEVALL., Fl. gén. env. Paris 2: 330. 1827, typ. cons.
Herbst-Drehwurz

Genus *Traunsteinera* RCHB.

Traunsteinera globosa (L.) RCHB., Fl. Saxon.: 87. 1842.
Rosa Kugelorchis

Allgemeine Anmerkung: Die Taxa *Dactylorhiza majalis* (gegenüber D. *elata*), *Epipactis purpurata* (gegenüber E. *viridiflora*) und *Platanthera chlorantha* (gegenüber *P. montana*) wurden aus Gründen der Stabilität der Nomenklatur konserviert.

Bild rechts: Bestäuber-Paarung (Grünwidderchen, *Adcita statices*) auf einem Blütenstand von *Gymnadenia odoratissima*. Deutlich sieht man angeklebte Pollinarien.

Halbtrockenrasen im Kyffhäusergebiet, Thüringen

Verbuschter Halbtrockenrasen im Elztal, Baden-Württemberg

Halbtrockenrasen in der sogenannten Kuppenrhön, Thüringen

Viele Orchideen in Mitteleuropa sind ausgesprochene Kulturfolger, die auf bestimmte Veränderungen der Landschaft durch den Menschen angewiesen sind. Man kann sogar davon ausgehen, dass viele Arten erst dann von Süden einwanderten und sich verstärkt ausbreiteten, nachdem einerseits nach den Eiszeiten das Klima günstiger geworden war und durch den Menschen die Rodung der Wälder vorangetrieben wurde bei verstärktem Weidebetrieb, besonders mit Schafen und Ziegen. So nimmt es nicht Wunder, dass eine besondere Bindung vieler Orchideenarten an Gebiete mit einem solchen Weidebetrieb besteht, der die Bildung von Halbtrockenrasen gefördert hat, die die artenreichsten Biotope für Pflanzen und Tiere darstellen. Heute, mit praktischer Aufgabe der ehemaligen Wanderschäferei, besteht deren höchste Gefährdung in zunehmender Verbuschung und bei weiterer Sukzession in Umwandlung in Wald, letztlich meist zu Buchenwald. Dies lässt die meist lichthungrigen Orchideen verschwinden, sodass heute eine ganz wesentliche Aufgabe des praktizierten Naturschutzes darin besteht, diesem Prozess entgegenzuwirken. Da es eine Reihe Arten gibt, die eher lichten Schatten mögen, kann eine teilweise Verbuschung solcher Halbtrockenrasen die Zahl vorkommender Arten aber auch steigern. Auf den Halbtrockenrasen sind z. B. Arten der Gattungen *Gymnadenia*, *Herminium*, *Ophrys*, *Neotinea*, *Orchis* und *Himantoglossum* anzutreffen.

Der sicher ursprünglichere Lebensraum für Orchideen in Mitteleuropa ist der Wald, wenngleich hier im Vergleich zu den Halbtrockenrasen in der Regel andere Arten vorkommen. Besonders Buchenwälder auf Kalk, die erfreulicherweise noch große Flächen einnehmen, bieten Arten der Gattungen *Cephalanthera* und *Epipactis* geeigneten Sied-

Streuwiese, Thüringen

Buchenwald mit Frauenschuhbestand, Bayern

Subalpine Wiese im Großglocknergebiet , Österreich

Hochmoor im Allgäu, Baden-Württemberg

Extensive Feuchtwiese bei Ettal mit *Dactylorhiza majalis* ssp. *traunsteineri* im Vordergrund, Bayern

Hangmoor im Allgäu, Baden-Württemberg

lungsraum, wenn sie licht genug sind. An besonders offenen Stellen, oder aber in den Resten sogenannter Hutewälder, können auch lichthungrigere Pflanzen wie *Cypripedium calceolus*, *Dactylorhiza fuchsii*, *Orchis pallens*, *Orchis purpurea*, *Orchis mascula* und *Platanthera-Arten* leben. In sehr schattigen Wäldern hingegen können nur solche Pflanzen existieren, die nicht auf Photosynthese angewiesen sind wie *Neottia nidus-avis*, *Corallorhiza trifida* und *Epipogium aphyllum* (siehe Fichtenwaldbiotop S. 29). Zwar sind Pflanzen im Wald weniger menschlichen Einflüssen ausgesetzt, dafür werden aber gerade knollentragende Arten von Dachs

Von Dachs oder Wildschwein „abgeerntete“ Population von *Orchis pallens*, Hessen

Alpine Landschaft mit Matten am Großglockner, Österreich

und Wildschwein „abgeerntet“ oder aber *Epipactis*- oder *Cephalanthera*-Arten von Reh oder Hirsch gefressen.
Wiesenbiotope sind ein weiterer großer Komplex, der hohe Artenzahlen und auch große Populationen einzelner Arten bieten kann. Allerdings sind unter menschlichem Einfluss und damit verbundener intensiver Düngung und auch Entwässerung daraus oft artenarme Kultursteppen geworden. Extensiv und feucht genug, bieten sie besonders verschiedenen *Dactylorhiza*-Arten einen geeigneten Lebensraum. In alpinen Lagen über Jahrhunderte durch Beweidung entstandene Matten sind oft herrlich bunt durch die Vielzahl der hier Lebensraum findenden Arten, von den Orchideen sind es besonders Spezies der Gattungen *Nigritella*, *Gymnadenia*,

Fette Feuchtwiese mit großem Bestand von *Dactylorhiza majalis*, Thüringen

Pseudorchis und *Traunsteinera*, die hier siedeln. Auf sehr kurzrasigen Felsengraten findet *Chamorchis alpina* zusagende Bedingungen.

Neben den bisher genannten häufigen und oft großflächigen Lebensräumen gibt es eine ganze Reihe Biotope, die heute fast nur noch kleinräumig vorkommen, aber sehr spezielle Bedingungen zeigen. Während, um den Eingangsgedanken des Kapitels aufzugreifen, viele Orchideen als Opportunisten in wenig spezialisierten Räumen auftreten, gibt es auch einige Orchideen, die als ausgesprochene Spezialisten imponieren. Solche Biotope sind zum Beispiel extensive Hangmoore an quelligen Stellen, in denen *Spiranthes aestivalis* siedelt. Saure Hochmoore waren zwar früher weit verbreitet, besonders in Norddeutschland, sind heute aber durch Torfstich, Entwässerung und Eutrophierung bis auf spärliche Reste geschwunden. Hier haben Arten wie *Hammarbya paludosa* im Schwingmoor, *Dactylorhiza maculata* und *Dacytlorhiza majalis* ssp. *sphagnicola* in den mehr verlandenden Arealen oder auch renaturierten Torfstichen ihren Wuchsort.

Selten geworden sind ebenfalls Kalkflachmoore, in denen *Herminium monorchis*, *Liparis loeselii* und auch *Anacamptis palustris* neben *Dactylorhiza incarnata* wachsen können.

Auch im Wald gibt es solche Spezialisten, so wächst z. B. *Neottia cordata* gern an Feuchtstellen mit Torfmoossäumen in Nadelwäldern in den höheren Mittelgebirgslagen.

Moosreicher Fichtenwald, Baden-Württemberg

Buchenwald im zeitigen Frühjahr, Hessen

Der Vegetationszyklus der Orchideen

Orchis militaris

Neotinea tridentata

Gymnadenia conopsea

Ophrys insectifera

Dieses Kapitel stellt anhand von einigen Beispielen den Wachstumszyklus vor. Da sich jedoch viele verwandte Arten ähnlich verhalten, werden alle vorkommenden Varianten im Text behandelt, wenn auch nicht abgebildet.

Das Klima des Mittelmeeres ist geprägt durch eine regenreiche Zeit von Spätherbst bis Frühling. Die meisten Geophyten, so auch die Orchideen, haben in dieser Zeit ihre Hauptwachstumsphase mit Entwicklung von Blättern und Blütenspross. In der extrem trockenen übrigen Zeit verdorren die oberirdischen Pflanzenteile und die Pflanzen ziehen sich in unterirdische Reserveorgane zurück. Auch der Vegetationszyklus der mitteleuropäischen Orchideen ist bei vielen Arten noch bestimmt durch ihre Herkunft, weil sie nach den Eiszeiten aus mediterranen Gebieten nach Norden eingewandert sind. Ein typisches Beispiel hierfür ist *Neotinea tridentata*, die Mitte Oktober ihre Rosetten (Bild S. 30) aus dem Boden schiebt. Diese Rosette wächst während des Winters weiter, entwickelt zunehmend Blätter, um zum Ende der Vegetationsperiode zu blühen, zu fruchten und nach dem Aussamen völlig zu vergehen. Ein ähnliches Verhalten zeigen auch *N. ustulata*, die Arten der Gattung *Ophrys* (*O. insectifera*, S. 30, u.), *Orchis anthropohora*, *Anacamptis morio*, die *Himantoglossum*-Arten und weitgehend *Spiranthes spiralis*. Letztere zeichnet sich aber dadurch aus, dass sie mit Beginn der Vegetationsperiode zuerst den Blütenstand entwickelt (S. 33, oben, Austrieb Anf. Juli, in der Mitte Knospen Anf. August, und Rosetten, Dezember, unten), dann erst die Rosette, die überwintert. Diese Art blüht damit von allen Orchideen zuerst im jährlichen Vegetationszyklus.

Ähnlich verhalten sich die übrigen Arten der Gattung *Orchis* (S. 30, o., *O. militaris*, Anf. April) und der Gattung *Anacamptis*, sowie die der Gattungen *Dactylorhiza*,

Neottia nidus-avis

Cephalanthera damasonium

Limodorum abortivum

Epipactis albensis

Neottia ovata

Nigritella rubra

Epipactis atrorubens

Gymnadenia (*G. conopsea*, Anf. April, S. 30, 3. von oben), *Platanthera* (*P. chlorantha*, S. 33, u. li.) und vieler anderer Orchideen (Beispiele: *Neottia ovata*, S. 32, o., Anf. April, *Nigritella rubra*, S. 32 mi., Ende Mai), die überwiegend offene Areale besiedeln. Sie entwickeln während des Winters, in Abhängigkeit vom Witterungsverlauf, ihren Trieb, die Hauptwachstumsphase liegt im Endwinter bis zum zeitigen Frühling. Für den Erfolg, d. h. ob und wie viele Pflanzen zur Blüte kommen können, ist diese Phase von entscheidender Bedeutung. Es müssen hohe Niederschlagsmengen bei milden Temperaturen vorliegen, wenn eine gute Populationsentwicklung eintreten soll.

Grundsätzlich anders verhalten sich die meist später blühenden Waldarten. Der Antrieb der *Cephalanthera*-Arten (*C. damasonium*, S. 31 o.r., Anf. Mai), der der Gattung *Epipactis* (*E. albensis*, S. 31, u. r., Ende Juli, *E. atrorubens*, S. 32, u., Mitte Mai) wie auch bei *Limodorum abortivum* (S. 31, u. li., Anfang Mai) erfolgt erst im Vollfrühling, oft zur Blütezeit der Frühjahrsblüher. Die Entwicklung der Stängel erfolgt hier in der Regel viel rascher als bei den Arten mit grundständigen, rosettig angeordneten Blättern, wenn man die Zeit vom ersten oberirdischen Erscheinen bis zur Blüte bedenkt. Diese Zeit beträgt im günstigsten Fall kaum mehr als einen Monat, auch die Entwicklung der Früchte und das Aussamen erfolgen kurz hintereinander, die Stängel vergehen sehr rasch. Eine Ausnahme in dieser Beziehung ist der Frauenschuh, der seine großen Früchte auf einem außergewöhnlich stabilen Stängel trägt, der oft mehrere Jahre überdauert. Ähnlich verhält es sich auch mit den Samenstängeln von *Neottia nidus-avis*. Diese treibt erst spät im Jahr gegen Ende April an (S. 31, o. li.).

Eine Ausnahme stellt *Goodyera repens* dar. Diese Art hat ein fleischiges, kriechendes Rhizom, das in der Moosschicht oberhalb der Erde wächst und an dessen Triebspitzen sich die Rosetten aus fleischigen Blättern bilden, die in Sommer und Winter grün bleiben. Zur Blütezeit im Juli haben sich die Blütenstängel seitlich kräftiger Rosetten gebildet. Fruchtbildung und Aussamen erfolgen rasch nach der Blüte. Ebenfalls eine Besonderheit stellt der Wachstumszyklus von *Hammarbya paludosa* dar, deren Rhizom in der wachsenden Torfmoosschicht der Hochmoore mit diesem Substrat nach oben „kriecht". Weitere Besonderheiten einzelner Arten werden in der jeweiligen Artbeschreibung genannt.

Platanthera chlorantha

Spiranthes spiralis, Jahreszyklus, alle 3 Bilder

Bestäubung und Fruchtansatz

Es sprengt den Rahmen eines Feldführers, würde man im Detail die Bestäubungsmechanismen aller Arten besprechen. Viele Arten sind selbstbestäubend, sie haben immer 100 % Fruchtansatz.

Die bekannteste Art und Weise der Fremdbestäubung ist das Anbieten von Nektar, um bestäubende Insekten anzulocken, zum Beispiel in Spornen. Dies gilt besonders für die Arten der Gattung *Gymnadenia* und *Platanthera*. Entsprechend sind auf diesen Arten nicht selten langrüsselige Insekten wie Schmetterlinge zu beobachten. Im Bild links oben kann man deutlich sehen, wie der Rüssel des Zitronenfalters den Sporneingang zu ertasten versucht. Im mittleren Bild hat das Pfauenauge bereits an mindestens einer Blüte den Rüssel eingeführt und sich dabei Pollinarien aufgeladen. Prädestiniert für einen solchen Bestäubungsvorgang sind Schwärmer, die im Schwirrflug vor den Blütenständen stehen können, wie auf den nächsten Bildern am Beispiel des Taubenschwanzes gezeigt wird. Deutlich sieht man ein dickes Pollenpaket am Rüssel kleben (in der Vergrößerung

im Bild oben). Führt er den Rüssel nun so weit ein, dass er Nektar im Spornende saugen kann (im Bild S. 34 u. re.), bringt er Pollen mit dieser „Puderquaste" auf die Narbe der nächsten Blüte.

Nektar wird auch von vielen *Epipactis*-Arten angeboten, wo er im Hypochil, dem hinteren, schüsselförmigen Grund der Blütenlippe gebildet wird. In den Bildern rechts sind die Bestäuber Wespen, die sich beim Trinken aus dem Hypochil von *E. purpurata* (o.) und *E. helleborine* ssp. *orbicularis* (u.) die Pollenpakete aufladen und zur nächsten Blüte tragen. Bei *E. atrorubens* geschieht dies ganz ähnlich durch Hummelarten.

Andere Orchideen, so Arten der Gattungen *Neotinea*, *Orchis* und *Dactylorhiza* haben Sporne, führen darin aber keinen Nektar. Trotzdem werden sie von Nektar suchenden Insekten regelmäßig angeflogen, die sich dabei ebenfalls Pollenpakete aufkleben, wie in den Beispielen auf Seite 36 zu sehen ist. Häufig ist der Fruchtansatz dabei außerordentlich hoch, so z. B. bei den *Dactylorhiza*-Arten, nahe bei 100 % bei günstigem Witterungsverlauf. Bestäuber sind hier verschiedene Hummel- und Bienenarten,

aber auch Schmetterlinge, wie z. B. ein Widderchen im mittleren Bild.

Bei den *Ophrys*-Arten (mit Ausnahme der selbstbestäubenen *O. apifera*, die immer 100 % Fruchtansatz zeigt), ist eine gelungene Bestäubung ein seltenes Ereignis. Der Fruchtansatz liegt oft unter 5 %. Dies zeigt, dass der eingeschlagene, besonders raffinierte Weg des Sexualparasitismus zumindest nicht sehr erfolgreich ist. *Ophrys*-Arten sind in der Lage, Sexuallockstoffe nachzubilden, die zusammen mit dem insektenähnlichen Aussehen Männchen verschiedener Insekten-Arten anlocken (die früher schlüpfen als die passenden Weibchen) und sie zu Scheinkopulationen mit dem vermeintlichen Weibchen veranlassen. Dabei können sie Pollenpakete aufnehmen und bei Besuch einer nächsten Blüte diese bestäuben. Die Abbildung oben rechts auf S. 37 zeigt eine Grabwespe als Bestäuber von *Ophrys insectifera*.

Die Blüte von *Cypripedium calceolus* stellt eine Gleitfalle dar. Vermutlich durch den Duft angelockte kleine Bienen fallen, wenn sie auf den wächsern glatten Rand der Schuhöffnung kommen, in den Schuh hinein. Hier werden sie durch die durchsichtigen „Fenster“ am Grund des Schuhs zur Griffelsäule geleitet, wo die einzige Möglichkeit, den Schuh zu verlassen, darin besteht, durch einen Spalt zu kriechen, der von dem nach unten gebogenen Oberteil der Griffelsäule und der Narbe begrenzt wird. Dabei bekommt die Biene die Pollenmasse auf den Rücken geklebt (siehe u. li.).

Auch sehr kleinblütige Arten, wie *Spiranthes spiralis* oder *Goodyera repens* werden von Bienen bestäubt, wie unten rechts am Beispiel von *Spiranthes spiralis* zu sehen ist.

Früchte, Frucht- und Samenstände

Anacamptis coriophora

Anacamptis laxiflora

Neottia ovata, Einzelfrucht

Anacamptis morio

Anacamptis palustris

Anacamptis pyramidalis

Cephalanthera damasonium

Betrachtet man den Lebenszyklus der Orchideen, so ist die Blütezeit nur kurz, schon deutlich länger ist die Zeitspanne, in der Früchte ausgebildet werden und reifen. Deshalb ist es wichtig, Frucht- und Samenstände unterscheiden zu können. Auf den folgenden Seiten werden diese für alle Taxa nebeneinander abgebildet und ihre unterscheidenden Merkmale erläutert.

Der grundsätzliche Aufbau aller Orchideenfrüchte ist sehr ähnlich. Es sind rundliche oder längliche Kapseln, die nach außen hin mehr oder weniger deutlich drei Rippen aufweisen. Ist die Frucht reif, wie oben an der Einzelfrucht von *Neottia ovata* (o.r.) zu sehen, reißt diese Kapsel entlang der Rippen ein, sodass eine Struktur ähnlich dem Gerüst eines chinesischen Lampions entsteht, deren Oberfläche abwechselnd aus Rippe und Fruchtblatt aufgebaut ist mit einem offenem

Spalt dazwischen, aus dem der Samen hervorquillt und vom Wind verbreitet werden kann. Im gezeigten Beispiel, obwohl noch grün, ist der Samen bereits ausgefallen. Auf S. 49 unten sind zwei weitere Kapseln zu sehen. In der aufpräparierten Kapsel von *Spiranthes spiralis* sieht man die Samen und Kapselstruktur von innen, das rechte Bild zeigt eine sich gerade öffnende Kapsel von *Epipactis microphylla* mit hervorquellenden Samen.

Es nimmt nicht wunder, dass sich die Früchte nah verwandter Arten stark ähneln, so beispielsweise innerhalb der Gattung *Anacamptis*, die auf Seite 38 abgebildet sind. Das Aussehen eines Fruchtstandes wird ganz entscheidend dadurch geprägt, wie dicht die Blüten standen und wie groß diese waren, ebenfalls gut links in den Bildern zu sehen, wenn man den Fruchtstand von *A. corio-phora* mit z. B. *A. morio* vergleicht. Die Früchte von *A. coriophora* sind bei ähnlicher Gestalt kürzer und viel dichter angeordnet. Ein generelles Merkmal aller *Anacamptis*-Arten, insofern am Frucht- oder Samenstand noch zu sehen, sind die langen Tragblätter. Lockere Fruchtstände haben *A. palustris* und *A. laxiflora*, die der anderen Arten dieser Gattung zeigen dichtere Anordnung. Der Fruchtstand von *A. pyramidalis* behält die kugelige bzw. sehr kurz zylindrische Form des Blütenstandes bei.

Cephalanthera longifolia

Cephalanthera rubra

Chamorchis alpina

Corallorhiza trifida

Cypripedium calceolus

Dactylorhiza fuchsii

Dactylorhiza incarnata

Dact. inc. ssp. ochroleuca

Dactylorhiza maculata

Dactylorhiza majalis

Dact. maj. ssp. praetermissa

Dact. majalis ssp. *ruthei*

Der Fruchtansatz kann sehr unterschiedlich sein. Ist dieser unvollständig, d.h. man findet verdorrte Fruchtknoten zwischen entwickelten Früchten, so deutet dies auf Fremdbestäubung, sogenannte Allogamie. Viele allogame Arten zeigen aber auch annähernd vollständigen Fruchtansatz, wenn die Bedingungen für eine Bestäubung günstig waren.

In der Gattung *Cephalanthera* entwickeln alle Blüten der autogamen *C. damasonium* Früchte, die der beiden anderen Arten nur in geringem Umfang. Diese kann man unterscheiden an der meist noch sichtbaren Behaarung des Stängels bei *C. rubra*.

Bei *Chamorchis* (durch den Zwergwuchs der Pflanze), bei *Corallorhiza* (herabhängende, rundliche Früchte) und auch *Cypripedium* (einzelne, sehr große, aufrechtstehende Früchte mit sehr derber Schale) bestehen kaum Verwechslungsmöglichkeiten.

Schwierig hingegen wird es innerhalb der Gattung *Dactylorhiza*. Kann man Habitus und eventuelle Fleckenzeichnung der Blätter noch erkennen, ist dies sehr hilfreich, besonders die schlanken Pflanzen von *D. maculata* und *D. fuchsii* sind so abzutrennen, ebenso wie die obligat ungefleckten Pflanzen von *D. sambucina* (zudem sehr gedrungen) und von *D. viridis* (zierlich). Ansonsten bleibt überwiegend die Ökologie des Fundortes, in einem sauren *Sphagnum*-Moor bleiben nur die geflecktblättrige, schlankwüchsige *D. maculata* mit wenigen Blättern oder die robustere, ungefleckte *D. majalis* ssp. *sphagnicola* zu differenzieren. Allenfalls *D. majalis* ssp. *traunsteineri* kann noch ähnliche Fundorte besiedeln, deren große Blüten bedingen aber einen Fruchtstand mit lockerer Anordnung der Früchte; daneben ist der Stängel im Bereich der Infloreszenz meist kräftig rotviolett überlaufen. Eine dichte Formation aus relativ kurzen Fruchtkörpern, entsprechend den sehr kleinen Blüten, zeigen hingegen *D. incarnata* und ihre Unterarten. Darüber hinaus ist es sehr schwierig, eine Zuordnung zu treffen, wenn der Habitus bei den *Dactylorhiza majalis*-Unterarten nicht mehr zu erkennen ist.

Bei den *Epipactis*-Arten gibt es einige Arten, die auch fruchtend sehr leicht zu erkennen sind. Besonders gilt dies für E. *microphylla*, die paradoxerweise als kleinste Art die größten Früchte trägt. Zudem sind die stark behaarten Stängel leicht zu erkennen. Alle *Epipactis*-Früchte zeigen eine mehr oder weniger verkehrt lang eiförmige Gestalt mit stumpfem Ende nach außen (da, wo die Blütenblätter angewachsen waren und oft noch vertrocknet zu erkennen sind). Die Früchte von E. *palustris* erscheinen im Vergleich zu den übrigen länger gestreckt, besonders, wenn sie

Dact. maj. ssp. *sphagnicola*

Dact. maj. ssp. *traunsteineri*

Dactylorhiza sambucina

Dactylorhiza viridis

Epipactis albensis

Epipactis atrorubens

Epipactis bugacensis

Epipactis greuteri

Epipactis helleborine

Epipactis leptochila

Epipactis lept. ssp. neglecta

Epipactis microphylla

noch nicht ganz reif sind. Im Gegensatz zu den aufrecht stehenden Früchten von *Cephalanthera* hängen die Früchte aller *Epipactis*-Arten. *E. atrorubens* hat einen meist kräftig rot überlaufenen und zusätzlich leicht flaumig behaarten Stängel; auch die Früchte tragen diese braunrote Farbe und zeigen eine Behaarung, besonders auf den Rippen. Im Gegensatz dazu sind die Früchte von E. *albensis* und *E. phyllanthes* fast kahl, an der Oberfläche sehr glatt, frisch glänzend. Ist der Habitus der Pflanzen noch erkennbar, gelingt die Unterscheidung dieser beiden Arten leicht. Ebenfalls leicht zu erkennen sind die Früchte von E. *greuteri*: Der lange Stiel, an dem die Früchte hängen, ist unverwechselbar (ein solcher Stiel kommt sonst nur noch bei E. *palustris* vor, die aber gänzlich andere Biotope besiedelt). Schwieriger wird die Unterscheidung der übrigen Arten. Bei noch grüner Pflanze ist der violett überlaufene Stängel, der auch die Fruchtstiele meist einschließt, typisch für E. *purpurata*, die außerdem noch kleinere Blätter als alle anderen verbliebenen Arten der Gattung hat. E. *helleborine* selber hat kleinere, etwas rundlichere, intensiv grüne, weniger behaarte Früchte. Die Unterscheidung von *E. bugacensis*, E. *muelleri* und den beiden Unterarten von E. *leptochila* ist schwierig. Sind die Blätter noch vorhanden, hilft der Habitus weiter (siehe Artbeschreibungen und Schlüssel), auch die Ökologie des Fundortes. Stängel und Früchte von *E. bugacensis* sind in der Regel zierlicher als die der anderen problematischen Arten. Angemerkt sei, dass Früchte und Fruchtstängel aller *Cephalanthera*- und *Epipactis*-Arten nach dem Aussamen rasch hinfällig sind.

Das gilt auch für die nächste Art, *Epipogium aphyllum*. Deren Früchte sind sehr charakteristisch abgeplattet und nicht rund.

Bei *Goodyera repens* besteht durch die typischen Blatt-Rosetten auch zur Fruchtzeit kaum Verwechslungsmöglichkeit, die kleinen runden Früchte sind zudem sehr charakteristisch.

Schwierig ist die Unterscheidung der recht soliden Früchte beider *Gymnadenia*-Arten. Diese überdauern durchaus bis zum nächsten Jahr als Samenstand. Im Vergleich beider Arten sind die Kapseln von *G. conopsea* viel länger, mehr als doppelt so lang wie dick, die von *G. odoratissima* sind runder. Besonders der Samenstand von *G. conopsea* ähnelt denen der schlankwüchsigen *Dactylorhiza*-Arten wie z. B. *D. fuchsii*. Wenn noch vorhanden oder zumindest erkennbar, können die ungefleckten schmalen Blätter von *G. conopsea* bei der Unterscheidung helfen.

Die im Alphabet folgenden Arten sind auch im Fruchtstand kaum mit anderen Spezies zu verwechseln,

Epipactis muelleri

Epipactis palustris

Epipactis phyllanthes

Epipactis purpurata

Epipogium aphyllum

Goodyera repens

Gymnadenia conopsea

Gymnadenia odoratissima

Hammarbya paludosa

Herminium monorchis

Himantoglossum adriaticum

Himantoglossum hircinum

allein schon durch den potentiellen Fundort von *Hammarbya paludosa* im Sphagnum-Moor, wo sie ihre rundlichen, glänzenden Früchte schon kurz nach der Blüte entwickelt. Auch die Fruchtstände von *Herminium monorchis* können nicht verwechselt werden, sie mögen zwar denen von *G. odoratissima* als Samenstand ähneln, sind aber so zierlich, dass die Unterscheidung leicht fällt. Bemerkenswert ist bei dieser Art die im Bild dargestellte Entwicklung vom jungen Frucht- zum vollreifen Samenstand; mit Reifung der Samenkapseln wachsen diese noch einmal kräftig, sodass der Samenstand viel dichter erscheint.

Beide *Himantoglosssum*-Arten können im Gebiet kaum beieinander angetroffen werden. Allerdings gibt es mittlerweile angesalbte *H. adriaticum* in Deutschland, sodass sich das Problem in Zukunft stellen könnte. *H. adriaticum* hat im Vergleich etwas größere, dafür im Schnitt weit weniger Früchte. Allerdings ist bei beiden fremdbestäubten Arten der Fruchtansatz nicht komplett und kann in ungünstigen Jahren auch nur wenige Früchte umfassen.

Die riesigen, dauerhaften, alten Samenstände von *Limodorum abortivum* sind unverkennbar, die Früchte selber auch sehr groß, mit die größten aller europäischen Orchideen.

Liparis loeselii hat, zumindest im Vergleich zu den kleinen Blüten, ebenfalls sehr große Früchte, die charakteristisch steif aufrecht stehen. Fast immer kann man am Grund zudem noch Reste der derben, hellgrünen Blätter erkennen.

Die Früchte von *Malaxis monophyllos* hingegen sind, wie auch die Blüten, sehr klein. Nur ein Blattrest am Grund zusammen mit den Bedingungen des Fundortes macht auch hier die Bestimmung leicht.

Die *Neotinea*-Arten unterscheiden sich durch Größe der Frucht und deren Form, ganz abgesehen davon, dass der Fruchtstand von *N. ustulata* länglicher, aber schmaler ist, während der von N. *tridentata* an die länglich-ovale Form des Blütenstandes erinnert. Da der Fruchtansatz dieser allogamen Arten sehr variabel ist, hilft die Form des Fruchtstandes oft nicht. Einzelfrüchte von N. *ustulata* sind nur ca. 1 cm lang, während die von N. *tridentata* mehr als 2 cm lang sind.

Wenige runde Früchte, die fast immer noch die kleine Blüte an der Spitze erkennen lassen, an einer sehr zierlichen Pflanze charakterisieren *Neottia cordata*. Früchte von N. *ovata* sind zwar in der Form ähnlich, die Anzahl der Früchte im Fruchtstand und die viel größere Pflanze machen die Unterscheidung leicht. Noch einfacher ist die chlorophyllose N. *nidus-avis* zu unterscheiden, zumal sie

Limodorum abortivum

Liparis loeselii

Malaxis monophyllos

Neotinea tridentata

Neotinea ustulata

Neottia cordata

Neottia nidus-avis

Neottia ovata

Neottianthe cucullata

Nigritella nigra ssp. *rhellicani*

Nigritella rubra ssp. *stiriaca*

Ophrys apifera

sehr robuste Samenstände zeigt, die im Gegensatz zu denen der beiden anderen Arten der Gattung Jahre im Wald überdauern können.

Fruchtstände von *Neottianthe cucullata* sind ähnlich lockerblütig wie die Blütenstände der Art, behalten auch deren +/– Einseitswendigkeit, die Früchte sind dadurch mehr oder minder übereinander angeordnet, die einzelne Frucht zeigt stark differenzierte Rippen. Einzelne Früchte sind weit größer als die der im gleichen Biotop zu findenden *Goodyera repens*, außerdem sind sie nach außen kahl und nicht dicht behaart wie die von *G. repens*. Innerhalb der Gattung *Nigritella* kann man Fruchtstände nur dann relativ sicher unterscheiden, wenn noch Reste der Blüten erkennbar sind, die z. B. durch die schwarzrote Farbe die Zuordnung zu N. *nigra* ermöglichen.

Die Gattung *Ophrys* fällt durch einen generell sehr geringen Fruchtansatz auf. Umso leichter ist die autogame O. *apifera* an ihren zahlreichen Früchten zu erkennen, da jede Blüte eine Frucht entwickelt. O. *holosericea* hat ähnlich große Früchte, die auch an der Form kaum zu unterscheiden sind. Etwas kleiner sind die von O. *sphegodes*, bei denen besonders kräftige Rippen auffallen. Früchte der ssp. *araneola* unterschieden sich nicht. Viel kleiner sind die Früchte von O. *insectifera*, die zudem nicht so rund wie die der anderen Arten sind, sondern angenähert dreikantig.

In der Gattung *Orchis* kann man die Früchte der beiden Untergattungen leicht unterscheiden. Die Arten des Subgenus *Masculae* (*O. mascula*, *O. pallens*, *O. spitzelii*) haben durchweg schwach entwickelte Rippen, sind praktisch kahl und erscheinen dadurch glänzend und im Querschnitt annähernd rund. Die fehlende rote Farbe lässt die Fruchtstände von *O. pallens* hellgrün erscheinen, während die von *O. mascula* besonders und *O. spitzelii* weniger rötlich angehaucht sein können. Innerhalb des Subgenus *Orchis* sind die Früchte von *O. anthropophora* deutlich kleiner als die der anderen Arten (*O. militaris*, *O. simia* und *O. purpurea*), die sich sehr ähnlich sehen. Von diesen sind die von *O. militaris* etwas dünner und länger als die anderen beiden. Da die Fruchtentwicklung bei *O. simia* wie auch die Aufblühfolge von oben nach unten erfolgt, sind auch die oberen Früchte am weitesten entwickelt – dies mag helfen, *O. simia* zu identifizieren. Alle diese Arten sind allogam, der Fruchtansatz schwankt stark.

Beide Arten der Gattung *Platanthera* haben lange, schmale Früchte, die dem Stängel eng anliegen und auch lange bis ins nächste Jahr stehen bleiben. *P. chlorantha* ist im Wuchs im Schnitt

Ophrys holoserica

Ophrys insectifera

Ophrys sphegodes

Orchis anthropophora

Orchis mascula

Orchis militaris

Orchis pallens

Orchis purpurea

Orchis simia

Orchis spitzelii

Platanthera bifolia

Platanthera chlorantha

etwas robuster als P. *bifolia*, was sich auch in der Größe der Früchte auswirkt; das ist aber kein sicher unterscheidendes Merkmal. Hilfreich kann der Untergrund des Fundortes sein, da *P. chlorantha* an Kalk gebunden ist, während *P. bifolia* durchaus auf saurem Grund wächst.
Pseudorchis albida hat kleine, länglich eiförmige Früchte, die dicht am Stängel stehen, durch die langen Tragblätter erinnert der Fruchtstand an eine zwergige und extrem schlanke *Dactylorhiza*. Wenn die Tragblätter aber vergangen sind, ist der verbliebene Samenstand (S. 49, o.li. neben dem Fruchtstand) viel schlanker, er könnte höchstens mit dem von *Herminium monorchis* verwechselt werden, die aber kaum zusammen mit P. *albida* vorkommt.
Sehr charakteristisch sind Früchte und Fruchtstand der *Spiranthes*-Arten. Auch hier dürfte über das Biotop immer eine Trennung möglich sein. Solange der Stängel noch nicht vertrocknet ist, lässt die weißfilzige Behaarung auf graugrünem Grund leicht *Spiranthes spiralis* erkennen, der Stängel von *S. aestivalis* ist hellgrün und weniger behaart. Beide Arten samen rasch nach Bestäubung und Fruchtreife aus.
Auch *Traunsteinera globosa* kann kaum verkannt werden mit ihren kugelförmigen Fruchtständen. Eine theoretische Verwechslung mit

Nigritella-Arten kann nicht erfolgen, weil diese auch im Fruchtstand viel kleiner bleiben, zudem viel schmalere Fruchtstände mit viel weniger Früchten besitzen.
Die beiden letzten Bilder zeigen die Situation beim Aussamen, links in einer aufgeschnittenen Kapsel von *Spiranthes spiralis*, rechts an einer gerade aufspringenden Frucht von *Epipactis microphylla*. Bedenkt man, wie klein die Kapseln sind, wird klar, wie winzig die vom Wind verbreiteten Samen von Orchideen sind. Sie enthalten kein Nährgewebe, um keimen zu können und benötigen die Hilfe eines Pilzes, von dem sie Nährstoffe beziehen. Da Pilzsporen ebenfalls winzig sind, werden sie ebenfalls sehr einfach mit dem Wind verbreitet.

Pseudorchis albida

Spiranthes aestivalis

Spiranthes spiralis

Traunsteinera globosa

Spiranthes spiralis

Epipactis microphylla

Bestimmungsschlüssel

A. Schlüssel zu den Gattungen

	Wenige große Blüten, > 8 cm mit schuhförmiger Lippe	*Cypripedium*
	Blüten anders und viel kleiner	1
1	Pflanze mit grünen Blättern	5
1‘	Pflanze ohne grüne Blätter	2
2	ganze Pflanze violett überlaufen, Blüten violett	*Limodorum*
2‘	Stängel gelb, bräunlich, weiß oder grün	3
3	Stängel grün, Blüten weiß, Lippe mit roten Punkten	*Corallorhiza*
3‘	Stängel gelb, bräunlich oder (selten) weiß	4
4	wenige Blüten, weiße Lippe nach oben stehend	*Epipogium*
4‘	Blüten in kompakter Ähre, alle Blüten in gleicher Farb wie Stängel, Lippe ohne Rippen	*Neottia*
5	Lippe geteilt in +/– voneinander abgesetzte Hinter- und Vorderlippe, letztere zungen- oder herzförmig	6
5‘	Lippe anders	7
6	Vorderteil der Lippe mit Längsrippen, Sepalen und Petalen weiß oder rosarot	*Cephalanthera*
6‘	Lippe anders, Vorderteil der Lippe mit warzigen Strukturen, nicht mit Längsrippen, Hinterteil schüsselförmig und nektarführend	*Epipactis*
7	Lippe gespornt	15
7‘	Lippe ungespornt	8
8	Lippe ähnlich einem Insekt gestaltet, das auf grüner oder farbiger Blüte sitzt	*Ophrys*
8‘	Lippe anders	9
9	Zwei gegenständige Laubblätter deutlich oberhalb des Grundes angeordnet	*Neottia (Listera)*
9‘	Blätter am Grund angeordnet	10
10	Lippe 3-lappig	*Herminium*
10‘	Lippe ganzrandig	11
11	Sepalen und Petalen bilden einen Helm	12
11‘	Sepalen abstehend, nicht an Helmbildung beteiligt	14
12	Lippe grün oder grün-bräunlich	*Chamorchis*
12‘	Lippe schneeweiß	13
13	Blütenstand gedreht, Blätter ohne Zeichnung	*Spiranthes*
13‘	Blütenstand ungegdreht, Blätter mit Netzzeichnung	*Goodyera*
14	Lippe nach unten gebogen, länger als 4 mm	*Liparis*
14‘	Lippe winzig, nach oben stehend, unter 2,5 mm	*Malaxis*
15	Sepalen und Petalen mit dünnen, spatelförmigen Spitzen	*Traunsteinera*
15‘	Sepalen und Petalen anders	16
16	Sepalen und Petalen weiß oder grünlich-weiß, Sporn mehr als doppelt so lang wie der Fruchknoten	*Platanthera*
16‘	Sepalen und Petalen i. d. R. anders gefärbt, Sporn viel kürzer	17
17	Blätter rosettig am Stängelgrund angeordnet	18
17‘	Blätter am Stängel verteilt, aufrecht	24
18	Nur 2 (selten 3) derbe, schmal eiförmige Blätter am Grund	*Neottianthe*
18‘	Mehr Blätter und diese anders gestaltet	19

19 Blätter schmal, mindestens 5 x so lang wie breit, vom Stängelgrund nach oben abstehen 20

19‘ Rosettige Laubblätter höchstens 5 x so lang wie breit, dem Boden +/– flach aufliegend 21

20 Lippen nach oben stehend, Blüten nicht resupiniert .... *Nigritella*

20‘ Lippen nach unten stehend, normal resupiniert .... *Gymnadenia*

21 Lippe mit über 4 cm langem, sprialig gedrehten Mittellappen, Pflanze sehr robust .... *Himantoglossum*

21‘ Blüten anders 22

22 Lippe dreilappig, mit ungeteiltem Mittellappen, am Grund vor dem Sporneingang mit zwei erhabenen Längsleisten, Tragblätter grün, halb so lang bis deutlich länger als die Fruchtknoten, Tragblätter werden vor den Knospen entwickelt .... *Anacamptis*

22‘ Mittellappen an der Spitze +/– geteilt, Lippe ohne Erhebungen an der Basis am Sporneingang (wenn mit, dann ohne Sporn), Tragblätter häutig 23

23 Griffelsäule sehr kurz, Lippe ohne Papillenhaare, Rosettenblätter bläulich grün, Narbenhöhle herzförmig mit den Öhren nach oben, die Artenbilden echte Winterrosetten aus .... *Neotinea*

23‘ Griffelsäule länglich, Narbenhöhle flächig, rundlich oder schwach trapezförmig, Blätter grün, es werden keine echten Winterrosetten gebildet (mit Ausnahme von *O. anthropophora*) .... *Orchis*

24 Blätter steif aufrecht, rinnig gefaltet, lang reitend am Stängelgrund ansetzend, dadurch am Stängel +/– verteilt erscheinend .... *Anacamptis*

24‘ Blätter gefleckt oder ungefleckt, weit nach oben am Stängel verteilt .... *Dactylorhiza*

B. Artenschlüssel

Nachfolgend werden für alle Gattungen, die mehr als eine Art besitzen, differenzierende Kurzbeschreibungen mit „Icons“ der Blüten im Vergleich nebeneinander dargestellt. Zur Differenzierung der Unterarten und Varietäten sei auf den Text zur jeweiligen Art verwiesen.

Gattung *Anacamptis*

Anacamptis coriophora
Zierliche Pflanze, Blüten klein, rotbraun bis grünrot, Lippe stark dreilappig, Sporn kräftig, abwärts gebogen.

Anacamptis laxiflora
Kräftige Pflanze mit steif aufrechten, rinnigen Blättern, Blüten dunkelviolett, Sporn kräftig, aufrecht gebogen, Sepalen nach oben geschlagen.

Anacamptis morio
Kleine, stämmige Pflanze, Sepalen und Petalen an der Helmbildung beteiligt, innen grün gestreift, Lippe hell violett mit dunkleren Flecken, Sporn dick, +/– waagerecht.

Anacamptis palustris
Schlanke, hochwüchsige Pflanze mit rinnigen, steif aufrechten Blättern, Sepalen zur Seite oder nach oben geschlagen, Blüten groß, rosa, dunkel gefleckt.

Anacamptis pyramidalis
Schlanke Pflanze mit schwachem Stängel, Blütenstand aufblühend pyramidenförmig, später eiförmig, Blüten rosa, lang und sehr dünn gespornt, spätblühend.

Gattung *Cephalanthera*

Cephalanthera damasonium
Blüten rahmweiß, meist +/– geschlossen, dottergelber Fleck der Lippe mit 3 Längsrippen, Tragblätter der Blüten laubblattartig, Blütenstand daher beblättert aussehend, Blätter schmal oval.

Cephalanthera longifolia
Blüten schneeweiß, wenig bis leicht geöffnet, gelber Fleck der Lippe mit 4-7 Längsrippen, Blätter steif aufrecht, Blütenstand abgesetzt.

Cephalanthera rubra
Blüten rosarot bis rotviolett, selten weiß, meist weit geöffnet, Stängel behaart, Blütenstand abgesetzt.

Gattung *Dactylorhiza*

Dactylorhiza fuchsii
Dunkel gefleckte Blätter, Stängel markig, nicht hohl, Blütenstand aus bis 60 Blüten, zylindrisch, Blüten weißlich rosa mit rotvioletter Schleifenzeichnung, Lippe 3-lappig, Lappen etwa gleich groß oder der mittlere etwas größer als die seitlichen, Sporn zylindrisch, am Ende stumpf.

Dactylorhiza incarnata
Sumpfpflanze mit hohlem Stängel und lanzettlichen Blättern, im Normalfall (Ausnahmen !) ungefleckt, zum Ende zugespitzt und an der Spitze nach innen kapuzenförmig eingezogen, Blüten klein, hellrosa oder dunkel rot, mit Schleifenzeichnung (oder auch blaßgelb), Sporn dick, sich konisch nach abwärts verjüngend.

Dactylorhiza maculata
Schlanke Pflanze bodensaurer Standorte mit markigem Stängel und mit wenigen, schmalen, relativ kurzen, gefleckten Blättern, Blütenstand eiförmig, kurz, mit bis 25 Blüten, Grundfarbe weißlich bis hellrosa mit intensiver dunkelvioletter Schleifenzeichnung auch in die Seitenlappen hinein, Lippe im Umriß fast rund, zwischen großen Außenlappen nur mit kleinem, wenig herausragendem Mittellappen. Sporn zylindrisch, zum Ende dünner werdend.

Dactylorhiza majalis
Pflanzen mit meist gefleckten Blättern, mit hohlem Stängel, Tragblätter meist länger als die Fruchtknoten, aus dem Blütenstand hervorschauend, Blütengrundfarbe meist dunkel rotviolett, mit hellerem Zentrum, darauf eine sehr dunkle Schleifenzeichnung, Lippe +/– dreilappig, Sporn kräftig, konisch, abwärts gerichtet.

Dactylorhiza sambucina
Stämmige Pflanzen mit hohlem Stängel und immer ungefleckten Laubblätter, Blüten mit roter oder gelber Grundfarbe mit schwacher Schleifen- oder Punktzeichnung, sehr früh blühend, Sepalen nach oben geschlagen, Tragblätter lang.

Dactylorhiza viridis

Kleine, etwas stämmige Pflanze mit markigem Stängel und ungefleckten Blättern, Helm geschlossenen, außen grün bis bräunlich, Lippe schwach dreilappig, meist grün aber auch rot oder braun, am Grund mit sackförmigem, nektarführendem Sporn.

Gattung *Epipactis*

Epipactis albensis

Kleine Pflanzen mit wenigen, weit oben am Stängel ansetzenden Laubblättern, Blüten glockig, Fruchtknoten lang gestielt, Sepalen grün, Petalen weißlichgrün oder grün, Hypochil breit schüsselförmig, innen hellbraun, nektarführend, Vorderlippe schmal herzförmig, zugespitzt, breiter, V-förmiger Durchtritt von Vorder- zu Hinterlippe, Rostelldrüse fehlend, autogam, Pollenschüssel sehr flach.

Epipactis atrorubens

Intensiv behaarter, kräftiger Stängel, oft rotbraun überlaufen, Blüten rotbraun, weit geöffnet, intensiv vanilleartig duftend, herzförmige Vorderlippe am Grund mit warzig-runzeliger Schwiele. Allogame Art, Rostelldrüse voll funktionsfähig.

Epipactis bugacensis

Hochwüchsige, sehr schlanke Pflanzen mit langem Blütenstand aus sehr kleinen, glockig hängenden Blüten. Lippe weißlich, bis 7 mm lang, Hinterlippe in der Gestalt eines Napfes, Vorderlippe breit herzförmig mit schwach rosa gefärbten, flachen Höckern. Funktionslose Rostelldrüse, die rasch vertrocknet, es handelt sich um eine autogame Pflanze.

Epipactis greuteri

Kräftige Pflanzen, Stängel oft hin- und hergebogen, Beblätterung erst ab 1/4 Pflanzenhöhe aufwärts bis in den Blütenstand hinein. Dieser ist breit, weil die Fruchtknoten lang gestielt sind, die Blüten hängen nach unten. Boden des Hypochils grün, Nektar bildend, Vorderlippe weiß, Rostellum bereits in der Knospe fehlend, autogame Art.

Epipactis helleborine

Robuste Pflanzen, bis über 80 cm hoch, breit ovale Blätter im unteren Stängelbereich; abgesetzter, langer Blütenstand. Allogame Art mit funktionsfähigem Rostellum, Pollinien kompakt in tief ausgeformter Pollenschüssel, Perigon grün, Lippe weißlich bis rosarot, mit Schwielen am Grund des Epichils, Nektarbildung am braunen Grund des Hypochils.

Epipactis leptochila

Kräftige Pflanzen mit dunkelgrünen, eiförmig-lanzettlichen, nach unten hängenden Blättern, die nach oben kleiner werdend in die sehr großen, laubblattartigen Tragblätter übergehen. Blüten groß, grün, Hypochil schüsselförmig mit nach außen abgeflachten Rändern, Epichil nach vorn +/− scharf zugespitzt auslaufend, im Umriß schmal herzförmig, Durchlass zwischen Vorder- und Hinterlippe breit V-förmig, Autogame Art, Rostelldrüse funktionslos, Pollen krümelig zerfallend. Bei ssp. *neglecta* Lippe schmaler, Epichil zungenförmig, Spitze zurückgeschlagen, Durchlass eng, schlüssellochartig.

Epipactis microphylla
Meist kleine Pflanzen, intensiv behaart, dadurch graugrün erscheinend. Blätter klein, oft etwas violett überlaufen, Blüten klein, hängend, intensiv nach Vanille duftend. Petalen oft rötlich, Epichil mit kräftiger, warzlicher Schwiele. Rostelldrüse rasch vertrocknend, es dürfte überwiegend Autogamie vorliegen. Auffällig große Früchte.

Epipactis muelleri
Kräftige Pflanzen mit hellgrünem Stängel, dicht behaart, gelblichgrüne Blätter, sichelförmig nach außen gebogen. Blüten glockig hängend, weißlich grün, Hinterlippe flach schüsselförmig, am Boden braun mit Nektarbildung, Vorderlippe breit herzförmig mit zurückgeschlagener Spitze und gewelltem Rand, Durchtritt von Vorder- zu Hinterlippe breit offen, auf der Vorderlippe finden sich flache Längsrippen mit grünlichem Anhauch. Rostelldrüse schon in der Knospe vertrocknend, Autogamie.

Epipactis palustris
Mittelgroße Pflanzen, allogame Art. Blüten auf lang gestieltem Fruchtknoten, auffällig farbig mit innen rotem Perigon und schneeweißer Vorderlippe, stark von Hinterlippe abgesetzt, die innen rot gestreift und am Grund gelb ist.

Epipactis phyllanthes
Kleine, zierliche Pflanzen, Stängel kahl, nur in der Mitte mit wenigen Blättern, Blüten wenig geöffnet, glockenartig nach unten hängend. Sepalen, Petalen und Lippe grün bis weißlich-grün, napf- bis kahnförmige Hinterlippe, herzförmige Vorderlippe (mit zwei kleinen Höckern) Rostellum und Klebdrüse funktionslos, autogam, Pollenschüssel flach, Pollen krümelig zerfallend.

Epipactis purpurata
Kräftige Pflanzen, häufig büschelig wachsend, Stängel unten violett, auch die relativ kurzen Blätter +/– violett überlaufen, viele große, weit geöffnete Blüten an langem Blütenstand, Blüten weißlich-grün bis weiß, allogam, herzförmige Vorderlippe mit rosa Schwielen am Übergang zur Hinterlippe, zu dieser nach unten abgeknickt stehend.

Gattung *Goodyera*

Goodyera repens
Kriechendes Rhizom der Rosetten im Moos, Blätter dunkelgrün mit weißlicher Netzzeichnung. Aus den Rosetten entspringt der Blütenstand aus einseitswendig stehenden kleinen, weißen, außen behaarten Blüten.

Gattung *Gymnadenia*

Gymnadenia conopsea
Pflanzen sehr variabler Gestalt, Laubblätter am Grund rosettig gehäuft, nach oben gekielt, lanzettlich, zahlreiche kleine, intensiv duftende Blüten (nach Nelken) mit abgespreizten seitlichen Sepalen, Lippe in 3 Lappen seicht geteilt. Sporn etwa doppelt so lang wie der Fruchtknoten, am Ende zugespitzt, Nektar führend.

Gymnadenia odoratissima
Die Pflanzen ähneln *G. conopsea* stark, sind aber kleiner und zierlicher. Die Blätter sind schmaler, nur bis 0,7 cm breit, grasartig, gekielt. Lippe weniger geteilt. Viele Blüten, nach Vanille duftend. Entscheidender Unterschied ist die Spornlänge, dieser ist hier dünn, viel kürzer als der Fruchtknoten.

Gattung *Himantoglossum*

Himantoglossum adriaticum
Große, kräftige Pflanzen, bis 80 cm hoch. Blütenstand sehr locker durch lange, leicht aufwärts gerichtete Fruchtknoten, die die Blüten weit vom Stängel abstehen lassen. Sepalen bis 10 mm lang, Lippe grünbraun, Seitenlappen schmal, gekräuselt, 10-25 mm lang. Mittellappen riemenförmig bis 60 mm lang, am Ende 2-zipfelig, Sporn sehr kurz.

Himantoglossum hircinum
Ebenfalls große, kräftige Pflanzen, bis 75 cm Höhe. Blütenstand dichter, aber auch breit ausladend. Sepalen länger als bei *H. adriaticum*, bis 14 mm lang, auch Seitenlappen der Lippe und Lippe selber etwas länger als bei *H.adriaticum*, der Sporn ist etwas länger.

Gattung *Neotinea*

Neotinea tridentata
Zierliche Pflanzen mit kugel- bis eiförmigen Blütenständen, Blütengrundfarbe in allen Teilen weiß bis hellrosa, Lippe dunkel rotviolett gepunktet. Innen rotstreifige Sepalen und Petalen zusammenneigend, Sepalenspitzen aus diesem Helm abstehend, Lippe stark dreilappig, Mittellappen nochmals zweigeteilt nach vorn, dazwischen ein kleines Spitzchen.

Neotinea ustulata
Meist kleine Pflanzen, Blütenstand oben schwarzrot, „angebrannt“ aussehend, Helm von aussen schwarzrot bis rot gefärbt, Blüten klein, Lippe dreilappig, weiß, mit großen, roten Flecken.

Gattung *Neottia*

Neottia cordata
Sehr kleine, zierliche Pflanzen, oft in Gruppen, +/– in Stängelmitte 2 rundlich herzförmige, gegenständige Blätter. Wenige sehr kleine Blüten, Lippe nur bis 6 mm lang, grünlich oder rotbraun.

Neottia nidus-avis
Blattlose, stämmige Pflanzen ohne Chlorophyll, ganz hellbraun, Lippe bis 13 mm lang, lockerer Helm. Nektar wird in einer Grube der Lippenbasis produziert.

Neottia ovata
Kräftige Pflanzen mit 2 gegenständigen, bis 14 cm langen, breit eiförmigen bis ovalen Blättern. Stängel oben drüsig behaart. Zahlreiche Blüten, viel größer als bei *N. cordata*, Lippe um 10 mm lang.

Gattung *Nigritella*

Nigritella nigra s.l.
Kleine, zierliche Pflanzen mit grasartigen Blättern, Blütenstände kugelförmig, die kleinen Blüten sind nicht resupiniert, schwarzrot (obwohl es rote, rosa bis hin zu weiße Fehlfarben gibt) gefärbt, nach Vanille duftend, Lippe (oben!) nur am Grund eingeschnürt, nach vorn flächig ausgebreitet.

Nigritella rubra s.l.
Ebenfalls kleine, zierliche Pflanzen mit grasartigen Blättern, Blütenstände erst kegelförmig, später länglich eiförmig, die kleinen Blüten sind nicht resupiniert, leuchtetnd rot (obwohl es rosa bis hin zu weiß blühende Lokalpopulationen gibt) gefärbt, nach Vanille duftend, Lippe (oben!) nur am Grund eingeschnürt, nach vorn tütenförmig zusammengefaltet bleibend.

Gattung *Ophrys*

Ophrys apifera
Bis 9 Blüten in den Achseln auffallend langer Tragblätter. Sepalen rosa, auch heller bis weiß, das mittlere biegt sich mit weiterer Reife der Blüte nach hinten. Petalen können sehr unterschiedlich gestaltet sein, im Normalfall kurze, behaarte Stielchen. Griffelsäule lang gestreckt, an der Spitze mit schnabelähnlichem Fortsatz. Pollinarien klappen selbstbestäubend nach unten. Lippe 3-lappig, Seitenlappen behaart, Mittelappen mit orangem Basalfeld, von einer gelben bis gelblich-weißen Doppellinie umgeben. Anhängsel lang, zurückgeschlagen.

Ophrys holoserica
Alle Sepalen abstehend, sie sind weiß oder rosa, selten grün. Petalen sehr kurz, dreieckig. Lippe ist +/– flach ausgebreitet, im Umriß trapezförmig, mit H-förmiger Zeichnung, an der Spitze mit breitem, gelbem Anhängsel, das nach vorn weist. Die Griffelsäule ist kurz, nicht geschnäbelt.

Ophrys insectifera
Sepalen bis 8 mm lang, gelbgrün, Pepalen sind nur dünne Stielchen, bis 5 mm lang, schwarzbraun Lippe flach, bis 12mm lang, schwarzbraun, 3-lappig, in der Mitte mit blaugrauem Feld.

Ophrys sphegodes
Sepalen grün, bis 13 mm lang, Petalen dunkler, etwas kürzer als die Sepalen, bis 9 mm lang. Lippe braun, bis 13 lang, am Rand lang behaart, 2 grüne Schwielen („Augen") am oberen Rand des orangebraunen Basalfeldes, Malzeichnung darunter ist silbrig metallisch, in Form eines „H". Anhängsel klein.

Gattung *Orchis*, Subgenus *Orchis*

Orchis anthropophora
Gelbe bis rotbraune, kleine Blüten, spornlos, in schlanker Ähre, Helm geschlossen, Lippen stark geteilt in Mittellappen und 2 dünne Seitenlappen, der Mittellappen nochmals lang zweigeteilt in 2 weitere dünne Lappen, sodass die Silhouette eines Menschen entsteht.

Orchis militaris
Helm geschlossen, außen grau, innen rotviolett gestreift. Die Lippe ist stark dreigeteilt, kurz gespornt, Seitenlappen stehen meist leicht nach vorn, breit spatelförmig, Mittellappen am Vorderende in zwei Lappen auslaufend, dazwischen kleines Zähnchen. Lippe rosaviolett an den Rändern, zum Zentrum heller, mit dunklen Büscheln von rotvioletten Papillenhaaren.

Orchis purpurea
Ähnlich *O. militaris*, Helm geschlossen, aber kürzer, außen braunpurpurn, innen braun-grün gestreift. Lippe 3-lappig, Mittellappen aber nach vorne breit dreieckig, nur schwach geteilt, auch zwischen diesen Enden kleines Zähnchen. Lippengrundfarbe meist weiß, aber auch mit rotvioletten Tönen, auf der Lippe Büschel dunkler Papillenhaare. Sporn kurz, abwärts gerichtet.

Orchis simia
Blüten öffnen sich von oben nach unten. Helm auch geschlossen, außen weiß, selten rotfleckig. Lippe ähnlich wie bei *O. anthropophora* durch tiefe Teilung des Mittellappens in 4 Arme auslaufend, diese sind dunkel rot gefärbt und nach oben gebogen. Sporn halb so lang wie der Fruchtknoten.

Subgenus *Masculae*

Orchis mascula
Blüten kräftig rot, seitliche Sepalen nach oben oder seitlich abstehend, nicht an der Helmbildung beteiligt. Lippe 3-teilig, Mittellappen nur an der Spitze eingebuchtet. Seitenlappen nur kurz. Sporn kräftig, lang, nach oben weisend.

Orchis pallens
Blüten gelb, seitliche Sepalen nach oben geschlagen, Lippe nur seicht 3-teilig, keine Lappen abgesetzt, Sporn kräftig, lang, nach oben weisend.

Orchis spitzelii
Blüten trübrot, alle Sepalen an der Helmbildung beteiligt, seitliche nur wenig abstehend, Helm innen grün mit dunkelroten Punkten. Sporn kräftig, kürzer als der Fruchtknoten, leicht nach unten gebogen.

Gattung *Platanthera*

Platanthera bifolia
Staubbeutelfächer parallel eng beieinander stehend, Blüten weiß, Sporn dünn und lang zugespitzt. Zierlicher als nachfolgende Art.

Platanthera chlorantha
Staubbeutelfächer weiter auseinander und deutlich unten auseinanderspreizend, Sporn kräftig, vor dem Ende keulenförmig verdickt, Blüten grünlichweiß.

Gattung *Spiranthes*

Spiranthes aestivalis
Pflanze am Grund mit schmalen Blättern. Alle Blütenblätter einschließlich hinterem Lippenteil bilden eine Röhre, die sich nach vorn weitet, nach unten wölbt sich das Vorderteil der Lippe vor.

Spiranthes spiralis
Pflanze zur Blütezeit ohne Laubblätter, am Grund neben einem Blütenstängel ist oft ein neuer Rosettenantrieb zu sehen. Seitliche Sepalen nach vorn und seitlich abspreizend, die übrigen Blütenblätter sind an der Bildung der „Blütenröhre" beteiligt. Lippe innen grünschlundig.

Anacamptis coriophora
Wanzen-Knabenkraut

S: 14, F: 38
H: 245, 248, 249

Vegetative Merkmale: **Pflanze schlank**, 20–30 (50) cm hoch. Bis zu 10 breitlanzettliche, 10–15 (19) cm lange Blätter, die unten rosettig angenähert stehen, nach oben am Stängel verteilt sind und diesen mit dem Blattgrund scheidig einhüllen.

Blütenmerkmale: Blütenstand schmal zylindrisch, allseitswendig, mit bis zu 40 dicht stehenden, kleinen, normalerweise **rotbraunen bis grünroten Blüten**, die intensiv herb süßlich nach **Wanzen riechen**. Tragblätter etwa so lang wie der Fruchtknoten. **Helm dicht geschlossen**, 6–7 mm lang, auffällig nach vorn zugespitzt und **fast waagerecht stehend** die Säule überdachend. Lippe stark dreilappig geteilt, bis 7 mm lang und 6 mm breit. Seitenlappen am Rand gekerbt, Mittellappen schmaler. Die heller gefärbte Lippenbasis ist mit Papillen besetzt und intensiv rot gefleckt. Lippe meist stark nach rückwärts gebogen. Der **kegelförmig** sich nach hinten **verjüngende und nach unten gebogene Sporn** ist so lang wie der Fruchtknoten und führt Nektar.

Vegetationszyklus: Antrieb im Winter mit wenigen schmalen Blättern, bis zur Blüte (5) werden weitere Blätter am sich entwickelnden Stängel gebildet. Die junge Infloreszenz ist von den Tragblättern schützend eingehüllt. Mit Fruchtentwicklung welken die Blätter, aus neuen Reserveknolle erfolgt der Antrieb im nächsten Zyklus. Reife Früchte sind bis 19 mm lang und bis 6 mm dick.

Ökologie: Die Art besiedelt wechselfrische Magerrasen mit hinreichender Belichtung, Verbuschung wird nicht toleriert. Der Untergrund kann

Vgl.: Einleitung zur Gattung *Orchis*, S. 206

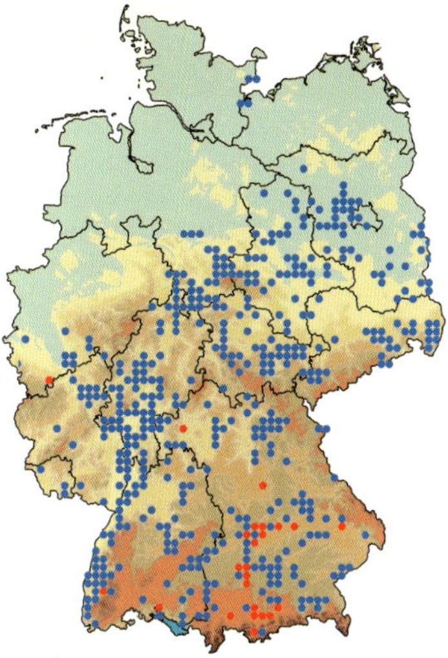

Ökologie: T.3w32-453-g
Vegetationsphase: 1–9, Blütezeit: 5–7
Verbreitung: gesamt 17 %, aktuell 1 %

schwach basisch bis schwach sauer sein, zwingend aber kalkreich.

Zytologie: 2n = 36 (38)

Variationsbreite: Die Farbe der Blüten reicht von grünweiß bis dunkel rotbraun, ansonsten zeichnet sich die Art durch eine bemerkenswerte Uniformität aus.

Schutz und Gefährdung: Früher entlang der großen Stromgebiete verbreitet, sind die Vorkommen der Art bis auf geringe Relikte geschrumpft. Wie kaum eine andere Orchidee ist sie empfindlich gegenüber Stickstoffeinfluss, da sie extrem leicht von konkurrenzstärkeren Pflanzen verdrängt wird. Schon Anfang des 20. Jahrhunderts wurden durch strukturelle Veränderungen der Flusssysteme viele ehemalige Vorkommen ausgelöscht.

Anacamptis laxiflora
Lockerblütiges Knabenkraut

S: 14, F: 38
H: -

Vegetative Merkmale: **Pflanze hochwüchsig**, bis über 60 cm hoch, mit bis 8 **lanzettlichen, rinnig gefalteten Blättern, die steif aufrecht stehen** und den Stängel scheidig umschließen. Sie nähern sich unten einander an und sind bis 15 cm lang und bis 2,5 cm breit.

Blütenmerkmale: Blütenstand bis über 25 cm lang, er trägt oft mehr als 20 locker angeordnete Blüten, der Stängel ist im Bereich der Infloreszenz kräftig violett überlaufen. **Alle Blütenteile** sind **intensiv dunkelviolett**, nur die Basis der Lippe ist heller, bis weißlich gefärbt. Die bis 12 mm lange und bis 18 mm breite Lippe ist in der Regel ungefleckt, gelegentlich aber auch mit feinen dunkelvioletten Punkten versehen. Sie ist stark in der Mitte zusammengefaltet, die Seitenlappen weisen dadurch nach hinten, ein Mittellappen ist nur angedeutet abgesetzt vorhanden. Sehr auffällig ist die Stellung der bis 14 mm langen, **seitlichen Sepalen**, die nicht an der Helmbildung beteiligt sind, sondern nach hinten **über dem Helm zusammengefaltet** stehen. Der kräftige **Sporn** ist zylindrisch, etwa so lang wie der Fruchtknoten (bis 19 mm), **nach oben gebogen**, am Ende oft zweizipfelig verdickt. Die rotviolett überlaufenen Tragblätter der Blüten erreichen die Länge der Fruchtknoten.

Vegetationszyklus: Antrieb im Spätwinter, nach Blüte (5) und Aussamen verwelken die Blätter, aus der unterdessen entwickelten Reserveknolle erfolgt der Antrieb im nächsten Zyklus. Reife Früchte sind bis über 20 mm lang.

Verbreitung: Während die Art im Süden die Alpen nicht überschreitet (nur in einigen Tälern erreicht sie die Alpen-

Vgl.: Einleitung zur Gattung *Orchis*, S. 206

region), geht sie in Westeuropa über Nordfrankreich bis Belgien. Daneben ist sie auf einigen Kanalinseln zu finden.

Ökologie: Die Art besiedelt offene, frische bis wechselfrische Wiesen und Quellsümpfe. Sie bevorzugt basenreiche Böden, ist vermutlich aufgrund ihres kräftigen Wuchses relativ tolerant gegenüber Sticktoff und Salzeinfluss. Die Populationen an der Nordgrenze ihres atlantischen Teilareals, mit denen sie das besprochene Florengebiet erreicht, können nur in ausgesprochenen Tieflagen gedeihen, in Südeuropa steigt sie bis über 1.600 m auf.

Zytologie: 2n = 36 (20, 42?)

Variationsbreite: Neben Monstrositäten der Blüten variiert (selten) die Grundfarbe, sie kann rosa oder auch weiß sein. Ansonsten ist die Art sehr uniform, bei gemeinsamem Vorkommen mit *A. palustris* können allerdings Hybriden die Bestimmung erschweren.

Anmerkung: In Deutschland kommt die Art nicht vor, die Vorkommen am äußersten Rand des von diesem Feldführer abgedeckten Gebietes werden ermöglicht durch den Klimaeinfluss des Atlantiks und insbesondere des Golfstroms.

Ökologie: S. 5w22+452-g
Vegetationsphase: 1–8, Blütezeit: 5

Anacamptis morio
Kleines Knabenkraut

S: 14, F: 38
H: 245, 248, 249

Vegetative Merkmale: **Pflanze klein und stämmig**, 10–30 (50) cm hoch, bis 8 am Grund angeordnete Rosettenblätter, 5–15 cm lang, die obersten Blätter umhüllen den Stängel scheidig.

Blütenmerkmale: Blütenstand länglich oval mit 5–20 Blüten. Grundfarbe in der Regel rosaviolett bis dunkelpurpurn, gelegentlich auch heller bis schneeweiß. Charakteristisch sind **intensiv grüne Streifen auf der Innenseite des Helms** entlang der Nervatur. Lippe ausgebreitet quer-oval, breit nierenförmig mit kurzem, schmalem Mittellappen. Zentrum der Lippe mit dunklen Flecken. Sporn zylindrisch, kürzer bis so lang wie der Fruchtknoten, gerade bis leicht nach oben gebogen. Tragblätter so lang wie der Fruchtknoten.

Vegetationszyklus: Antrieb im Spätwinter, Rosette ist bis zur Blüte (Ende 4 bis Anfang 6) voll entwickelt, mit zunehmender Fruchtentwicklung verwelken die Blätter, aus der unterdessen entwickelten Reserveknolle erfolgt der Antrieb im nächsten Zyklus. Reife Früchte sind bis 16 mm lang und 5 mm breit.

Ökologie: Die Art besiedelt Magerrasen auf trockenen bis wechselfrischen Wiesen mit hinreichender Belichtung. Die Art bevorzugt basenreiche Böden, siedelt aber auch auf kalkfreien Lehm- und Tonböden, sofern sie stickstoffarm genug sind. Ihre Wuchsorte reichen von Seehöhe bis in die montane Stufe.

Zytologie: 2n = 36 (20, 38 ?)

Variationsbreite: Bekannt sind Monstrositäten mit labelloider Ausbildung der Petalen, enorm variabel sind Farbe (von weiß bis dunkel purpurn), Zeich-

Vgl.: Einleitung zur Gattung *Orchis*, S. 206

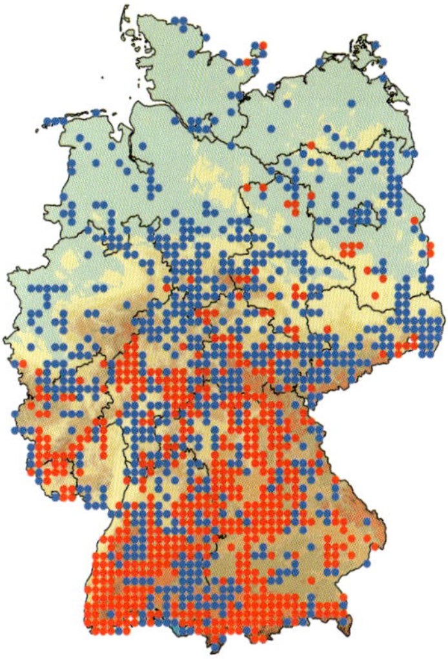

Ökologie: T.2w42-443-g
Vegetationsphase: 12–8, Blütezeit: 4–6
Verbreitung: gesamt 43 %, aktuell 17 %

nung und Breite der Lippe sowie Länge und Krümmung des Sporns.

Schutz und Gefährdung: Dramatische Rückgänge sind in Mitteleuropa zu beobachten. Ursache sind einerseits Auflassung oder mehr noch Intensivierung extensiver Weidegebiete, weil sie mit zunehmendem Stickstoffeinfluss von konkurrenzstärkeren Pflanzen verdrängt wird. Das Graben der Knollen zur Salepgewinnung hat keine entscheidende Auswirkung auf die Verbreitung gehabt.

Anmerkung: In Mitteleuropa kommt nur Ssp. *morio* vor, die in Süd-Europa durch andere Unterarten ersetzt wird.

Anacamptis palustris
Sumpf-Knabenkraut

S: 14, F: 38
H: 245

Vegetative Merkmale: **Pflanze schlank und hochwüchsig**, bis über 60 cm. Blätter (bis 5, maximal 15 cm lang und 2,5 cm breit) **breitlanzettlich, rinnig gefaltet, steif aufrecht** stehend und den unten grünen, oben im Infloreszenzbereich oft rot überlaufenden Stängel scheidig umschließend.

Blütenmerkmale: Blütenstand lang gestreckt, er kann bis 20 **relativ große Blüten** tragen. Grundfarbe in der Regel rosa- bis rotviolett, selten zartrosa oder weiß. Lippe schwach dreilappig, bis 12 mm breit und bis 16 mm lang, Mittellappen nur leicht vorgezogen abgesetzt. Lippe am Grund heller gefärbt, mit feiner, dunkler Punktierung. Die seitlichen, bis 10 mm langen Sepalen stehen nach oben und hinten geschlagen, sie sind nicht an der Helmbildung beteiligt. Sporn kräftig, zylindrisch, schwach aufwärts gerichtet, fast so lang wie der Fruchtknoten.

Vegetationszyklus: Antrieb im zeitigen Frühjahr, Blütezeit von Ende 5 – Anfang 7, die Früchte entwickeln sich rasch, reifen unmittelbar anschließend und samen aus. Reife Früchte sind bis 18 mm lang und 6 mm dick. Aus der Reserveknolle erfolgt der Antrieb im nächsten Zyklus.

Ökologie: Die Art besiedelt Sumpfwiesen, lichte Schilfsäume von Gewässern, Binsenwiesen auf schwach saurem bis basischem, kalkreichem Grund. Sie toleriert Salz, aber keinen Stickstoff, sie benötigt viel Licht und ist dadurch empfindlich gegenüber Verbuschung. Ihre Wuchsorte reichen von Seehöhe bis in die colline Stufe.

Zytologie: 2n = 36 (42)

Variationsbreite: In Deutschland und Mitteleuropa wenig variable Art, hier

Vgl.: Einleitung zur Gattung *Orchis*, S. 206

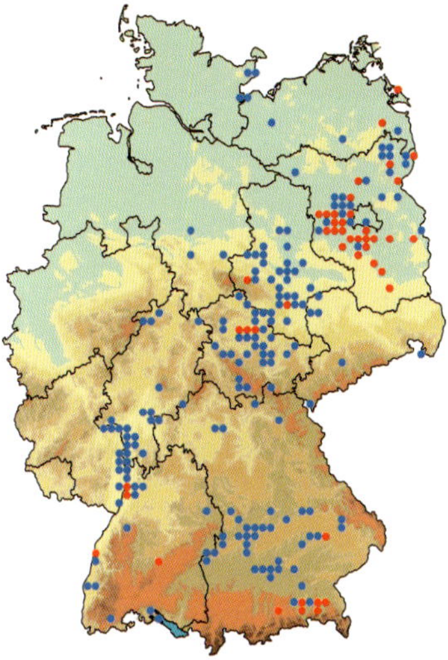

Ökologie: S. 5w42+452-g
Vegetationsphase: 3–8, Blütezeit: 5–7
Verbreitung: gesamt 8 %, aktuell 2 %

nur Blütengröße und Farbe der Blüten veränderlich.

Schutz und Gefährdung: Es handelt sich um eine stark gefährdete Art aufgrund ihrer Bindung an Feuchtgebiete. Diese Lebensräume sind, soweit sie überhaupt erhalten blieben, vielerorten durch Eutrophierung bedroht oder schon stark verändert.

Anmerkung: So stabil die Art in Mitteleuropa erscheint, so variabel wird sie nach Südosteuropa und Asien hin, wo verschiedene Unterarten auftreten, die zur nahe verwandten *A. laxiflora* vermitteln.

Anacamptis pyramidalis
Pyramiden-Spitzorchis, Hundswurz

S: 14, F: 38
H: 245, 249

Vegetative Merkmale: **Pflanze sehr schlank**, bis 60 cm hoch. Einige der bis 16 cm langen und bis 2 cm breiten Blätter stehen am Grund rosettig angenähert, weitere bis 6 kleine Blätter am Stängel verteilt, den sie scheidig umschließen.

Blütenmerkmale: **Blütenstand aufblühend kegelförmig, später eiförmig**, mit 10 bis 60 dicht stehenden, **kleinen Blüten**. Grundfarbe in der Regel rosa bis dunkelrot, gelegentlich auch weiß. Seitliche Sepalen abstehend. Charakteristisch ist die Gestalt der dreilappigen Lippe, da sie am Grund 2 den Sporneingang beidseits einrahmende Leisten trägt. Der Mittellappen ist etwas länger als die Seitenlappen, aber ähnlich gestaltet. Lippe stets ungefleckt, nur an der Basis meist etwas heller gefärbt als die übrige Lippe. Der **Sporn ist lang und dünn, fadenförmig**, am Ende zugespitzt, länger als der Fruchtknoten.

Vegetationszyklus: Antrieb im Spätherbst, es bildet sich eine kleine Rosette aus schmalen Blättern. Diese überwintert, im Frühjahr entwickeln sich dann weitere Blätter und der Blütenstand, die Blütezeit liegt Anfang 6 – Anfang 7, mit der Fruchtreife vergilben die Blätter, aus der unterdessen entwickelten Reserveknolle erfolgt der Antrieb im nächsten Zyklus. Reife Früchte sind bis 15 mm lang und bis 5,5 mm breit.

Ökologie: Die Art ist wärmeliebend, deshalb ist sie im Süden weit häufiger als im Norden, sie besiedelt trockene Magerrasen mit hoher Sonneneinstrahlung auf basenreichen und kalkreichen Böden, wenn sie stickstoffarm genug sind. Ihre Wuchsorte

Vgl.: Einleitung zur Gattung *Orchis*, S. 206

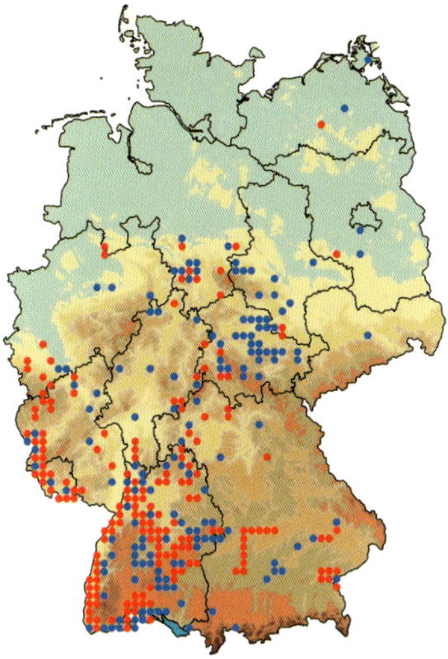

Ökologie: T.2w42-444-g
Vegetationsphase: 9–8, Blütezeit: 6–7
Verbreitung: gesamt 11 %, aktuell 6 %

reichen von Seehöhe bis in die montane Stufe.

Zytologie: 2n = 36 (54, 63, 72)

Variationsbreite: *A. pyramidalis* zeichnet sich durch eine hohe Variabilität besonders der Färbung aus. Die Ausbildung der Lippenteilung kann fast aufgehoben sein, die Spornlänge variiert erheblich. Besonders in hochmontanen Lagen können extrem dunkel gefärbte Exemplare auftreten, die als var. *tanayensis* bekannt sind.

Schutz und Gefährdung: Kleinvorkommen, die als Neubesiedlungen für wenige Jahre auftreten und dann wieder schwinden, lassen die Gefährdung höher erscheinen, als sie effektiv ist. Trotzdem hat die Art durch Eutrophierung von Magerwiesen auch zahlreiche Wuchsorte verloren.

Cephalanthera damasonium
Weißes Waldvögelein

S: 14, F: 38
H: 245, 247, 250

Vegetative Merkmale: Aus **unterirdischem Rhizom** treibt die Pflanze, oft in Büscheln, bis 60 cm hohe Triebe, die **bis in den Blütenstand beblättert** sind. Die leicht glänzenden Blätter werden nach oben kleiner, sind breit lanzettlich, die unteren sind bis 11 cm lang, oft aber auch erheblich kürzer.

Blütenmerkmale: Blütenstand aus bis 20, meist **elfenbeinfarbenen Blüten,** die locker in den Achseln **laubblattartiger Tragblätter** stehen. Es erfolgt Selbstbestäubung, die Blüten bleiben meist geschlossen. Lippe in 2 Teile (Epichil und Hypochil) gegliedert, bis 16 mm lang, im Hinterteil nach unten sackartig ausgewölbt, aber spornlos, innen mit gelbem Fleck. **Vorderlippe oberseits dottergelb mit 3 dunkleren Längsrippen.** Pollen nicht zu Pollinien geformt, sie zerfallen krümelig.

Vegetationszyklus: Antrieb Mitte April bis Anfang Mai, die Stängel entwickeln sich bis zur Blüte kontinuierlich weiter, die Ende Mai bis Anfang Juni einsetzt. Bald danach entwickeln sich die Früchte, die bis zum Herbst noch geschlossen sein können und dann aussamen, dann vergeht die Pflanze rasch. Reife Früchte sind bis 30 mm lang und bis 10 mm dick.

Ökologie: Die Art ist eine Charakterart des Orchideen-Buchenwaldes, sie bevorzugt sommerwarme Lagen und toleriert zwar relativ viel Schatten, erreicht aber ihre beste Entwicklung in lichten Wäldern, gern Hutewäldern, nur über basischem, kalkreichem Grund. Auch in Deutschland steigt sie auf über 1.000 m empor, gedeiht aber auch im Flachland. Die Bindung an Kalk wird durch die Verbreitungskarte unterstrichen.

Zytologie: 2n = 32, 36

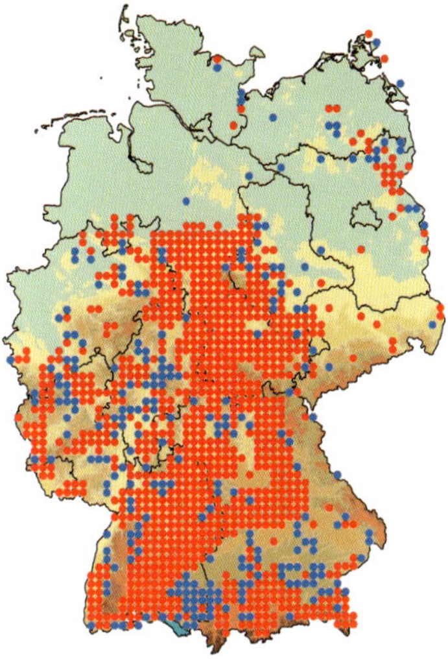

Ökologie: T.242-243-g
Vegetationsphase 4–10, Blütezeit: 5–6
Verbreitung: gesamt 40 %, aktuell 31 %

Variationsbreite: Wuchsform (durch sehr unterschiedliche Blattlängen)und auch Gestalt und Farbe der Blüten variieren bemerkenswert. Letztere sind zwar meist geschlossen, es kommen aber auch Pflanzen mit voll geöffneten Blüten vor, die Grundfarbe kann statt elfenbein auch schneeweiß sein. Nicht selten treten albinotische Pflanzen mit gelblich-weißen Blättern auf.

Schutz und Gefährdung: Sie ist eine unserer häufigsten Orchideen, als Waldart kaum gefährdet, Verluste durch Waldbaumaßnahmen werden meist rasch ausgeglichen.

Cephalanthera longifolia
Schwertblättriges Waldvögelein

S: 14, F: 39
H: 245, 250

Vegetative Merkmale: Das unterirdische Rhizom entwickelt **bis 45 cm hohe Triebe**, die oft in Büscheln erscheinen. Bis zu 10 **lineal lanzettliche**, maximal 12 cm lange und bis 3,5 cm breite **Blätter** stehen oft steif aufrecht, meist leicht **zweizeilig** angeordnet und umfassen den Stängel am Grund. Die intensiv grünen Blätter sind **kräftig geadert**, entlang der Längsachse **nach oben gefaltet** und am Ende zugespitzt, die oberen Blätter überragen den unteren Teil des Blütenstandes.

Blütenmerkmale: Der endständige, bis über 20 cm lange Blütenstand besteht aus bis 27, meist leicht geöffneten, **schneeweißen Blüten,** nur die untersten 2 Blüten mit langen Tragblätter (länger als Fruchtknoten), die oberen nur mit sehr kurzen. Lippe in 2 Teile (Epichil und Hypochil) gegliedert, bis 15 mm lang, spornlos. Vorderlippe oberseits mit **4–7 orangegelben Längsleisten**. Die Art ist fremdbestäubt, der Fruchtansatz ist im Norden des Verbreitungsgebietes schlecht, nach Süden hin werden bis etwa 17 % angegeben.

Vegetationszyklus: Antrieb Anfang April, kontinulierliche Entwicklung der Triebe bis zur Blüte Mitte Mai bis Mitte Juni. Fruchtreife bis zum Herbst, Aussamen im Oktober, Früchte sind bis 25 mm lang und bis 7 mm dick.

Ökologie: Die Art bevorzugt sommerwarme Lagen in lichten Wäldern und Gebüschen, nicht nur über basischem sondern auch mäßig saurem Grund. In Deutschland steigt sie auf über 1.300 m.

Zytologie: 2n = 32

Variationsbreite: Die Wuchsform kann in Abhängigkeit vom Licht am

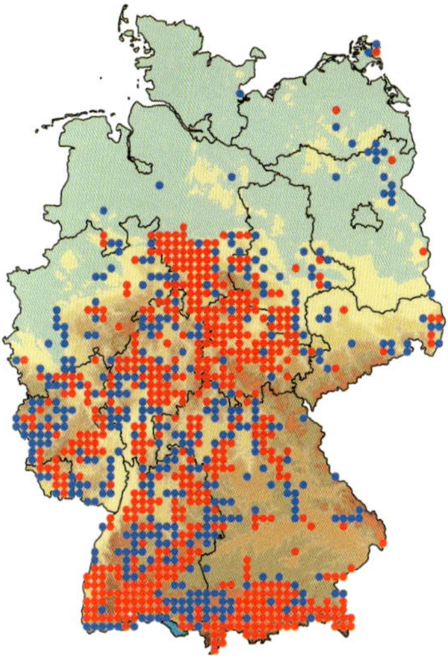

Ökologie: W.2w42-344-g
Vegetationsphase: 4–10, Blütezeit: 5–6
Verbreitung: gesamt 31 %, aktuell 17 %

Wuchsort stark abweichen (siehe Schattenform auf Bild u. re.), die Blüten können sehr unterschiedlich weit geöffnet sein, während Farbvariation (gelblich, auch rosa) eine Rarität sind.

Schutz und Gefährdung: Sie ist deutlich seltener als *C. damasonium*. Der hohe Rückgang, der sich besonders durch Verluste von Fundorten auf saurem Grund bemerkbar machte, kann daran liegen, dass bei dieser Art saure Immissionen den pH-Wert im Boden in ungünstige Bereiche verschoben hat. Deshalb sollten kleine Restvorkommen gerade in solchen Bereichen besonders geschützt werden.

Cephalanthera rubra
Rotes Waldvögelein

S: 14, F: 39
H: 245, 250

Vegetative Merkmale: Das unterirdische Rhizom treibt meist einzelne, **bis 70 cm hohe Sprosse**, die bodennah nur kleine Schuppenblätter tragen, die **Laubblätter** stehen **in der Mitte des Stängels**, erst oberhalb der Blattregion folgt der Blütenstand. In dessen Bereich ist der Stängel drüsig behaart. Die breit-lanzettlichen Blätter werden nach oben schmaler, sie sind bis 12 cm lang und bis 3 cm breit.

Blütenmerkmale: Blütenstand aus bis 24, meist **rosa-violetten Blüten,** die locker in den Achseln schmaler Tragblätter stehen. Viele große Blüten können sich rasch nacheinander weit öffnen, wenn Witterung und Lichtangebot dies ermöglichen, bei ungünstiger Witterung sind oft nur wenige Blüten der Infloreszenz geöffnet. Die bis 23 mm langen Sepalen sind auf der Außenseite behaart, während die Petala kahl sind. Die zweiteilige Lippe ist bis über 20 mm lang, das Hinterteil trägt einen rudimentären Spornansatz, ist innen weiß, das **Vorderteil ist lang zugespitzt**, in der Mitte weiß, dunkel rotviolett gerandet, **es trägt bis 10 bräunliche Längsleisten**. Die Art ist fremdbestäubt, hauptsächlich durch Wildbienen, der Fruchtansatz kann bis über 25 % liegen.

Vegetationszyklus: Austrieb Mitte bis Ende Mai, die Stängel wachsen bis zur Blüte kontinuierlich weiter, die von Anfang Juni bis Ende Juli reicht. Bis Oktober haben sich die bis 30 mm langen und bis 9 mm dicken, behaarten Früchte entwickelt und können aussamen.

Ökologie: Die Art kommt auf kalkreichem, basischem Grund in Lichtzonen von Wäldern vor, besonders gern an Rändern von Buchenwäl-

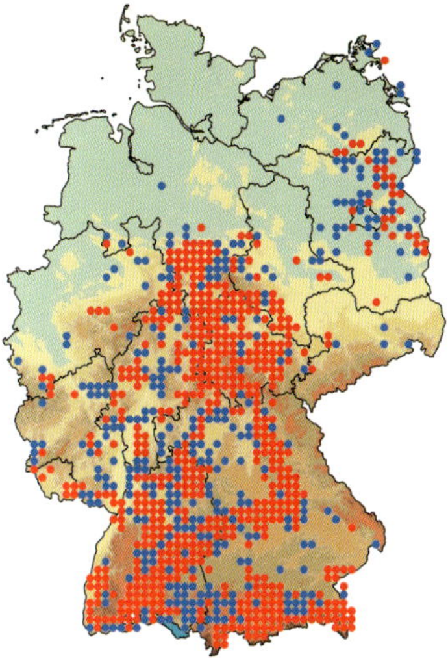

Ökologie: W.242-344-g
Vegetationsphase: 5–10, Blütezeit: 6–7
Verbreitung: gesamt 31 %, aktuell 19 %

dern, oder im lichten Kiefernwald. In Deutschland steigt sie auf über 1.500 m hoch.

Zytologie: 2n = 36

Variationsbreite: Die Blütenfarbe kann erheblich variieren, reicht von tief rotviolett bis weiß. Daneben sind komplett albinotische Pflanzen gefunden worden mit weißlich gelben Blättern.

Schutz und Gefährdung: Als Waldart ist die Gefährdung relativ gering. Verluste dürften hauptsächlich auf Wald- und Wegebaumaßnahmen zurückgehen, wenn dabei lichte Randzonen von Wäldern und Wegböschungen vernichtet wurden.

Chamorchis alpina
Zwergorchis

S: 14, F: 39
H: -

Vegetative Merkmale: Unterirdisch zur Blütezeit mit 2 eiförmigen Knollen. Noch im Herbst treibt die Pflanze einen Spross, der an der Oberfläche unter dem Schnee überwintert. An dessen Spitze entwickelt sich ein zwiebelartiges Gebilde, das aus der sich bildenden Rosette besteht, und von 2 Scheidenblättern eingehüllt wird. Mit der Schneeschmelze schieben sich die bis **11 grasartigen**, etwas **fleischigen, bis 75 mm langen** Blätter der Rosette heraus, **in deren Mitte der Blütenstängel** emporwächst, der zur Blütezeit die dann **hochstehenden Blätter** nur gering überragt. Die ganze Pflanze ist bis zur Spitze des Blütenstandes **nur 5–15 cm hoch**, durch Bildung von Nebensprossen bildet sie häufig Büschel.

Blütenmerkmale: Blütenstand aus **5 bis 15 gelbgrünen, winzigen, duftenden Blüten**. Lippe schwach 3-lappig, bis 5 mm lang und 3,5 mm breit, spornlos, Mittellappen vorgezogen. Nektarbildung in einer kleinen Grube am Grund der Lippe. Die übrigen Blütenblätter bilden einen **geschlossenen, nur an der Spitze etwas geöffneten Helm.** Die Blüten stehen in der Achsel von Tragblättern, von denen die untersten lang, blattartig, die oberen viel kürzer sind.

Vegetationszyklus: Vernachlässigt man die überwinternde „Zwiebel", so kann man ab Mitte Mai Rosettenblätter finden, aus denen die Pflanze bis Ende Juni in relativ niederen Lagen um 2.000 m zur Blüte gelangt, ab August aussamt und vergeht. Der Fruchtansatz ist für eine allogame Art (Bestäubung durch Ameisen) hoch. Die reifen, eiförmigen Früchte sind bis 7 mm lang und bis 3,5 mm dick.

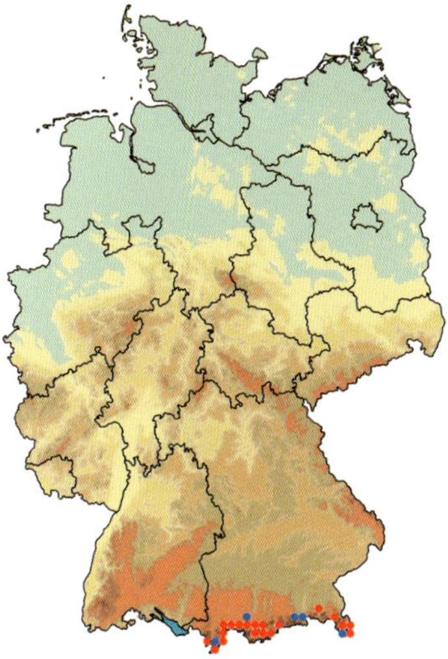

Ökologie: B.251-514-g
Vegetationsphase: (10*)5–9, Blütezeit: 6–8
Verbreitung: gesamt 0,8 %, aktuell 0,6 %

Ökologie: Pflanze mit spezieller Anpassung an kalkhaltige Felsfluren, z. B. lückige Steinrasen im Hochgebirge in vollem Licht, nicht selten mit dem Edelweiß (S. 189) zusammen.

Zytologie: 2n = 42

Variationsbreite: Sehr gering, die Lippenfarbe kann von fast gelb bis braungrün variieren. Häufig finden sich Blütenmonstrositäten mit z. B. doppelter Anlage der Pollinien.

Schutz und Gefährdung: In Deutschland gibt es, bezogen auf die Gesamtfläche nur geringe Hochgebirgsanteile; entsprechend gering ist die Gesamtverbreitung der Art, die allenfalls durch den (Ski-)Tourismus geschädigt werden kann, der sich aber überwiegend auf den Matten abspielt und daher die Art wenig beeinträchtigt.

*wenn man das Überwinterungsstadium einrechnet

Corallorhiza trifida
Korallenwurz

S: 14, F: 39
H: -

Vegetative Merkmale: Das namensgebende **unterirdische Rhizom** ist **korallenartig** verzweigt. Hieraus entwickeln sich grüne Stängel (**oft** mehrere als **Büschel**), die **nur am Grund** von anliegenden **Scheidenblättern** umhüllt sind, weitere Laubblätter werden nicht gebildet. Zur Blütezeit sind die Pflanzen 6–18 cm hoch.

Blütenmerkmale: Der bis 6 cm lange Blütenstand trägt allseitswendig bis 11 Blüten. Sepalen etwas länger als Petalen, die bis 6 mm lang sind. **Mittleres Sepal und Petalen bilden einen lockeren Helm**, die **seitlichen Sepalen** stehen **nach unten**, **seitlich der weißen**, zungenförmigen, **bis 6 mm langen Lippe**, die **am Grund rote Flecken** trägt. Die Blüten stehen in den Achseln winziger, häutiger Tragblätter, in denen der aufwärts gerichtete Fruchtknoten entspringt.

Vegetationszyklus: Die Stängel erscheinen Ende April bis Anfang Mai oberirdisch, sie entwickeln sich bis zur Blüte kontinuierlich weiter, die Ende Mai bis Anfang Juni einsetzt. Rasch danach entwickeln sich bis 4,5 mm dicke und bis 9 mm lange Früchte, die auf einem kurzen Stiel nach unten hängen.

Ökologie: Die Art wächst auf basenreichem, oberflächlich versauertem Grund in Laub- und Nadelwäldern, auch in Au- und Moorwäldern. In jedem Fall muss eine hinreichende Feuchte, wohl auch Luftfeuchte zur Verfügung stehen, sodass die Art in den tieferen Lagen der Mittelgebirge selten wird. Deutlich häufiger tritt sie oberhalb 600 m (bis 1.600 m) auf. Als potentiell selbstbestäubende Art zeigt sie einen hohen Fruchtansatz.

Zytologie: 2n = 42

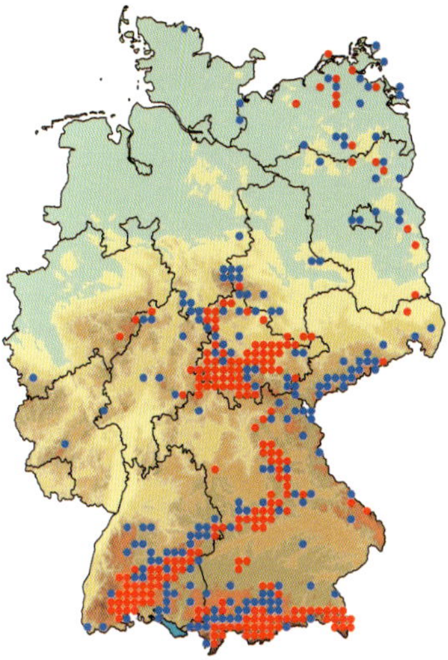

Ökologie: B.332-123-g,s
Vegetationsphase: 4–8, Blütezeit: 5–6
Verbreitung: gesamt 14 %, aktuell 7 %

Variationsbreite: Die Art zeigt wenig Variabilität. Hauptsächlich liegt diese in roten Flecken, die auf der Lippe ganz fehlen aber auch zusätzlich an der Basis der Petalen auftreten können. Bemerkenswert ist die Tatsache, dass die Früchte in ihrer Färbung hellgrün, aber auch rötlich überlaufen sein können.

Schutz und Gefährdung: Eine in Deutschland seltene Art, bei der die Verbreitungskarte die Bindung an die Hochlagen der Gebirge zeigt. Als Waldart ist die Bedrohung der Wuchsorte eher gering, wenngleich Einschlag lokal Vorkommen vernichten kann.

Cypripedium calceolus
Frauenschuh

S: 14, F: 39
H: -

Vegetative Merkmale: Das Rhizom treibt sterile und fruchtbare Stängel, die bis 60 cm Höhe erreichen. Häufig kommt es zur Bildung von Gruppen, da auch Teile (Ramets) des Rhizoms sich eigenständig weiter entwickeln können. Bis 6 **Blätter umschließen** mit ihrem Grund **scheidig den Stängel**, sie sind bis 19 cm lang und bis 13 cm breit, zum Ende zugespitzt, sie tragen eine kräftige Nervatur.

Blütenmerkmale: 1–2 (selten mehr, bis 4) **sehr große Blüten** stehen in den Achseln laubblattartiger Tragblätter. Die **Lippe** ist zu **einem gelben, bis 4 cm langen Schuh** gestaltet, oben mit ovaler Öffnung (Gleitfalle), an der stängelnahen Seite mit durchsichtigen Fenstern. Die bis 6 cm langen **Perigonblätter** sind normalerweise **dunkel rotbraun**, das mittlere Sepal neigt sich über den Schuh, die beiden anderen sind miteinander verwachsen und stehen nach unten. Die **Petalen** sind häufig **spiralig gedreht**, weisen nach seitlich unten.

Vegetationszyklus: Der Austrieb erfolgt Anfang April, Mitte Mai bis Mitte Juni (im Hochgebirge bis Anfang Juli) blühen die Pflanzen. Die großen, bis 54 mm langen und bis 11,5 mm dicken Fruchtkapseln sind Anfang Oktober reif und können aussamen. Frühestens nach 5–8 Jahren können sich daraus blühende Pflanzen entwickeln.

Ökologie: Die allogame Art wächst auf kalkhaltigem Grund, der oberflächlich schwach sauer sein darf. Zur Entwicklung von Blüten muss hinreichend Licht verfügbar sein. Bevorzugt werden lichte Laub- und Nadelwälder, auch schattige Areale in verbuschten Juniperus-Heiden. Zwar gibt es auch Funde in Tieflagen, bevorzugt werden

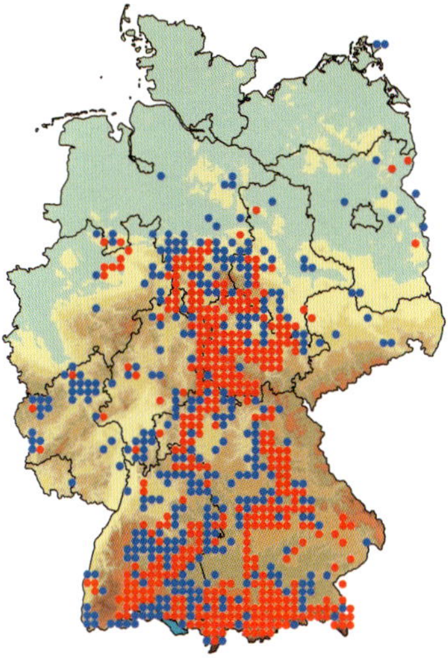

Ökologie: W.2w52-333-g
Vegetationsphase: 4–10, Blütezeit: 5–6(7)
Verbreitung: gesamt 26 %, aktuell 12 %

aber die höheren Lagen der Mittelgebirge, in den deutschen Alpen steigt die Art bis 1.900 m.

Zytologie: 2n = (20) 22

Variationsbreite: Die Variation betrifft hauptsächlich die Farbe des Schuhs, der auch grün oder weiß sein kann. Die Perigonblätter können bei sehr unterschiedlicher Länge grün oder gelbgrün sein, darauf auch braun gesprenkelt sein.

Schutz und Gefährdung: Deutschland trägt mit seinen großen Vorkommen beim Schutz dieses „Inbegriffs der Orchideen" eine ganz besondere Verantwortung. Neben dem Erhalt der Wuchsorte (Sicherung des Lichtbedarfs) muss das leider oft erfolgende Ausgraben verhindert werden.

Gattung Dactylorhiza
Fingerwurz

Die Problematik der Gattung *Dactylorhiza* macht es notwendig, ein einleitendes Kapitel einzufügen. Die Ergebnisse der genetischen Analysen haben es in weiten Bereichen möglich gemacht, einerseits schon lange bestehende Gliederungen der Orchideen zu bestätigen, in anderen Bereichen durch Neugliederung eine natürliche, auf der tatsächlichen Verwandtschaft beruhende Systematik zu schaffen. Das wichtigste Prinzip dabei ist das der Phylogenie, d.h. jede differenzierte Rangstufe sollte ein Monophylum darstellen, die Summe aller Nachkommen eines gemeinsamen Vorfahren, der sich – wann und wie auch immer – vom Stamm durch einen Mutationsschritt abgegrenzt hat. Dies gelingt gut bei allen Taxa – nur nicht bei der Gliederung der Gattung *Dactyorhiza*.

Die Analysen der sogenannten ITS-Segmente (Bateman et. al, 1997, 2001, 2003) haben für die „Arten“ der Gattung gezeigt, dass es sich durchweg um sehr nahe verwandte Sippen handelt. Noch problematischer ist aber die Tatsache, dass verschiedene Populationen z.B. von *D. majalis* ssp. *praetermissa* unterschiedliche Sequenzen liefern. Weitere Erkenntnisse lieferten sogenante Allozymanalysen, mit denen Hedrén et al. (1996, 2001) das bestehende Problem erklären konnte. Es gibt nur wenige „reinerbige“ Arten, die Mehrzahl der vorkommenden Sippen sind allotetraploid*. „Reinerbig“ sind neben den gut differenzierten *D. sambucina* und *D. viridis* die Arten (und Unterarten) von *D. incarnata* und *D. fuchsii*, sowie deren tetraploide Schwester *D. maculata*. Alle anderen Sippen sind „Mischformen“ der 3 zuletzt genannten Arten, wobei bei *D. majalis* ssp. *sphagnicola D. maculata* beteilgt ist, bei *D. majalis* selber wie bei allen ihren anderen Unterarten die diploide *D. fuchsii*. Damit ist das phylogenetische Prinzip durchbrochen. Andererseits wäre es aber sehr unpraktikabel, die riesigen Vorkommen dieser mit häufigsten Orchideen in Europa einfach als hybridogen zu charakterisieren, treten sie doch zumindest lokal in recht homogenem Erscheinungsbild auf. Um dieser genetischen Situation Rechnung zu tragen, hat Hedrén den Vorschlag gemacht, alle diese Sippen zu Unterarten von *D. majalis* zusammenzufassen, dem hier mangels besserer Alternative gefolgt wurde.

Immerhin erklärt die genetische Basis das beobachtete ökologische Verhalten dieser Sippen. Die Ausgangsarten *D. fuchsii*, *D. maculata* und *D. incarnata* bringen sehr unterschiedliche Anpassungsfähigkeiten an sehr unterschiedliche Biotope mit sich. Die Mischung ihrer Gene schafft offenkundig neue Kombinationen, die sich unter regionalem Evolutionsdruck jeweils optimal den bestehenden Bedingungen anpassen können. Dadurch werden schon mehrfach beobachtete Phänomene erklärbar, die bislang häufig zur unsinnigen Beschreibung irgendwelcher neuer „Ar-

* Allopolyploidie (hier Allotetraploidie) ist eine Form der Polyploidie, bei der die Chromosomensätze von mindestens zwei verschiedenen Arten gekreuzt wurden. Bei solchen (oft sterilen) Artbastarden kann eine Vervielfachung (hier Verdopplung) des Chromosomensatzes auftreten, bei der man im vorliegenden Fall von Allotetraploidie spricht. Ein solcher, auch polyhaploid genannter Artbastard enthält zwei jeweils homozygote doppelte Chromosomensätze. Nun können sich die jeweils doppelt vorhandenen Chromosomen des Vaters und die der Mutter paaren, und die Folgegeneration ist wieder fertil, es entsteht eine Bastardart. Sie verhält sich zytologisch und genetisch wie eine normale, diploide Art.

ten“ führte: Regional laufen untereinander recht uniforme Pflanzen auf, durchaus in großer Individuenzahl entsprechend der hohen Reproduktionsfähigkeit dieser Sippen. Ändert sich das bestehende Biotop, muss sich entsprechend obiger Annahme eigentlich zwangsläufig auch das Erscheinungsbild der Population etwas ändern, weil sich diese verändertem Selektionsdruck anpassen muss. Andererseits wachsen diese Sippen besonders gern in Gebieten mit zumindest zeitweise starkem Einfluss durch Wasser mit den entsprechenden natürlichen Folgen, beispielweise Erdrutschen, mehr aber noch anthropogenen Einflüssen. Die fortwährende, kurzzeitige Anpassung (zumindest in Relation zu sonst üblichen Zeiten der Evolution) an wechselnde ökologische Bedingungen ist die typische Eigenschaft, die alle diese Sippen auszeichnet und die ihnen das Überleben ermöglicht. Gleichzeitig erklärt dies auch die starken Unterschiede der Erscheinungsbilder mancher Populationen in Laufe einer Zeit immer schnellerer Veränderungen der Umwelt, die diese in Mitteleuropa mit zunehmender Industrialisierung erfahren hat. Nicht wenige Beschreibungen (auf welcher Rangstufe auch immer) aus dem ersten Drittel des 20. Jahrhunderts dürften solche „zeitlich begrenzten Zwischenformen“ betreffen, die bei der Entwässerung und beim Nutzungswandel ehemaliger großräumiger Feuchtgebiete auftraten, z. B. am Niederrhein. Auch eine andere Merkwürdigkeit wird auf diese Weise erklärbar. Eine Sippe wie *D. majalis* ssp. *sphagnicola* wurde erst im 20. Jahrhundert (nämlich 1926) beschrieben, ganz im Gegenteil zu einer Vielzahl anderer Orchideenarten. Wenn man die äußerst detaillierten Beschreibungen in Werken des 19. Jahrhunderts betrachtet, erscheint es sehr seltsam, dass diese Sippe den damaligen Beobachtern nicht aufgefallen sein sollen. Eine plausible Erklärung dafür wäre, dass es sie einfach nicht gab, weil sie erst später unter dem anthropogenem Einfluss der „Kultivierung“ und Entwässerung der Moore entstanden ist.
Auch heute gibt es besonders in den Alpen quellige Gebiete, wo solche Anpassungsphänomene immer wieder zu beobachten sind. Leider wurden solche Sippen oft im Artrang beschrieben und sorgen damit für weitere nomenklatorische Verwirrung. Dabei findet sich neben aller Variabilität zusätzlich bei gemeinsamem Vorkommen verschiedener Arten und Unterarten der *D. majalis* extrem häufig Hybriden, die die Zuordnung einzelner Pflanzen manchmal fast unmöglich machen. Zusätzlich zeigt auch die „reinerbige“ *D. incarnata* selber eine ganz erhebliche Aufsplitterung in verschiedene Unterarten mit ökologischer Anpassung, auch *D. fuchsii* und *D. maculata* haben besonders außerhalb des hier behandelten Florengebietes verschiedene lokale Formen hervorgebracht.
Aufgenommen wurden in diesem Buch die allotetraploiden Sippen, die überregional zumindest eine weitgehende Konstanz zeigen. Man muss sich aber darüber im Klaren sein, dass man praktisch immer, wenn in der Nähe andere *Dactylorhiza*-Sippen auftreten, mit Mischformen zu rechnen hat.

Dactylorhiza fuchsii
Fuchs' Fingerwurz

S: 15, F: 39
H: 245, 247, 251, 252, 253, 269, 270

Vegetative Merkmale: Der Trieb aus den fingerförmigen Knollen erreicht bis 70 cm Höhe, die fast immer **dunkel gefleckten**, 4–10 Blätter stehen rosettig genähert am Grund, das **unterste Blatt zungenförmig bis verkehrt eiförmig**, 7–20 cm lang und bis 3,2 cm breit. Die Blätter darüber werden zunächst größer, um dann wieder an Länge und Breite abzunehmen. Am Stängel gibt es zusätzlich noch einige scheidig einhüllende Hochblätter, die aber deutlich kürzer als die in der Rosette stehenden Blätter sind. Der **Stängel ist markig**, nicht hohl.

Blütenmerkmale: Der zylindrisch geformte Blütenstand kann bis über 60 Blüten tragen. Sie stehen in der Achsel von Tragblättern, die geringfügig länger als die bis 13 mm langen Fruchtknoten sind. Der Helm über der Griffelsäule wird von den bis 9 mm langen und bis 4 mm breiten, länglich eiförmigen Petalen gebildet, darüber steht das etwas längere mittlere, nach vorn zugespitze Sepalum. Seitliche Sepalen etwas länger, bis 11 mm, zur Seite oder leicht nach hinten oben abstehend. **Lippe 3-lappig, diese Lappen etwa gleich groß** oder der mittlere etwas größer als die seitlichen, Grundfarbe weißlich rosa-violett, auf der eine violette Schleifenzeichnung dunkel kontrastiert. **Sporn zylindrisch**, zum Ende sich verjüngend, waagrecht bis leicht abwärts gerichtet, **am Ende stumpf**, ¾ so lang wie der Fruchtknoten, bis 10 mm lang und 1,5 bis 3 mm dick.

Vegetationszyklus: Der Austrieb erfolgt im Frühjahr, es werden zunehmend Blätter gebildet, aus deren Mitte der Blütenstängel entspringt und Mitte Juni (Hochgebirge bis Mitte Juli) die Blüten entfaltet hat. Bei sehr hohem

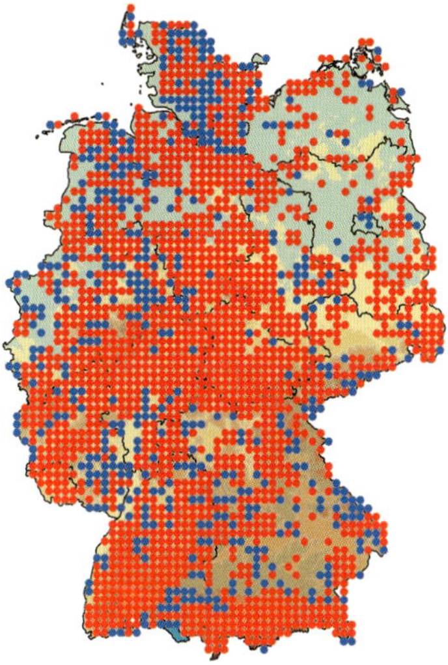

Ökologie: S. 3w33-334-g
Vegetationsphase: 4–10, Blütezeit: 6–7
Verbreitung: gesamt 73 %, aktuell 54 %

Fruchtansatz (obwohl sie eine Nektar-Täuschblume ohne Nektarbildung ist) erfolgt die Fruchtreife im Sommer, im Oktober das Aussamen.

Ökologie: Die Art ist auffällig tolerant und auf basischem und saurem Grund zu finden. Sie bewohnt offene wie halbschattige Biotope, sie mag Wechselfeuchte, verträgt aber auch relativ viel Trockenheit, tritt nicht selten in Massen auf z. B. auf neu entstandenen Waldlichtungen oder an Wegeböschungen. Sie wächst vom Flachland bis 2.000 m in den Alpen.

Zytologie: 2n = 80 im zentraleuropäischen Areal (Pflanzen im atlantischen Areal 2n=40, nach Eccarius , 2016)

Schutz und Gefährdung: Für diese häufige Art besteht in Deutschland keine relevante Gefährdung.

Dactylorhiza fuchsii
Fuchs' Fingerwurz – Variabilität

Variationsbreite: Als häufige Art, die unterschiedlichste Biotope besiedelt, zeigt sie eine hohe Variabilität. Dies betrifft die Blütenfarbe und Zeichnung, es kommen apochrome Formen vor, auch Überfärbungen, besonders im Hochgebirge sind die Pflanzen sehr dunkel (S. 84, re.). Die Fleckelung der Blätter kann fehlen.

var. *sudetica*, Sudetische Varietät (alle Bilder auf dieser Seite)

Eine relativ isolierte Population des hohen Erzgebirges bringt besonders **auf nährstoffarmem, stark saurem Grund zierliche, etwas lockerblütige** Pflanzen hervor, die durch einen relativ kleineren Mittellappen an *D. maculata* erinnern. Der Sporn bleibt aber dick, zudem gibt es in benachbarten Talwiesen (S. 85, o.re.) sogar ausgesprochen kräftige hochwüchsige Pflanzen, sodass es sich bei den zierlichen Pflanzen nur um eine ökologische Anpassung handelt.

Eccarius (2016) stellt die Sippe zu *D. maculata*, weil 2n = 80 vorliege. Da aber auch *D. fuchsii* im Gebiet 2n = 80 hat, ist dies kein stichhaltiges Argument.

Dactylorhiza incarnata
Fleischfarbene Fingerwurz

S: 15, F: 40
H: 245, 246, 247, 251, 253, 254, 270

Vegetative Merkmale: **Kräftige, steif aufrechte,** bis 60 cm hohe Pflanze mit hohlem Stängel und fingerförmig geteilten Knollen. Die 5–8 grünen, am Grund stängelumfassenden, schmal lanzettlichen, **Blätter** sind im Normalfall **ungefleckt** (siehe aber var. *hyphaematodes*). Sie sind nach oben gefaltet, bis 31 cm lang, von der **breiten Basis** aus schmaler werdend, **zum Ende zugespitzt** und an der **Spitze** nach innen **kapuzenförmig eingezogen**. Das oberste Blatt überragt den Beginn des Blütenstandes.

Blütenmerkmale: Der bis 12 cm lange Blütenstand trägt in den Achsen von Tragblättern (unten die Blüten überragend) bis **60 kleine Blüten**. Petalen und mittleres Sepal bilden einen Helm, die seitlichen, bis 9 mm langen Sepalen sind nach hinten oben geschlagen. Lippe schwach dreilappig, meist nach unten gefaltet, bis 8 mm breit und bis 9 mm lang. Grundfarbe **fleischrot oder hellrosa**, darauf eine feine, dunkelrot kontrastierende Zeichnung aus **mehrfach verschlungenen Schleifen**. Sporn dick, sich konisch verjüngend, nach unten gebogen, bis 10 mm lang.

Vegetationszyklus: Austrieb im April, rasche Entwicklung bis zur Blüte Mitte Mai bis Ende Juni. Hoher Fruchtansatz, obwohl allogame Nektartäuschblume. Früchte bis 16 mm lang und bis 7 mm dick, die Ende August mit dem Aussamen beginnen.

Ökologie: Die Art besiedelt auf basischem, auch kalkarmem, auch sandigem Grund nährstoffarme, moorige Wiesen und Flachmoore von Seehöhe bis über 1.300 m.

Zytologie: 2n = 40

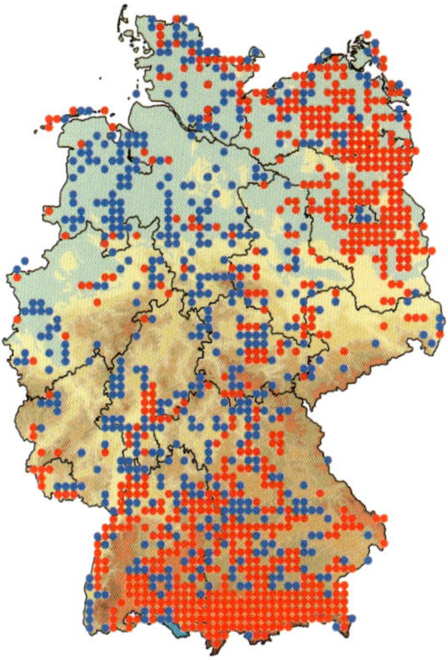

Ökologie: S. 5w32-433-g
Vegetationsphase: 4–9, Blütezeit: 5–6
Verbreitung: gesamt 41 %, aktuell 23 %

Variationsbreite: Die Art tritt in bemerkenswerter Variabilität auf: Oft kommen nebeneinander rotgrundige oder solche mit hellrosa Grundfarbe der Blüten vor, auch gibt es Populationen, die einen hohen Anteil albinotischer Blüten zeigen. Daneben gibt es noch 2 beschriebene Varietäten, die auf den nächsten Seiten vorgestellt werden.

Schutz und Gefährdung: Die Ansprüche an den Wuchsort kollidieren stark mit den Veränderungen der Landschaft durch den Menschen, wodurch viele Fundorte verloren gingen, vor allem Entwässerung von Moorwiesen und Stickstoffeintrag waren fatal, es ist eine Reduktion früherer Großpopulationen auf nur noch Relikte zu beklagen.

Dactylorhiza incarnata – *Varietäten*
Fleischfarbene Fingerwurz

var. *hyphaematodes*
Gefleckte Varietät

Abgrenzung: Von der sonst stets ungefleckten *D. incarnata* gibt es eine Varietät, die mit ihr zusammen auftritt, und die **auf beiden Seiten der Blätter** eine **feine bräunlich-purpurne bis fast schwarze Strichzeichnung** entlang der Nervatur trägt. Auch die Tragblätter der Blüten sind so gezeichnet. Der Name bezieht sich auf die Flecken der Blattunterseite, eine Abgrenzung von manchmal nur oberseits gefleckten Pflanzen erscheint aber nicht sinnvoll. Die Pflanzen sind an manchen Fundorten im Schnitt etwas kleiner als die Nominatsippe, an anderen aber auch gleich groß, die Blätter sind schmaler (bis 2 cm), sonst aber ähnlich mit kapuzenförmig zulaufender Spitze gestaltet. Die Blütengrundfarbe ist in der Regel hellrosa.

Diese Varietät tritt im Alpenraum lokal gehäuft auf, de facto nicht zusammen mit ssp. *cruenta* (siehe dort), mit der sie das Auftreten einer Fleckenzeichnung teilt. Diese hat aber meist viel intensivere Flecken auf den Blättern, zusätzlich sind diese oft rotbraun überlaufen. Weiterhin sind deren Blüten kleiner und intensiver gefärbt, in Deutschland kommt ssp. *cruenta* nicht vor.

var. *serotina*
Spätblühende Varietät

Abgrenzung: Im Alpenvorland Bayerns und Baden-Württembergs gibt es (neben der Nominatsippe) eine etwa 14 Tage später zur Blüte kommende Sippe, die zierlicher und kleiner (15–30 cm hoch) als die Stammart ist. Die Blätter sind schmaler, die Blütenstände kürzer mit weniger Blüten. Widersprüchlich sind die Angaben, ob die Blütenfarbe zusätzlich abweicht, tatsächlich gibt es in diesen Populationen wie bei der Stammsippe ebenfalls dunkle und hellrosa Blütengrundfarben. Noch widersprüchlicher ist die Nomenklatur, weil der Name auf eine Beschreibung aus dem Norden Deutschlands zurückgeht, wo zumindest heute keine solchen Pflanzen existieren und bezweifelt wird, dass je solche Pflanzen vorkamen.

Dactylorhiza incarnata ssp. *cruenta* S: 15, F: -

Fleischfarbene Fingerwurz, Blutrote Unterart

Ökologie: S. 5w52-423-g
Vegetationsphase: 4–9, Blütezeit: ab 6

Vegetative Merkmale: **Meist kleine** (bis 35 cm Höhe, selten höher), aber stämmige Pflanze mit feiner, aber **intensiv rotbrauner bis schwarzer Punktierung auf Ober- und Unterseite der bis 5,** eiförmig bis schmal-lanzettlichen, nach oben gefalteten **Blätter**. Der Stängel ist hohl.

Blütenmerkmale: Der **Blütenstand** ist **kürzer** als bei der Nominatsippe, da auch die Blüten etwas kleiner sind, die Zeichnung auf der Lippe ist oft noch komplexer, besonders aber sind **Grundfarbe und Zeichnungsfarbe dunkler** als bei *D. incarnata* selber. Auch die Sepalen sind meist mit Schleifenzeichnungen versehen. Die Tragblätter sind rotbraun überlaufen.

Vegetationszyklus/Ökologie: Entsprechend der Höhenlage der Vorkommen in den Alpen (besonders Süd- und Westalpen über Kalk, nicht in den deutschen Alpen) liegt der Wachstumszyklus später als bei D. *incarnata*, man mag sie als deren Vertreter im **Hochgebirge** auffassen, wo sie zwischen **1.000 und 2.500 m** vorkommt. Sie besiedelt hier Schmelzwasserrinnen und extensive Moorwiesen. Außerhalb der Alpen kommt sie in Skandinavien vor.

Variationsbreite: Die Variabilität liegt hauptsächlich in der Intensität der Färbung von Blättern und Blüten. Je höher sie steigt, desto kleiner werden die Pflanzen, die Blätter werden kürzer und breiter.

Anmerkung: Die Aufnahme als Unterart ist begründet durch das isolierte Vorkommen ohne Begleitung durch die Stammart. In Deutschland kommt sie nicht vor.

S: 15, F: 40

Dactylorhiza incarnata ssp. *ochroleuca*
Fleischfarbene Fingerwurz, Blaßgelbe Unterart

Vegetative Merkmale: Die im Schnitt gegenüber denen der **Stammart** sehr **ähnlichen**, aber geringfügig höheren Pflanzen haben **immer ungefleckte Blätter**. Diese sind etwas schmaler und stehen aufrecht, **dem Stängel mehr anliegend**.

Blütenmerkmale: Der Blütenstand kann noch etwas länger als bei D. *incarnata* sein und viele kleine Blüten in den Achseln grüner Tragblätter tragen. Entscheidender Unterschied ist die **Farbe der Blüten**. An diesen sind **Helm und seitliche Sepalen hellgelb**, auch die Lippenränder, während das **zeichnungslose Zentrum der Lippe** besonders **zum Lippengrund** hin etwas **dunkler gelb** erscheint, wenngleich diese Dunkelfärbung mit dem Altern der Blüten verblasst. Der Sporn ist auch hellgelb, konisch und leicht nach unten gebogen.

Ökologie: Die Art wächst auf basenreichem, stets kalkhaltigem Grund in den Moränensenken der Voralpen in extensiven Moorwiesen, mit oder ohne Begleitung von *D. incarnata*. Es treten wohl einzelne Hybriden auf, diese sind aber eher selten und gut an der Mischfarbe zu erkennen, Mischpopulationen gibt es nicht, deshalb wird sie nicht als Varietät geführt. Viele der früheren Vorkommen in den Endmoränen Norddeutschlands sind geschwunden, in Skandinavien finden sich aber weitere Vorkommen.

Zytologie: 2n = 40

Variationsbreite: Die Sippe zeigt praktisch keine Variation, allenfalls in der Größe der Pflanzen.

Ökologie: S. 5w32-443-g
Vegetationsphase: 4–9, Blütezeit: 5–7
Verbreitung: gesamt 2,2 %, aktuell 1,5 %

Dactylorhiza maculata
Gefleckte Fingerwurz

S: 15, F: 40
H: 245, 246, 247, 254

Vegetative Merkmale: **Schlanke Pflanze, 20–40 cm hoch** mit **wenigen** (3–5), dunkel gefleckten, **schmalen, 4–9 cm langen** und nur bis **1,5 cm breiten Blättern**, die gleichmäßig am Stängel verteilt sind und diesen nur **kurz am Grund scheidig** umschließen. Im oberen Stängelbereich gibt es noch 2 schmale Hochblätter.

Blütenmerkmale: **Blütenstand** aufblühend kegelförmig, voll erblüht **eiförmig**, bis 5 cm lang. Er trägt bis 25 Blüten. Tragblätter kürzer als die Blüten, nicht aus dem Blütenstand hervorstehend. Blütengrundfarbe weißlich bis hellrosa oder hellviolett. Kleiner Helm aus den Petalen und mittlerem Sepal relativ dicht geschlossen, seitliche, bis 9,5 mm lange Sepalen zur Seite und mit den Enden leicht nach vorn geneigt stehend. Lippe bis 8,6 mm lang und 12,6 mm breit, im Umriss fast rund bis leicht queroval, nach außen dreilappig auslaufend, **zwischen** den **großen Außenlappen** ein **viel kleinerer**, nur wenig herausragender **Mittellappen**, nur bis 2,8 mm lang. Lippenzeichnung stark kontrastierend dunkel rotviolett, aus Schleifen und Strichen, besonders auch bis in die Ränder der Seitenlappen reichend. **Sporn** zylindisch, **dünn**, bis 8 mm lang und **nur 0,8 – 1,6 mm** dick, **zum Ende dünner werdend**, knapp so lang wie der Fruchtknoten.

Vegetationszyklus: Man kann vermuten, dass der Antrieb auch schon im April erfolgt, weil die Art in den norddeutschen Tieflagen schon ab Ende Mai erblüht, die Fruchtreife erfolgt im Herbst.

Ökologie: Atlantische Art, die Deutschland nur im äußersten Nordwesten erreicht. Sie wächst **in sauren Mooren,**

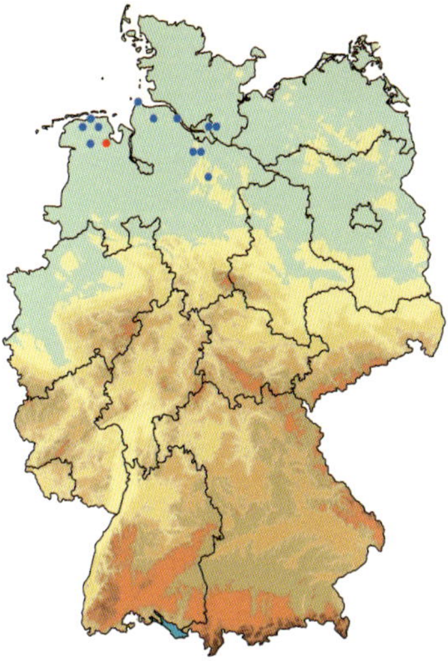

Ökologie: S. 5w12-443-g
Vegetationsphase: 4–10, Blütezeit: 5–7
Verbreitung: aktuell < 0,1 %, Unschärfe !

Heidemooren, auf abgetorften Rekultivierungsflächen von Torfstichen, in Skandinavien auch in lichten Moorwäldern.

Zytologie: 2n = 80

Variationsbreite: Im großen Gesamtareal sehr variabel, besonders in der Wuchsform, die stark vom Stickstoffangebot abhängt (besonders kleine, aber intensiv farbige Pflanzen z. B. in feuchten Dünentälern an der Nordseeküste Dänemarks [Bild S. 92, u.]).

Schutz und Gefährdung: In Deutschland steht sie durch Verlust der sauren Moore vor dem Aussterben. Die genaue Verbreitung (s. o.) ist unbekannt, weil bei alten Angaben nicht sicher zwischen *D. fuchsii* und *D. maculata* differenziert wurde.

Anmerkung: Die äußert problematische Systematik wird ausführlich diskutiert bei BAUMANN in AHO [Hrsg.], Die Orchideen Deutschlands, S. 312, 2005.

Dactylorhiza majalis
Breitblättrige Fingerwurz

S: 15, F: 40
H: 245, 246, 247, 251, 253, 255, 256, 271

Vegetative Merkmale: Den fingerförmigen Knollen entspringt eine **bis 55 cm hohe Pflanze mit hohlem Stängel**. Dieser trägt bis 7 **dunkel gefleckte, breit lanzettliche**, bis 18 cm **lange Blätter**, die vom Grund an zunächst länger, nach oben wieder kürzer werden. Der Blütenstand überragt die Blätter nur wenig.

Blütenmerkmale: Der **eiförmige bis zylindrische, dichte Blütenstand** kann voll erblüht bis 13 cm lang sein, er trägt bis 35 Blüten, die in den Achseln lanzettlicher, meist **rotbraun überlaufener Tragblätter** stehen, die die Blüten nur wenig überragen. Die **seitlichen Sepalen** sind bis 12 mm lang, **stehen nach hinten geschlagen oberhalb des Helms**, der aus Petalen und mittlerem Sepal gebildet wird. Die **breit keil- bis herzförmige**, bis 9 mm lange und bis 14 mm breite **Lippe** ist schwach bis deutlich dreiteilig, der Mittellappen leicht vorgezogen. Die Grundfarbe der Blüten ist in der Regel **dunkel purpurrot**, das **zum Zentrum** der Lippe **heller** bis weiß wird. Darauf befindet sich eine dunkle Schleifenzeichnung, die eine Punktzeichnung einrahmt. Die Lippe steht flächig bis leicht nach unten geschlagen. Der **Sporn ist dick zylindrisch**, steht schwach abwärts gebogen, ist fast so lang wie der Fruchtknoten.

Vegetationszyklus: Der Austrieb erfolgt im zeitigen Frühjahr, die Blüte beginnt Anfang Mai in niederen Lagen. Fruchtkapseln bis 7,5 mm dick und bis 13,5 mm lang. Es kommt zu hohem Fruchtansatz trotz Allogamie und fehlenden Nektars.

Ökologie: Die Art besiedelt feuchte Wiesen auf schwach saurem bis

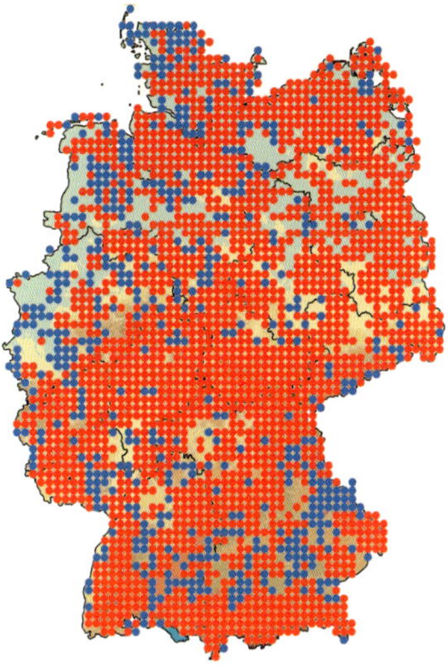

Ökologie: S. 5w33-433-g
Vegetationsphase: 4–10, Blütezeit: 5–7
Verbreitung: gesamt 85 %, aktuell 64 %

schwach basischem Grund, sie toleriert kaum Schatten.

Zytologie: 2n = 80

Schutz und Gefährdung: Die Verbreitungskarte vermittelt das Bild einer auch aktuell noch sehr weiten Verbreitung, die das bestehende Problem überdeckt: fast alle früheren Massenvorkommen in feuchten Tallagen sind auf kleine Reliktpopulationen durch Eutrophierung der Fundorte reduziert worden oder ganz geschwunden. Man kann nur hoffen, dass es gelingt, diese Restvorkommen zu sichern. Da geeignete Wiesen in Flussauen fast nicht mehr vorkommen, sind aktuelle Vorkommen überwiegend in kleinen Quellhängen in montanen Wiesen zu finden, wenn oberhalb davon Wald Stickstoffeintrag verhindert.

Dactylorhiza majalis – Variabilität

Breitblättrige Fingerwurz

Variationsbreite: Die Bebilderung dokumentiert die hohe Variationsbreite der Färbung, besonders in Abhängigkeit vom Wuchsort können die Maße aller vegetativen Merkmale extrem stark variieren, selbst die Flecken der Blätter können komplett fehlen. Es ist eine Variation beschrieben worden:

var. *pumila*

Alpine Varietät

Abgrenzung: Es handelt sich um eine **(sub-)alpine Varietät**, die **kleiner** (bis 35 cm) bleibt, die **weniger Blätter** (bis 6) aufweist, die zudem kürzer und im Verhältnis zur Blattlänge breiter erscheinen. Der **Stängel** ist im Bereich des Blütenstandes häufig **rotbraun überlaufen**, ebenso wie die Tragblätter der Blüten. Die **Pflanzen** wirken erheblich **gedrungener** als D. *majalis* aus dem Flachland oder aus den Mittelgebirgen. Die Blütendimensionen unterscheiden sich nicht relevant, die **Farben** sind oft **besonders intensiv**, wenngleich auch hier helle Fehlfarben wie z. B. auf S. 97 oben auftreten. Allerdings widersprechen sich die Angaben zur alpinen Variante, andere Autoren beschreiben erheblich kleinere Pflanzen (z. B. SCHULZE, 1902). Die Problematik wird deutlich, wenn man die Bilder auf S. 97 unten ansieht, die alpine Formen aus der Zentralschweiz zeigen. Während das Blattwerk durchaus noch D. *majalis* im weiteren Sinne entspricht, sind die Blüten schmaler, insbesondere stehen die seitlichen Sepalen aber nicht zurückgeschlagen über dem Helm, sondern etwas mehr nach der Seite. Man mag einwenden, dass diese Pflanzen in den Blüten Einflüsse von *D. fuchsii* zeigen, die in den Alpen oft auch mehr oder minder rotblühende Populationen bildet. Die Beispiele verdeutlichen aber sehr gut das bestehende Problem dieser allotetraploiden Sippen: Nimmt man Abgrenzungen vor, so sind sie willkürlich gesetzt. Eine Entscheidung, ob eine einzelne Pflanze nun zu dieser oder jener beschriebenen Sippe gehört (fast alle diese Beschreibung liegen im Artrang [!] vor), ist morphologisch nicht möglich. Von der Art und Weise ihrer Entstehung ist dies absolut verständlich.

Dactylorhiza majalis ssp. *lapponica*
Lappländische Fingerwurz

S: 15, F: -
H: 245, 247

Vegetative Merkmale: Die fingerförmigen Knollen tragen besonders lange wurzelartige Fortsätze. Die **Pflanzen bleiben klein**, sie sind **bis 25 cm hoch**, die **Stängel** hohl, aber relativ **schmächtig**, direkt unterhalb des Blütenstandes **nur bis 3 mm dick** und im oberen Bereich **rotbraun überlaufen. Meist nur 3** (selten bis 5) dunkel gefleckte, ziemlich **kurze (bis 7 cm lang und bis 1,5 cm breit)**, breit lanzettliche **Laubblätter**, die schwach gekielt sind und nach oben hin kleiner werden. Oberstes Stängelblatt tragblattartig.

Blütenmerkmale: Blütenstand armblütig (5–16). Nur die untersten Blüten werden von den rotbraunen Tragblättern überragt, sie haben eine **dunkle, purpurrote Grundfarbe**, auf Lippe und Sepalen eine noch dunklere, kräftige Strich- und Linienzeichnung. Mittleres Sepal und Petalen bilden einen bis 7 mm langen Helm, die seitlichen Sepalen sind bis 9 mm lang und stehen zur Seite ab. Lippe 4 bis 7,5 mm lang und 6 bis 9,5 mm breit, leicht nach unten gefaltet, dadurch **im Umriss schmal oval wirkend**, nach vorn schwach dreilappig mit **vorgezogenem Mittellappen** endend. Zum Sporneingang ist die Grundfarbe heller, weißlich. Sporn schwach abwärts gebogen, kürzer als der Fruchtknoten, bis 3,3 mm dick.

Vegetationszyklus: Dieser ist nicht grundsätzlich unterschieden von D. *majalis* bei gleicher Höhe des Wuchsortes. Blütezeit ab Anfang Juni. Früchte bis 13 mm lang und bis 5,5 mm dick.

Ökologie: Die Art wächst auf basenreichem Grund in Hangmooren, quelligen Bergwiesen, in ehemaligen Murenabgängen, offen oder in lichtem

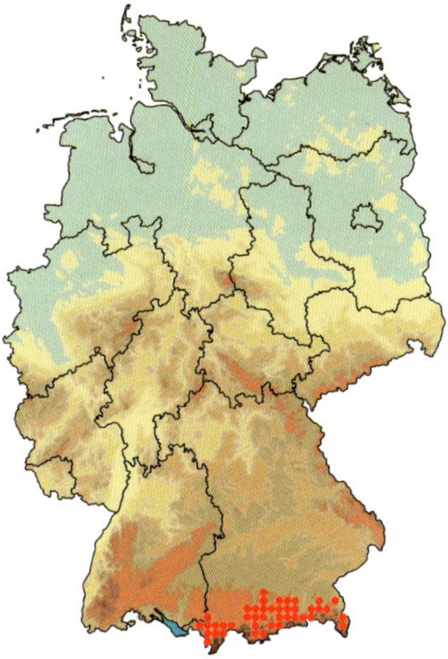

Ökologie: S. 5w33-432-g
Vegetationsphase: 4–10, Blütezeit: 6–7
Verbreitung: gesamt 1,5 %, aktuell 1,5 %

Halbschatten. Wie bei allen diesen Arten ist der Fruchtansatz trotz Allogamie recht hoch.

Zytologie: 2n = 80

Variationsbreite: Diese dürfte überwiegend durch hybridogene Übergänge zu anderen Sippen bedingt sein, was die Zuordnung einzelner Pflanzen erschwert.

Schutz und Gefährdung: Zur Gefährdung kann wenig gesagt werden, da die Sippe erst seit 1988 in Deutschland erfasst wird (daher auch gleiche aktuelle und gesamte Verbreitung). Andere Vorkommen liegen in den südlicheren Alpen, besonders aber in Skandinavien, wonach sie auch ihren Namen trägt.

Dactylorhiza majalis ssp. *praetermissa*
Übersehene Fingerwurz

S: 15, F: 40
H: 245, 246, 247, 252, 254, 255

Vegetative Merkmale: **Kräftige, hochwüchsige Pflanze**, die bis 70 cm Höhe erreichen kann. Der hohle, dicke Stängel trägt bis 8 **steif aufrecht stehende Laubblätter**, die ungefleckt oder ringförmig gefleckt (var. *junialis*, s. u.) sind. Sie sind breit-lanzettlich, oben schmaler werdend, die längsten bis 24 cm lang.

Blütenmerkmale: Der **Blütenstand** bis 11 cm **lang**, zylindrisch bis länglich eiförmig, **vielblütig**. Die bis 70 Blüten stehen in den Achseln von **Tragblättern, die bis 3x so** lang sind wie der Fruchtknoten und leicht bräunlich überlaufen sein können. Seitliche Sepalen bis 11,5 mm lang, nach seitlich oder hinten oben geschlagen. Der Helm wird aus den Petalen und dem mittleren Sepal gebildet. **Lippe schmal trapezförmig** gestaltet, **Lippenränder etwas nach oben geschlagen**, zur Spitze hin schwach dreilappig mit vorgezogenem, schmalem Mittellappen, bis 9,5 mm lang und bis 11,5 mm breit, in der Mitte schwach nach unten gefaltet. **Grundfärbung** relativ eintönig, **blass-rotviolett**, darauf **mit feinen**, dunklen, violetten **Punkten**, die schleifenförmig angeordnet sind.

Vegetationszyklus: Ähnlich *D. incarnata*, je nach Lage des Wuchsortes reicht die Blütezeit von Ende Mai bis Anfang Juli.

Ökologie: Die Art wächst auf basenreichem, kalkhaltigem Grund in meist wechselfeuchten (häufig Sekundär-) Biotopen. Es handelt sich um eine atlantische Sippe, die nach Nordwest-Deutschland einstrahlt. Man kann sie gut charakterisieren als die kalkholde Schwestersippe zur kalkfliehenden ssp. *sphagnicola*.

Zytologie: 2n = 80

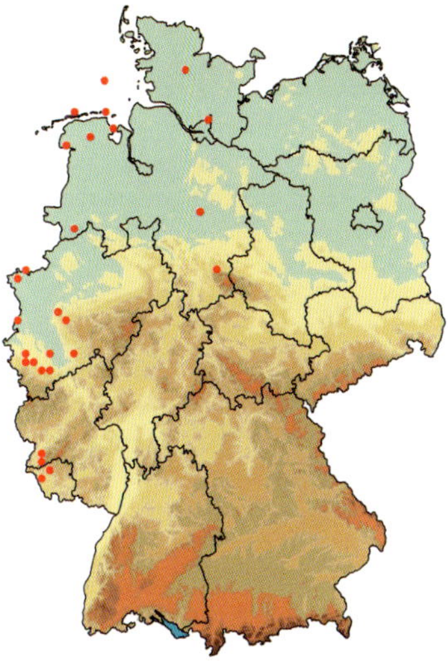

Ökologie: S. 4w42-452-g
Vegetationsphase: 4–10, Blütezeit: 5–7
Verbreitung: gesamt 1 %, aktuell 1 %

Variationsbreite: Hinsichtlich Blütenform und Farbe ist die Variationsbreite gering. Unterschiede in den vegetativen Dimensionen sind in der Regel auf die Wuchsortbedingungen zurückzuführen. Probleme bereiten Kreuzungen mit begleitenden Arten wie z. B. *D. fuchsii*.

Anmerkung: Die Funde in Südniedersachsen sind durch Ansalbung entstanden. Auf Helgoland ist diese Sippe die einzige Orchidee. Als Varietät wurde beschrieben:

var. *junialis*

Ringförmig gefleckte Varietät

Auffällig und trennend ist die Anordnung der Flecken in dunklen Ringen auf der Oberseite der Blätter als einzigem relevant differenzierenden Merkmal. Nominat-Sippe und Varietät treten oft gemeinsam auf.

Schutz und Gefährdung: Die Verbreitungskarte zeigt nur aktuelle Nachweise. Dies liegt daran, dass die Sippe bei alten Kartierungen nicht eigenständig erfasst wurde. Rechnerisch ergibt sich daher keine Gefährdung. Als Bewohnerin von Feuchtgebieten ist die Sippe dennoch prinzipiell bedroht.

Dactylorhiza majalis ssp. *purpurella*

S: 16, F: -
H: -

Purpurne Fingerwurz

Vegetative Merkmale: Pflanze bis 40 cm hoch, **mit dickem, hohlem Stängel** und bis 8 **ungefleckten** (siehe Var.), breit lanzettlichen, aufrecht stehenden **Blättern**, die bis 16 cm lang sein können und nach oben hin kürzer werden. Das oberste Blatt ist tragblattähnlich, der Blütenstand wird von den Blättern nicht erreicht.

Blütenmerkmale: Der **Blütenstand** ist **dick zylindrisch** und kann bis 10 cm lang werden. Er besteht aus zahlreichen, dicht stehenden, **leuchtend purpurroten Blüten mit sehr intensiver schwarzroter Zeichnung**, die besonders auf dem helleren Zentrum der Lippe in Form von Schleifen und Punkten angeordnet ist. Die **Lippenränder** sind **nach oben gewölbt.** Die Lippe ist im Umriss breit oval, sowie nach vorn schwach dreilappig (bis 9,5 mm lang und 12,5 mm breit). Der Mittellappen ist zum Ende gerundet, nicht zugespitzt. Über dem aus Petalen und dem mittleren Sepal gebildeten Helm stehen die bis 8,5 mm langen seitlichen Sepalen hochgeschlagen. Die **Tragblätter** sind länger als die Fruchtknoten, sie **überragen die Blüten** aber **nicht**, sodass die Blütenstände nach außen nur die dicht stehenden Blüten zeigen.

Ökologie: Die Art wächst auf neutralem bis schwach saurem Grund, der kalkhaltig sein kann, aber nicht muss. Blütezeit ab Juni bis Anfang August in klimatisch ungünstigeren Lagen. Hoher Fruchtansatz wie bei all diesen Sippen – trotz Allogamie. Sie ist eine typische Sippe des feuchten Dünentals, sie siedelt rund um die Nordsee von Süd-Skandinavien (besonders auch Dänemark) bis zu den britischen Inseln. Aufgrund dieses Areals ver-

Ökologie: S. 5w23-441-g
Vegetationsphase: 4–10, Blütezeit: 6–8
Verbreitung: nicht in Deutschland

wundert es, dass sie bislang noch nie auf einer deutschen Nordsee-Insel gefunden wurde.

Zytologie: 2n = 80

Variationsbreite: Es sind auch Populationen bekannt, in denen Pflanzen mit gefleckten Blättern vorkommen. Denkbar sind hybridogene Einflüsse von ssp. *majalis*. Es gibt auch Populationen, wo Pflanzen mit extrem verlängerten Blütenstand als Hybriden mit *D. incarnata* auftreten. Solche Hybriden erschweren die Bestimmung im Einzelfall.

Anmerkungen: Zusagende Biotope sind nicht häufig, sie sind zudem durch Badeaktivitäten an der Küste bedroht. Für die Gartenkultur angeboten, wurde sie bereits in Feuchtbiotopen in Deutschland angesalbt.

Dactylorhiza majalis ssp. *ruthei*
Ruthes Fingerwurz

S: 16, F: 40
H: 245, 246

Vegetative Merkmale: Die Pflanzen werden bis 61 cm hoch, am **schlanken, hohlen Stängel** tragen sie bis 7 **ungefleckte Laubblätter**. Das unterste ist eiförmig, weiter nach oben sind diese **lanzettlich**, bis 19 cm lang und bis 4,3 cm breit, sie umschließen mit ihrem Grund den Stängel scheidig. Weil sie **kahnförmig gekielt** sind, stehen sie steif nach oben. Die obersten Stängelblätter sind kürzer und schmaler als die mittleren.

Blütenmerkmale: Der **Blütenstand** kann lang gestreckt bis 17 cm lang sein, ist aber meist kürzer, er trägt bis 70 **dicht stehende Blüten**. Diese haben eine oft etwas **blasse, rosa-violette Grundfarbe**, sind überwiegend ungezeichnet, können aber auch eine dunklere Schleifen- oder Strichzeichnung auf der Lippe haben. Die bis 13,2 mm breite und bis 9,5 mm lange, flach ausgebreitete Lippe ist deutlich dreiteilig, die **Seitenlappen und** der etwas vorgezogene **Mittellappen sind etwa gleich groß**. Der Helm wird aus Petalen und mittlerem Sepal gebildet, die etwas längeren seitlichen Sepalen (bis 8,8 mm lang) stehen seitlich mit den Spitzen nach vorn ab. Der **Sporn** ist bis 8,4 mm lang und bis 2,7 mm **dick, zylindrisch**, nur etwa 3/4 der Fruchtknotenlänge erreichend.

Vegetationszyklus: Die Blütezeit beginnt Ende Mai, reicht bis Ende Juni. Die übrige Entwicklung unterscheidet sich nicht wesentlich von den anderen Unterarten der D. *majalis*, die Fruchtstände sind denen von D. *majalis* ssp. *pratermissa* sehr ähnlich.

Ökologie: Es ist nur ein Fundgebiet auf der Insel Usedom bekannt, wo die Sippe auf basenreichem Grund wächst.

Zytologie: 2n = 80

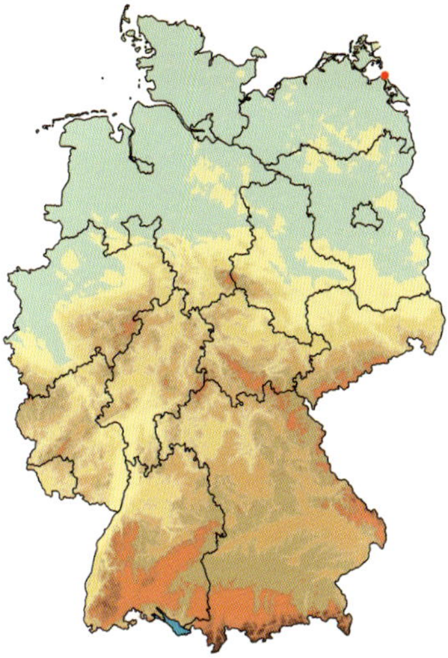

Ökologie: S. 5w43+442-g
Vegetationsphase: 4–9, Blütezeit: 5–6
Verbreitung: < 0,1%

Variationsbreite: Neben überwiegend zeichnungsfreien Blüten gibt es auch intensiv gezeichnete. Pflanzen mit Flecken auf den Blättern sind als Hybriden mit ssp. *majalis* anzusprechen.

Anmerkung: Durch die Seltenheit ist die Sippe potentiell stark gefährdet. Umstritten ist die Verbreitung weiter östlich, weil in Polen nicht diese Unterart sondern die oft geflecktblättrige ssp. *baltica* vorkommt. Ob es östlich von Usedom weitere Fundorte von ssp. *ruthei* gibt, ist fraglich, sodass das Vorkommen auf Usedom endemisch wäre.

Dactylorhiza majalis ssp. *sphagnicola*
Torfmoos-Fingerwurz

S: 16, F: 41
H: 245, 246, 254, 255

Vegetative Merkmale: Aus relativ großen Knollen entwickelt sich die Pflanze auf 22 bis über 43 cm Höhe, selten bis über 50 cm. Der hohle Stängel trägt bis zu 6 **steif aufrecht stehende, grüne, ungefleckten Blätter**, die **den Stängel lang umscheiden.** Sie sind **schmal-lanzettlich, rinnig** nach oben gefaltet und können bis 24 cm lang sein. Die obersten Blätter sind tragblattähnlich.

Blütenmerkmale: Der dichte, eiförmige bis zylindrische Blütenstand kann bis 10 cm lang sein und kann mehr als 35 Blüten haben. Deren **Grundfarbe** ist normalerweise **zart rosa**, kann aber auch heller bis weiß sein. Die nur schwach nach unten gefaltete, bis 9 mm lange und bis 12,5 mm breite Lippe ziert eine violettrote **von schmalen Linien umrahmte Punktzeichnung.** Die seitlichen, bis 10,5 mm langen, aufrecht stehenden Sepalen sind länger als das mittlere Sepal, das zusammen mit den Petalen einen Helm über der Griffelsäule bildet. Der **Sporn** ist bis 2,6 mm dick und bis 11 mm lang, abwärts gerichtet, **nur wenig kürzer als der Fruchtknoten.**

Vegetationszyklus: Ende April haben sich kleine Pflanzen aus 2–3 Blättern entwickelt, Ende Mai wird Blühfähigkeit erreicht. Die Fruchtstände ähneln denen der anderen Unterarten von *D. majalis*, ab September samen sie aus.

Ökologie: Es besteht eine strenge Bindung an saure Moore, auch lichte Moorwälder, die hinreichend nährstoffarm sind.

Zytologie: 2n = 80

Variationsbreite: In Abhängigkeit von den Wuchsortbedingungen kann sich Größe und Gestalt ändern, daneben

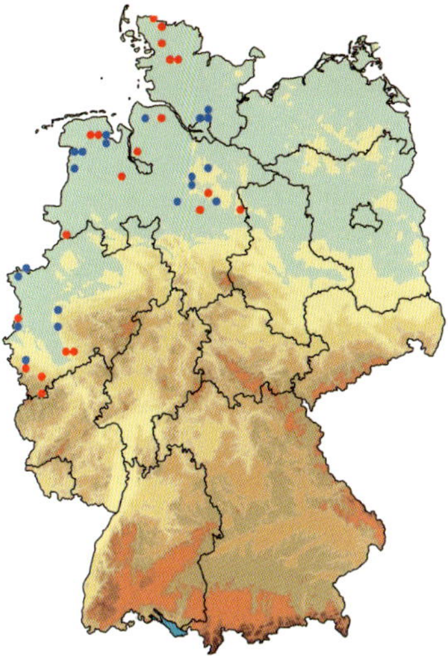

Ökologie: S. 5w12-442-g
Vegetationsphase: 4–9, Blütezeit: 5–6
Verbreitung: gesamt 1,3 %, aktuell 0,7 %

ist die Blütenfärbung und deren Zeichnung unterschiedlich.

Schutz und Gefährdung: Sie ist in Deutschland selten, sehr lückig in den wenigen erhaltenen Mooren verbreitet. Deren Sicherung ist elementar notwendig.

Anmerkung: Sie ist die einzige in Deutschland vorkommende Unterart von *D. maculata*, die genetisch unter Beteiligung von *D. maculata* (und nicht *D. fuchsii*) entstanden ist, was erklärt, woher sie die Fähigkeit hat, saure Torfmoos-Moore zu besiedeln. In jedem Fall kommt dieser Sippe daher eine gewisse Sonderstellung zu.

Dactylorhiza majalis ssp. *traunsteineri*

Traunsteiners Fingerwurz

S: 16, F: 41
H: 245, 246, 247, 252, 254, 255

Vegetative Merkmale: Die Pflanzen erreichen bis 42 cm Höhe. Im **unteren Stängeldrittel** finden sich bis 5 **schmal lanzettliche**, lang **zugespitzte**, normalerweise **gefleckte Blätter**, die bis 14 cm lang und bis 1,5 cm breit sind. Im mittleren Drittel des Stängels sind weitere 2 weitere, tragblattartige Blätter angeordnet, die den Blütenstand nicht erreichen. **Im oberen Drittel** ist der markige (nicht hohle!) **Stängel rot überlaufen**.

Blütenmerkmale: Die bis 20 **relativ großen Blüten** stehen **locker angeordnet**. Die Grundfarbe aller Blütenteile ist purpurviolett, zusätzlich trägt die Lippe eine dunklere Schleifen- und Strichzeichnung. Die bis 11 mm langen, seitlichen Sepalen stehen nach aufwärts gerichtet, das kleinere mittlere Sepal und die Petalen bilden eine lockeren Helm. Die **längs der Mitte** nach unten **gefaltete Lippe** ist 10,5 mm lang und 11,5 mm breit, nur schwach dreilappig, wobei der **zugespitzte Mittellappen deutlich hervorragt**. Der +/– waagerechte Sporn ist bis 2,1 mm dick, zylindrisch, etwas kürzer als der **rot überlaufene Fruchtknoten**, bis 10,5 mm lang und am Ende schwach zugespitzt.

Vegetationszyklus: Je nach Höhenlage liegt die Blüte von Ende Mai bis Mitte Juli, Hauptblüte um Mitte Juni.

Ökologie: Die Sippe besiedelt bei hohem Lichtbedarf wechselnasse bis nasse, stickstoffarme Humusböden auf neutral bis schwach saurem Boden, moorige Wiesen, lichte Moorwälder von 400–1.400 m.

Zytologie: 2n = 80

Anmerkung: Das häufige gemeinsame Vorkommen mit anderen *Dactylorhiza*-Sippen führt zur Einkreuzung ande-

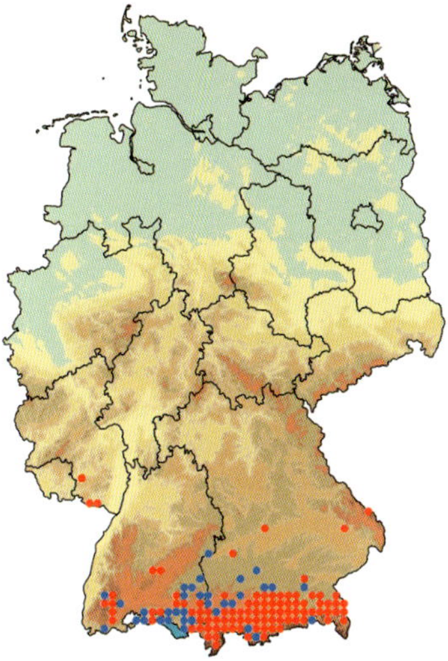

Ökologie: S. 5w42-433-g
Vegetationsphase: 4–10, Blütezeit: 5–7
Verbreitung: gesamt 4,4 %, aktuell 3,3 %

rer Merkmale, verschiedene Populationen zeigen auch untereinander deutliche Unterschiede. Besonders die vegetativen Merkmale können im Einzelfall sehr von der „Norm" abweichen. Hinzu kommt, dass auch außerhalb des Alpenvorlandes — vermutlich unter ähnlichen ökologischen Bedingungen — sich ähnliche Pflanzen entwickelten. So gibt es Berichte und Herbarmaterial von ähnlichen Pflanzen aus heute nicht mehr existenten Niederrheinmooren, noch in kleinen Beständen vorhandene Pflanzen in der Pfalz und Herbarmaterial von Pflanzen aus Thüringen. In die nahe Verwandtschaft gehören auch Sippen wie *„D. turfosa"* oder *„D. bohemica"* aus den östlich angrenzenden Gebieten. Auch die *„D. russowii"*-Funde auf den Peene-Wiesen dürften in diesem Rahmen zu sehen sein.

Schutz und Gefährdung: Die „Kernvorkommen" im Alpenvorland zeigen sich unter den laufenden Schutzanstrengungen relativ stabilisiert.

Dactylorhiza sambucina
Holunder-Fingerwurz

S: 16, F: 41
H: 245, 246, 247, 252, 255

Vegetative Merkmale: Aus 2 länglichen, runden Knollen, die am unteren Ende nochmals geteilt in bis 4 Fortsätze auslaufen, entwickelt sich die **bis 25 cm hohe Pflanze.** Am hohlen Stängel stehen bis 7 **ungefleckte Laubblätter**, die am Grund dichter, rosettig stehen. Die unteren Blätter sind eiförmig, die oberen lanzettlich, bis 12 cm lang. Oberwärts ist der Stängel gelegentlich rotbraun überlaufen.

Blütenmerkmale: Der bis 7 cm lange, **breit eiförmige Blütenstand** trägt bis 25 Blüten, die eine **trüb rote oder gelbe Grundfarbe** haben können, darauf eine schwache Schleifen- oder Punktzeichnung. Die bis 10 mm langen seitlichen Sepalen stehen nach hinten geschlagen, das mittlere Sepal und die Petalen bilden einen Helm über der Griffelsäule. Die Lippe ist schwach dreilappig mit leicht vorgezogenem Mittellappen, bis 9 mm lang und bis 11 breit, meist schwach in der Mitte nach unten gefaltet. Der **Sporn** ist so lang wie der Fruchtknoten, **dick zylindrisch**, leicht nach unten gebogen, ohne Nektar, aber mit Holunderduft.

Vegetationszyklus: Der Austrieb erfolgt im zeitigen Frühjahr, die weitere Entwicklung erfolgt rasch, in niedrigen Lagen blüht die Art schon im April. Die Fruchtreife erfolgt bis zum Hochsommer, danach samen die bis 6 mm dicken und bis 20 mm langen Früchte aus.

Ökologie: Die Art meidet in Deutschland Kalk, wächst auf mäßig saurem Grund, meist über Urgestein, sie besiedelt Felsrasen, flachgründige, sommertrockene Wiesen. In Deutschland sind Funde zwischen 100 und 1.200 m bekannt, weiter südlich in den Alpen siedelt sie bis 2.400 m.

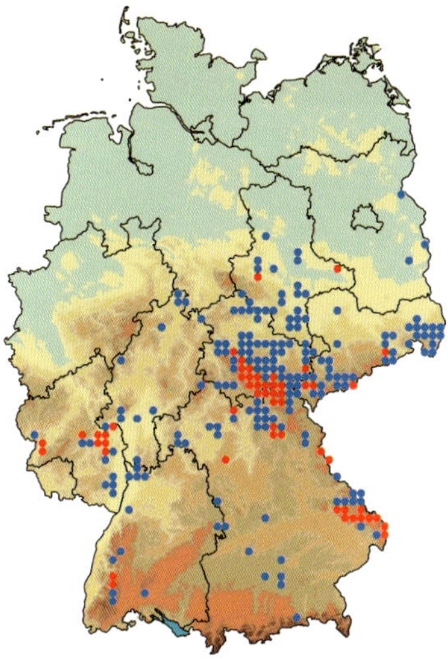

Ökologie: T.2w23-433-g
Vegetationsphase: 3–9, Blütezeit: 4–6
Verbreitung: gesamt 8 %, aktuell 1,7 %

Zytologie: 2n = 40

Variationsbreite: Durch die 2 unterschiedlichen Blütengrundfarben bietet die Art ein ungemein vielfältiges Spektrum von Blütenfarben, da diese auch gemischt sein können. Andererseits treten nicht immer beide Farben auf, rein gelbblütige Populationen sind nicht selten. Daneben gibt es eine standortabhängige Variation der vegetativen Merkmale.

Schutz und Gefährdung: Die Art ist heute in Deutschland selten, war früher sicher erheblich weiter verbreitet. Auf relativ saurem Untergrund mag der Säurepuffer des Bodens nicht ausgereicht haben, den über den Regen mit der Industrialisierung gestiegenen Säureeintrag zu puffern, daher extreme Rückgänge.

Dactylorhiza viridis
Grüne Hohlzunge

S: 16, F: 41
H: 245, 246, 247, 253, 256

Vegetative Merkmale: Die zur Blütezeit vorhandenen Knollen sind länglich und mehrfach tief eingeschnitten, sodass im Prinzip eine fingerförmige Teilung entsteht. **Pflanze 5 – 30 cm** hoch, am markigen Stängel sind bis 7 **ungefleckte Blätter** verteilt, die unteren eiförmig, bis 10 cm lang, nach oben hin kleiner werden, dort schmal lanzettlich gestaltet. Sie sind **grün bis blaugrün** gefärbt.

Blütenmerkmale: Der 10 cm lange Blütenstand trägt allseitswendig und locker angeordnet bis 20 Blüten. Tragblätter die Blüten deutlich überragend. Petalen und Sepalen bilden einen geschlossenen **Helm,** der nach **außen grün bis bräunlich** gefärbt ist, die Sepalen sind bis 7 mm lang, die Petalen etwas kürzer. Die **bis 10 mm lange Lippe** ist nach vorn verbreitert, dreilappig auslaufend, **Seitenlappen deutlich länger** als der kleine Mittellappen. Die Lippe trägt am **Grund einen sackförmigen**, nektarführenden Sporn. **Farbe der Lippe** im **Normalfall grün** aber auch bis intensiv rot gefärbt.

Vegetationszyklus: Im zeitigen Frühjahr erscheinen 2 kleine Blätter, aus denen sich bis zur Blüte die Pflanze weiter entwickelt. Blütezeit sehr unterschiedlich, von Anfang Mai bis Juli in alpinen Lagen. Früchte 4,5 mm dick und bis 8 mm lang, dem Stängel anliegend, reif ab August.

Ökologie: Die Art wächst auf oberflächlich mäßig sauren, stickstoffarmen Magerrasen, alpin in Borstgrasrasen, Zwergstrauchheiden bis über 2.200 m Höhe, in den südlicheren Alpen bis fast 3.000 m. Sie ist fremdbestäubt.

Zytologie: 2n = 40

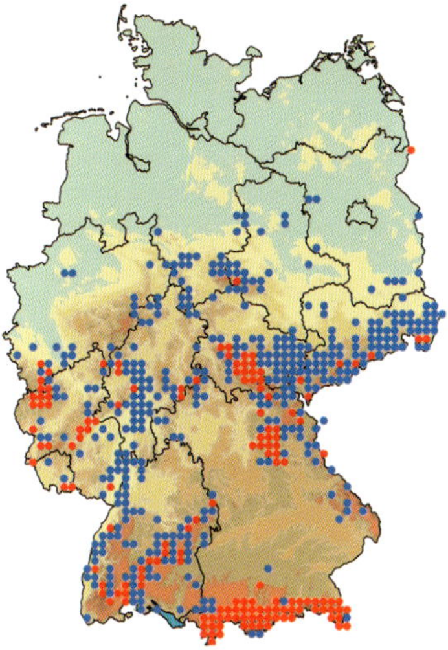

Ökologie: B.332-423-g
Vegetationsphase: 4–9, Blütezeit: 5–7
Verbreitung: gesamt 19 %, aktuell 5 %

Variationsbreite: Es findet sich eine bemerkenswert hohe Variationsbreite, abhängig vom Wuchsort. Eher hochwüchsigen, schlanken Pflanzen der niedrigen Mittelgebirge und des Flachlandes stehen zwergig gedrungene Hochgebirgspflanzen gegenüber. Daneben ist die Lippenfarbe ungemein variabel, die tief rot oder rotbraun sein kann.

Schutz und Gefährdung: Während die Vorkommen in den Hochgebirgen relativ stabil erscheinen, sind massive Verluste in den Mittelgebirgen und im Flachland eingetreten. Deren letzte Vorkommen bedürfen strengsten Schutzes, insbesondere vor Stickstoffbelastung.

Gattung Epipactis
Stendelwurz

Die Problematik der Gattung *Epipactis* macht es notwendig, ein einleitendes Kapitel einzufügen, besonders deshalb, weil gerade hier in der jüngeren Vergangenheit eine Vielzahl neuer Taxa beschrieben wurden. Zum Teil sind diese erheblich umstritten, weil einerseits existierende morphologische Unterschiede gering sind, andererseits es sich in vielen Fällen um Sippen handelt, die nur sehr regionale Verbreitungen haben, in einigen Fällen von einem solchen Taxon überhaupt nur ein paar Dutzend Pflanzen bekannt sind.

Ein zusätzliches Problem besteht darin, dass bislang nur wenige von diesen neuen *Epipactis*-Taxa in Europa genetisch untersucht wurden. Vorliegende Untersuchungsbefunde betreffen überwiegend Sippen, die in England vorkommen, was im Vergleich zu den zahlreichen europäischen Taxa nur ein kleiner Prozentsatz ist. Hinzu kommt, dass bei den erfolgten Untersuchungen unterschiedliche Methoden zum Zuge kamen, was die Vergleichbarkeit der Ergebnisse erschwert. Fasst man das bekannte Wissen zusammen, so wird deutlich, dass anders als in der Gattung *Dactylorhiza* Polyploidie und Hybridisation keine relevante Rolle bei der Entstehung abweichender Sippen spielen. Ganz im Gegenteil erwiesen sich selbst winzige Kleinpopulationen einzelner Sippen als sehr stabil und eindeutig im Genom differenziert.

Dies lässt den Schluss zu, dass es ausgehend von einer „Stammart" (einer Ur-*E. helleborine* ?) eine Vielzahl von Mutationen gegeben haben muß, die meist zu autogamen Sippen führten. Dadurch wurden lokale Anpassungen an Orte mit speziellen Wuchsbedingungen möglich, die für *E. helleborine* selber nicht besiedelbar gewesen wären. Mit hoher Wahrscheinlichkeit ist es in der weiteren Evolution noch zu Folgemutationen gekommen. Nicht oder kaum ist aber bisher bekannt, in welcher zeitlichen Reihenfolge und ggf. über welche Zwischenschritte sich welche Sippen entwickelt haben. Soweit Zusammenhänge erforscht sind, werden diese im „lückenhaften" Stammbaum auf S. 13 gezeigt.

Letztlich bleibt mangels genetischer Befunde nur übrig, zur systematischen Einteilung verfügbare morphologische, biologische, ökologische und chorologische Befunde heranzuziehen. Besonders letztgenanntes Kriterium ist bedeutsam dafür, in welcher Rangstufe eine Sippe zu führen ist. Im Rang einer Subspezies werden Sippen geführt, für die es klar trennende Merkmale gibt und wenn ihnen ein flächiges Areal zuzuordnen ist, d. h. wenn es sich nicht nur um winzige Lokal-Vorkommen handelt. Solche werden zwar meist erwähnt, aber nicht in die Reihe der bearbeiteten Taxa aufgenommen.

Diese Entwicklungshypothese der Gattung eignet sich darüber hinaus auch gut zur Deutung weiterer Phänomene, die in der Natur zu beobachten sind. Dazu gehört die Tatsache, dass unterschiedliche Populationen des gleichen Taxons jede für sich zwar zwar homogen sind, während sie untereinander durchaus verschieden sein können. So sind z. B. Populationen von *E. leptochila* kleistogam (die Blüten öffnen sich nicht), andere aber nicht. Solche Abweichungen können so erheblich sein, dass daraus Neubeschreibungen erfolgten.

Grundsätzlich unterscheiden sich die Arten der Gattung in der Art und Weise, wie Autogamie (bzw. Allogamie) erreicht wird. Dazu zeigen 2 Bilder oben links einen Blütenausschnitt der allogamen *E. purpurata* (mit gut ausgebildeter Pollenschüssel und kompakten Pollinien, die sich beim Berühren der Rostelldrüse als Paket herauslösen lassen), rechts der autogamen *E. leptochila* (mit zerkrümelten Pollenmassen, die über den flachen Rand einer kaum entwickelten Pollenschüssel die Narbe der Blüte erreichen und die Befruchtung vollziehen). Dies sind sozusagen die Extreme, zwischen denen es aber zahlreiche Übergänge bei den verschiedenen Arten gibt (siehe Artbeschreibungen). Trotzdem erscheint es problematisch, daraus systematische Konsequenzen abzuleiten, da auch bei den allogamen Arten oft mit Alterung der Blüte ein sekundärer Zerfall der Pollenmassen auftritt, sodass man wohl mehr oder minder alle Arten als fakultativ autogam bezeichnen kann. Hierfür spricht die Tatsache sehr hoher Fruchtansätze bei allen Arten, weiterhin auch der genetische Befund, dass in direkter Verwandtschaft der allogamen *E. atrorubens* typische autogame Arten zu finden sind. Zu vermuten ist daher, dass sich innerhalb der Gattung Autogamie mehrfach unabhängig voneinander entwickelt hat.

Epipactis albensis
Elbe-Stendelwurz

S: 16, F: 41
H: -

Vegetative Merkmale: Die **kleinen, nur bis 26 cm hohen Pflanzen** entwickeln sich aus dem unterirdischen Rhizom. Bis 4 grüne **Laubblätter** (bis 5,5 cm lang und bis 2,6 cm breit) erreichen ihre **größte Länge** etwas **unter** der **Mitte des Stängels**, das unterste Blatt ist das kleinste.

Blütenmerkmale: Am bis 9 cm langen, einseitswendigen Blütenstand sitzen locker angeordnet bis 15 Blüten in den Achseln lanzettlicher Tragblätter, wobei die **Fruchtknoten** im Verhältnis zu anderen Arten **relativ lang gestielt sind**. Blüten, die sich frisch geöffnet haben, stehen waagerecht ab, später neigen sie sich mit anschwellendem Fruchtknoten nach unten, und die Blüten schließen sich etwas, sodass sie glockenartig hängen. Sepalen hell- bis bräunlich-grün, bis 9,5 mm lang, Petalen etwas kürzer, bis 7,5 mm lang, weißlichgrün. Lippe bis 8 mm lang, **Hinterlippe breit schüsselförmig**, außen weiß, innen hellbraun, nektarführend, **Vorderlippe schmal herzförmig**, nach vorn **zugespitzt**, weißlichgrün mit dunkler grünem Rand. **Breiter, V-förmiger Durchtritt** von Vorder- zu Hinterlippe. **Rostelldrüse fehlend**, Pollenschüssel sehr flach, Pollinien zerkrümelnd (autogam).

Vegetationszyklus: Angaben zur **Blütezeit** sehr unterschiedlich, nach eigenen Beobachtungen **auffällig spät**, Ende Juli-Anfang August. Allerdings waren zu diesem Zeitpunkt bereits fruchtende als auch noch tief knospige Pflanzen zu finden. Durch Autogamie hoher Fruchtansatz. Insgesamt ist wenig bekannt, die Vegetationsphase ist aber sicher kurz.

Ökologie: Die Art wächst in schattigen, moorigen Auwäldern auf wechselfri-

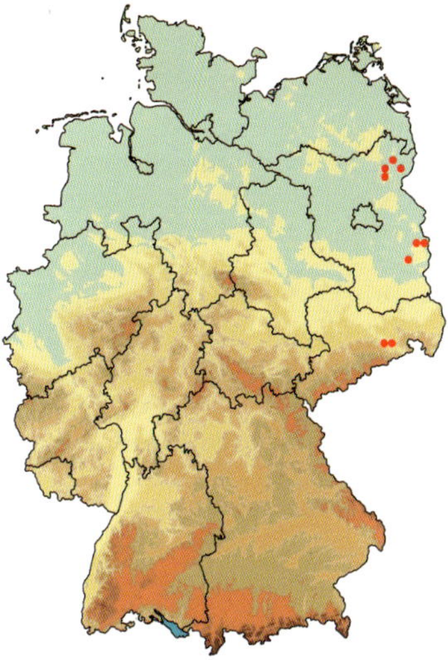

Ökologie: W.3w32-244-g
Vegetationsphase: 6–10 ?, Blütezeit: 7–8
Verbreitung: aktuell 0,3 %

schen, schwach sauren Böden, bis in 400 m Höhe im Elbsandsteingebirge.

Zytologie: 2n = 40 (vermutl.)

Variationsbreite: Wie für diese autogamen Sippen typisch, sind die Pflanzen einer Population sehr homogen, verschiedene Populationen zeigen aber erhebliche Unterschiede der Blütenmorphologie, wie die Bilder von 2 Fundorten ausweisen. Dies hat zu erheblich abweichenden Bewertungen geführt (Vgl. Darstellung bei H. Baumann in AHO [Hrsg.], Die Orchideen Deutschlands, 362 ff.). Seiner Auffassung, diese Sippen zu einer Art zusammenzufassen, wird hier gefolgt.

Schutz und Gefährdung: Bei nur wenigen, kleinen Populationen besteht durch Vernichtung der Wuchsorte eine erhebliche Gefährdung.

Epipactis atrorubens
Rotbraune Stendelwurz

S: 16, F: 41
H: 246, 247, 257, 258

Vegetative Merkmale: Das Rhizom entwickelt **bis 60 cm** hohe Sprosse, die im unteren Bereich des Stängels gehäuft bis 11 Blätter tragen, die bis 8 cm lang sein können. Der **dicht behaarte Stängel** ist häufig **rotbraun überlaufen**, die Blätter sind grün, breit-lanzettlich, **steif nach oben** gefaltet abstehend.

Blütenmerkmale: Der bis 23 cm lange **Blütenstand** ist einseitswendig, besteht aus zahlreichen (bis 40), **rotbraunen, weit geöffneten** Blüten, die **intensiv vanilleartig** duften. Deren Sepalen sind bis 10 mm lang, die Petalen sind etwas kürzer. Die bis 8 mm lange Lippe besteht aus einer napfförmigen Hinterlippe, die Nektar führt, und einer bis 6 mm breiten, **herzförmigen Vorderlippe**, die am Grund eine **warzig-runzelige Schwiele** trägt. Die **Rostelldrüse ist voll funktionsfähig (Allogamie)**, die Pollinien bleiben ein kompaktes Paket.

Vegetationszyklus: Der Austrieb erfolgt Anfang bis Mitte Mai, Blüte Anfang Juni bis Ende Juli. Hoher Fruchtansatz trotz Allogamie. **Früchte** bis 11 mm lang und bis 7 mm dick, **flaumig behaart**, sie samen ab Ende August aus.

Ökologie: Kalkstete Art, vollsonnig bis halbschattig wachsend, mit Bevorzugung trockenwarmer Standorte z. B. sonniger Waldränder. Trotzdem steigt sie in den deutschen Alpen bis 1.870 m empor. Die Bestäubung erfolgt durch Hummeln.

Zytologie: 2n = 40

Variationsbreite: Die Variation betrifft die Blütenteile, die rotbraun bis gelbgrün gefärbt sein können. Daneben ändert sich der Habitus erheblich in Abhängigkeit vom Lichtangebot am Wuchsort.

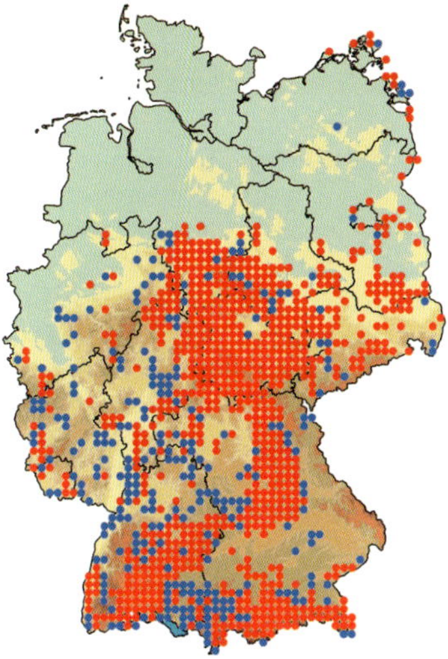

Ökologie: W.2w41-334-g
Vegetationsphase: 5–9, Blütezeit: 6–7
Verbreitung: gesamt 35 %, aktuell 25 %

Schutz und Gefährdung: Es besteht keine besondere Gefährdung, lediglich lokal können z. B. Waldbaumaßnahmen Wuchsorte vernichten.

Epipactis bugacensis
Bugacz-Stendelwurz

S: 16, F: 42
H: 246

Vegetative Merkmale: Bis 60 cm hohe, **schlanke Pflanze** mit dünnem, aber zähem Stängel, der unterhalb des Blütenstandes bis 6 **kurze, und bis 5 ,5 cm lange**, breit lanzettliche Blätter trägt. Oberstes Laubblatt tragblattartig. Stängel im Bereich des Blütenstandes feinhaarig, darunter nackt, die **Abstände zwischen den Blättern** sind im oberen Stängelbereich **länger** als die Blätter.

Blütenmerkmale: Blütenstand lang gestreckt, er kann etwa die halbe Länge der Pflanzen ausmachen. Bis 37 **sehr kleine Blüten** sind daran locker, angedeutet einseitswendig und leicht hängend angeordnet. Seitliche Sepalen bis 8mm lang und bis 4 mm breit, zugespitzt eiförmig, mittleres Sepal etwas kürzer, Petalen bis 6,5 mm lang und bis 4 mm breit. Sepalen und Petalen innen grün, leicht glockenförmig zusammenneigend. Lippe weißlich, bis 7 mm lang, Hinterlippe in der Gestalt eines Napfes, **Vorderlippe breit herzförmig**, am Durchtritt zur Hinterlippe beidseits **mit schwach rosa gefärbten, flachen Höckern**. Griffelsäule kurz, in der Knospe und frisch aufblühend mit entwickelter, aber **funktionsloser Rostelldrüse**, die rasch vertrocknet. Gleichzeitig zerfallen die zunächst kompakten Pollen krümelig, eine Pollenschüssel ist nur flach angedeutet vorhanden, es handelt sich um eine **autogame Pflanze**.

Vegetationszyklus: Vermutlich wie bei *E. helleborine*, Blütezeit in Deutschland Mitte Juni bis Mitte Juli, gleichzeitig oder minimal später als *E. helleborine* in gleicher Region. Hoher Fruchtansatz (Autogamie).

Ökologie: Die Art besiedelt zeitweilig überschwemmte, lichte, halbschattige

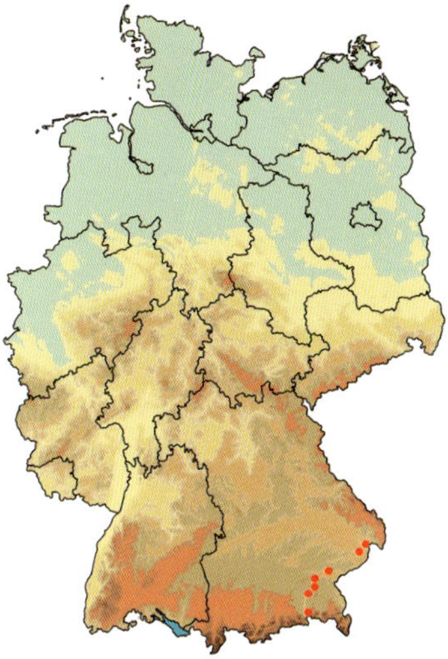

Ökologie: W.3w42-333-g
Vegetationsphase: 4–10, Blütezeit: 6–7
Verbreitung: aktuell 0,2 %

bis schattige Auwaldgebiete an Donau und deren südlichen Nebenflüssen in Deutschland, anzunehmen ist relative Stickstofftoleranz.

Zytologie: 2n = 40 (vermutl.)

Variationsbreite: Es besteht kaum Varianz. Beschrieben wurde die Sippe zunächst aus Ungarn (Bugacz-Pusta), später (obwohl morphologisch kaum trennbar) aus dem Westalpen-Vorland als *E. rhodanensis*. Funde der letzten Jahre zeigen, dass sie offenkundig rund um die Alpen ohne Trennung der Areale verbreitet ist, sodass beide Taxa unter dem älteren Namen *E. bugacensis* zu vereinen sind.

Schutz und Gefährdung: Seltene Art, dadurch potentiell gefährdet. Mangels Daten ist keine Aussage zur Bestandsentwicklung möglich.

Epipactis greuteri
Greuters Stendelwurz

S: 16, F: 42
H: 246

Vegetative Merkmale: Das Rhizom entwickelt bis etwa 50 cm hohe Blütentriebe, oft in Büscheln. Der Stängel ist grün, deutlich behaart, relativ dünn, häufig etwas „verbogen". Die bis 8 abstehenden **Blätter** biegen sich oft am Ende nach unten, sie **beginnen** nicht am Grund sondern erst **mit deutlichem Abstand** (ca 1/4 der Pflanzenhöhe) **vom Boden** und reichen bis direkt unter den Blütenstand. Die Blätter sind bis 8 cm lang und bis 4,7 cm breit, sie sind breit lanzettlich.

Blütenmerkmale: Der Blütenstand erscheint recht breit, weil die **Fruchtknoten lang gestielt** sind, und dadurch auch die bis 35 **Blüten** weit vom Stängel entfernt stehen. Diese **hängen glockig nach unten**, sind **wenig geöffnet**. Sepalen (bis 14 mm lang) und Petalen (bis 11 mm lang) sind licht hellgrün, die Lippe ist bis 11 mm lang, in der Grundfarbe weiß, der **Boden der schüsselförmigen Hinterlippe** ist **grün** gefärbt, hier erfolgt intensive Nektarbildung. **Vorderlippe gewellt**, herzförmig-rundlich, **breiter Durchtritt** zwischen Vorder- und Hinterlippe. An der Basis der Vorderlippe grünliche, schwach erhabene Schwiele. Eine **Rostelldrüse fehlt** bereits in der Knospe, die Pollinien zerkrümeln auf flacher Pollenschüssel. Hoher Fruchtansatz (durch Autogamie ?, aber auch häufiger Wespenbesuch).

Vegetationszyklus: Bedingt durch die Höhenlage des einzigen Fundortes in Deutschland ist dieser etwas verschoben, am Wuchsort blüht aber normale *E. helleborine* etwa zur gleichen Zeit, Ende Juli bis Anfang August.

Ökologie: Die Art wächst auf kalkhaltigem Grund am Rand von Zechstein-

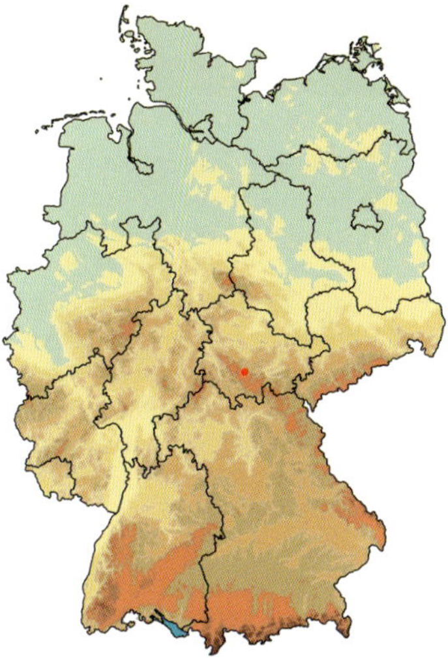

Ökologie: W.3w32-333-g
Vegetationsphase: 6–10, Blütezeit: 7–8
Verbreitung: aktuell < 0,1 %

Dolinen in etwa 500 m Höhe in lichtem Fichtenwald.

Zytologie: 2n = 40 (vermutl.)

Anmerkungen: Die Population ist wenig variabel. Dass bei nur einem Fundort in Deutschland eine erhebliche Gefährdung besteht, versteht sich von selbst, die regionalen Waldbaumaßnahmen müssen unbedingt kontrolliert werden. Ansonsten kann man nur hoffen, dass der Wuchsort z. B. von Windbrüchen verschont bleibt.

Eine plausible Erklärung für dieses völlig isolierte Vorkommen gibt es bislang nicht. Für *E. greuteri* werden aus Südeuropa 2 Unterarten geführt, deren Unterschiede nur gering sind. Die thüringische Population unterscheidet sich von beiden etwas, auf eine Differenzierung im Unterartrang wurde hier verzichtet.

Epipactis helleborine
Breitblättrige Stendelwurz

S: 16, F: 42
H: 246, 257, 258

Vegetative Merkmale: Das Rhizom treibt **robuste Pflanzen**, die **bis über 80 cm hoch** sein können. Am Stängel sind bis 14 **große, breit ovale Blätter** im unteren Bereich verteilt, die bis 13 cm lang sein können und **waagerecht** bis leicht hängend angeordnet sind. Nur im Blütenbereich ist der Stängel leicht behaart.

Blütenmerkmale: Der bis 31 cm lange Blütenstand trägt bis 80 Blüten in den Achseln schmal lanzettlicher Tragblätter, die von unten nach oben kleiner werden. Petalen bis 11 mm lang, Sepalen bis 13 mm lang, Lippe bis bis 10 mm lang und bis 7 mm breit. Petalen etwas dunkler gefärbt als Sepalen, die im Normalfall grünlich sind, es können aber auch alle Blütenblätter rosa überlaufen sein. **Hinterlippe napfförmig, am Grund**, wo die Nektarproduktion erfolgt, **braun. Vorderlippe** breit herzförmig, weiß bis rosa gefärbt, **am Grund mit 2 Höckern**, die meist etwas dunkler als die Umgebung gefärbt sind und eine runzlige Oberfläche aufweisen. Kräftige, **funktionsfähige Rostelldrüse, Pollinien kompakt**, in tief ausgeformter Pollenschüsssel liegend (Allogamie).

Vegetationszyklus: Der Austrieb erfolgt Ende Mai bis Anfang Juni, Blüte ab Ende Juli, Samenreife im Oktober. Früchte bis 17 mm lang und bis 8 mm dick.

Ökologie: Die Art wächst an halbschattigen bis schattigen Plätzen in Wäldern, Gebüschen auf schwach saurem bis schwach basischem Grund, Kalk ist nicht erforderlich. Sie toleriert Trockenheit, wächst aber auch an relativ frischen Plätzen.

Zytologie: 2n = 40

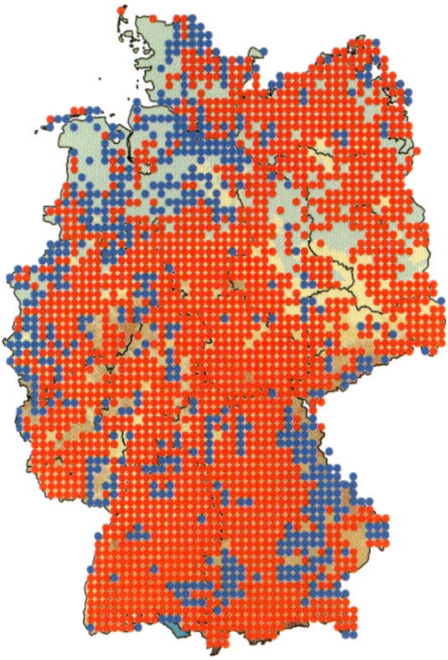

Ökologie: W.3w42-333-g
Vegetationsphase: 5–10, Blütezeit: 7–8
Verbreitung: gesamt 84 %, aktuell 63 %

Variationsbreite: Diese ist extrem hoch. Sie betrifft u. a. die Färbung der Blüten wie die Bildbeispiele belegen. Bedeutsamer ist die Tatsache, dass es diverse ökologische Anpassungen gibt, z. B. verschiedene ausgesprochen thermophile Formen, die hellere, schmalere Blätter zeigen und auch in der Blütezeit stark abweichen können. Weiterhin gibt es Pflanzen mit reduzierter Funktionsfähigkeit der Rostelldrüse, die tendenziell die mögliche Entwicklung zur Autogamie auch bei dieser Art aufzeigen.

Schutz und Gefährdung: Die Art ist häufig, und wie die Karte ausweist, fast überall verbreitet, wenngleich sie meist nur in relativ kleinen Populationen auftritt. Es besteht keine besondere Gefährdung.

Epipactis helleborine ssp. *neerlandica*
Breitblättrige Stendelwurz, Niederländische Unterart

S: 16, F:-
H: -

Ökologie: W.2w42-341-g
Vegetationsphase: 4–9?, Blütezeit: 6–7
Verbreitung: aktuell < 1 % ?

Abgrenzende Merkmale: Als Anpassung an die Standortbedingungen in sandigen Dünenarealen (vermutl. besteht relative Salztoleranz) sind die **Pflanzen** in allen Dimensionen kleiner (25–50 cm), **kompakter**, die **Blätter kürzer** und schmaler, von derberer Struktur, die **Behaarung** am Stängel **intensiver**, die Blüten öffnen sich weniger, sind etwas kleiner als bei der Nominatsippe. Bedingt durch die Tieflage der Wuchsorte liegt die Blütezeit sehr früh, ab Ende Juni. Aktuell sind Funde auf Borkum und Usedom bekannt.

S: 16, F:-
H: -

Epipactis helleborine ssp. *orbicularis*
Breitblättrige Stendelwurz, Kurzblättrige Unterart

Ökologie: W.2w42-343-g
Vegetationsphase: 5–10, Blütezeit: 7–8
Verbreitung: sporadisch in Bayern, sonst ?

Abgrenzende Merkmale: Die **Stängel** sind auffällig **dick**, stehen häufig in Büscheln. Bis 6 **kürzere** (bis 7 cm), und **schmalere** (bis 4,2 cm), in der Textur **derbere Blätter**. Unterstes Blatt tütenförmig. Bis zum Blütenstand noch weitere, schmale Hochblätter. **Blütenstand breiter** ausladend. Sepalen und Petalen trüb grünlichrosa überlaufen. **Vorderlippe** im Umriss abgerundet **dreieckig**, der **Durchtritt zur Hinterlippe** ist **schmal** eingeschnürt, Rostelldrüse voll funktionsfähig. Aus Bayern sind eine ganze Reihe Fundorte bekannt. Es steht zu vermuten, dass diese Sippe in Deutschland erheblich weiter verbreitet ist.

Epipactis leptochila
Schmallippige Stendelwurz

S: 17, F: 42
H: 246, 259, 260

Vegetative Merkmale: Das unterirdische Rhizom treibt, oft in Büscheln, kräftige Stängel, die bis 70 cm hoch sein können. Am Stängel, der im Bereich der Blüten behaart ist, stehen bis 8 **dunkelgrüne**, eiförmig-lanzettliche Blätter, die von unten her zunächst etwas größer (bis 12 cm lang), dann wieder kleiner werden und **waagerecht** bis **leicht nach unten hängend** angeordnet sind. Die **untersten Tragblätter** sind sehr groß, **laubblattartig**, sodass ein **kontinuierlicher Übergang** der Blätter in die Tragblätter erfolgt.

Blütenmerkmale: Der Blütenstand ist bis 30 cm lang, er trägt bis 35 Blüten. **Sepalen** bis 15 mm lang, Petalen bis 12 mm. Sie sind hellgrün, manchmal weißlich-grün, sie laufen in **lange, schmale Spitzen** aus. Hellgrüne Lippe in Vorder- und Hinterlippe gegliedert, bis 14 mm lang und bis 7 mm breit. **Hinterlippe** schüsselförmig, mit **nach außen abgeflachten Rändern**, Boden der Schüssel oft bräunlich. **Vorderlippe** nach vorn **zugespitzt** auslaufend, im Umriss schmal herzförmig. Am Grund zur Hinterlippe hin mit oder ohne flache Höcker, hier gelegentlich rosa überlaufen. **Durchlass** zwischen Vorder- und Hinterlippe von oben **breit V-förmig** eingeschnitten. Autogam, **Rostelldrüse funktionslos**, in der Knospe meist vorhanden. Pollen krümelig zerfallend.

Vegetationszyklus: Austrieb im Mai, Blütezeit Ende Juni bis Anfang Juli, etwa 14 Tage nach ssp. *neglecta*. Früchte bis 19 mm lang und bis 6 mm dick, sie samen ab Ende September aus.

Ökologie: Die Art wächst in den Kalk-Mittelgebirgen auf humosen Böden, im schattigen Buchenwald, gegenüber

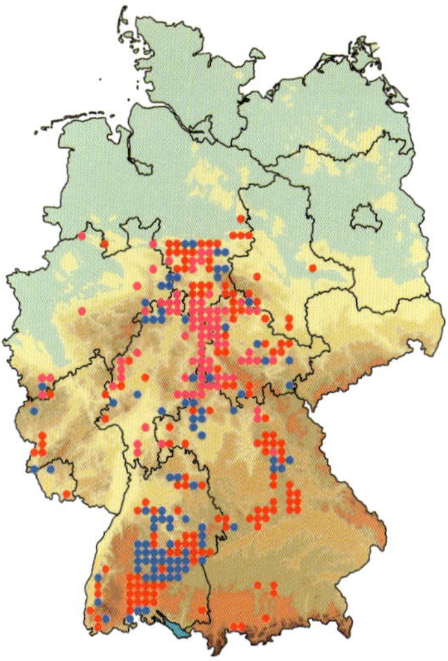

Ökologie: W.2w52-142-g
Vegetationsphase: 5–10, Blütezeit: 6–7
Verbreitung: gesamt 11 %, aktuell 8 %

ssp. *neglecta* besiedelt sie frischere Areale, gern Nordhänge.

Zytologie: 2n = (36) 40

Variationsbreite: Die Bilder weisen die erhebliche Variation der Blüten aus. Es besteht eine Tendenz zur Kleistogamie mit verschiedenen Übergangsformen („var. *altensteiniana*, var. *cleistogama*"). Besonders variabel sind die Breiten der Lippe, speziell der Vorderlippe, die sehr schmal sein kann. Diese Variabilität betrifft Unterschiede zwischen Populationen, innerhalb einer Population besteht bemerkenswerte Konstanz.

Schutz und Gefährdung: Als Waldart besteht für sie keine relevante Gefährdung.

Anmerkung: In der Verbreitungskarte sind undifferenzierte Funde der Unterarten rosaviolett markiert.

Epipactis leptochila ssp. *neglecta*
Schmallippige Stendelwurz, Übersehene Unterart

S: 17, F: 42
H: 246, 257, 259, 260

Vegetative Merkmale: Ähnlich der Nominatsippe, gegenüber deren dunkelgrünem **Laub** ist das der Unterart **mehr gelblichgrün**, die Pflanzen sind im Schnitt etwas zierlicher, die Anordnung und Form der Blätter ist vergleichbar, die **Blätter** sind etwas **kürzer**, nur bis 9 cm lang. Ebenfalls ähnlich ist der **kontinuierliche Übergang** der **Laubblätter** in die **Tragblätter**.

Blütenmerkmale: Viele, leicht einseitig angeordnete Blüten (bis 30) bilden einen lang gestreckten Blütenstand. **Sepalen** und **Petalen** sind grün bis weißlich-grün, gegenüber ssp. *leptochila* **etwas kürzer**, bis 12 bzw. 10 mm lang, typisch **ohne lang ausgezogene Spitzen.** Die Lippe ist schmal, die **Ränder der Hinterlippe** nie nach außen abgeflacht, sondern **aufrecht stehend**, sodass die Form der Hinterlippe einer seitlich **zusammengedrückten Halbkugel** entspricht. **Vorderlippe nicht scharf zugespitzt**, sondern abgerundet, **zungenförmig** mit zurückgeschlagender Spitze, bräunlich-rosa oder grün gefärbt. **Durchtritt** zwischen Vorder- und Hinterlippe **schmal**, nicht von oben breit eingeschnitten, sondern in der Gestalt eines verkehrt herum stehenden Schlüssellochs. **Rostelldrüse im knospigen und aufblühenden Zustand vorhanden**, an frischen Blüten funktionsfähig. Später zerkrümeln die Pollen aus der relativ flachen Pollenschüssel, es besteht **Autogamie** mit entsprechend hohem Fruchtansatz.

Vegetationszyklus: Gegenüber ssp. *leptochila* liegen alle Daten etwa um 14 Tage früher.

Ökologie: Als Unterschied zu ssp. *leptochila* besiedelt ssp. *neglecta* mehr

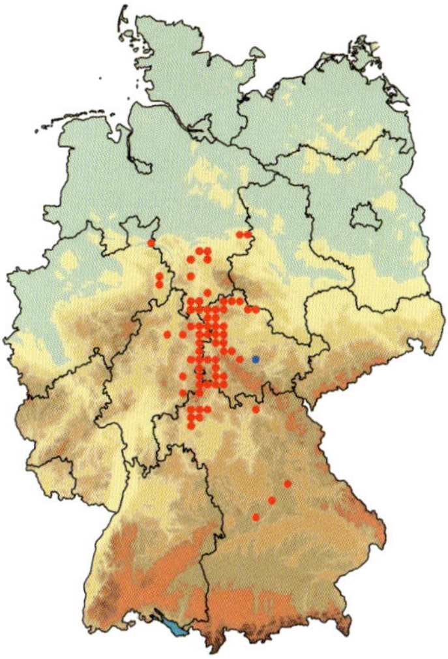

Ökologie: W.2w52-142-g
Vegetationsphase: 5–10, Blütezeit: 6–7
Verbreitung: gesamt 2,4 %, aktuell 2,4 %

sommerwarme Südlagen, trockenere Standorte. In Osthessen und West-Thüringen ist ssp. *neglecta* weit häufiger als ssp. *leptochila*.

Zytologie: 2n = 40 (vermutlich)

Variationsbreite: Die Bilder belegen die Variationsbreite.

Verbreitung: Zunehmend werden auch nach Süden hin immer mehr Funde von ssp. *neglecta* bekannt. Da keine Mischpopulationen bekannt sind, gleichzeitig ein großes Verbreitungsareal besteht, könnte man sie auch als eigene Art führen.

Anmerkung: Als *E. peitzii* wurde eine ähnliche Sippe (die morphologisch zwischen ssp. *neglecta* und *E. muelleri* vermittelt) beschrieben, von der es aber nur ein einziges bekanntes, kleines Fundgebiet gibt.

Epipactis microphylla
Kleinblättrige Stendelwurz

S: 17, F: 42, 49
H: 246

Vegetative Merkmale: Aus unterirdischem Rhizom entwickeln sich (nur selten in Büscheln) Blütentriebe, die bis 50 cm lange sein können, aber meist viel kleiner bleiben. Die **Stängel** sind dicht **filzig behaart**, was zum **graugrünen** Erscheinungsbild beiträgt. Die bis 6 **Blätter** sind **klein**, oft etwas violett überlaufen, bis 1,5 cm breit und bis 5,5 cm lang, sie umschließen den Stängel kurz scheidig.

Blütenmerkmale: Der bis 18 cm lange, einseitswendige Blütenstand trägt bis 18 kleine, oft kaum geöffnete Blüten in den Achseln schmal-lanzettlicher Tragblätter. Die **Blüten** hängen **glockig** nach unten. Die Sepalen sind grün, außen filzig behaart und bis 8 mm lang, die Petalen sind etwas kürzer, grünlich bis rotbraun gefärbt. Lippe weißlich-grün, bis 6 mm lang und bis 4 mm breit. Hinterlippe napfförmig, **Vorderlippe** herzförmig mit gekerbtem Saum, in der Mitte nach oben gefaltet. Am Grund, d. h. am Übergang zur Hinterlippe trägt sie eine **stark runzelige, warzenartige Schwiele**. Rostelldrüse aufblühend vorhanden, rasch vertrocknend. Die **Blüten duften** intensiv **nach Vanille**, sie sind autogam.

Vegetationszyklus: Austrieb Ende Mai, Blütezeit Ende Juni bis Mitte Juli. Die Früchte sind sehr groß, bis 18 mm lang und bis 8 mm dick. Das Aussamen beginnt Mitte August.

Ökologie: Die Art wächst auf kalkreichem Grund auf humosen, (wechsel-) frischen Böden, sie ist mäßig stickstofftolerant, im Buchenwald gern in der Traufzone der Bäume, oft an laubfreien Stellen. Sie siedelt in schattigen Wäldern in den Mittelgebirgen Deutschlands bis 870 m Höhe.

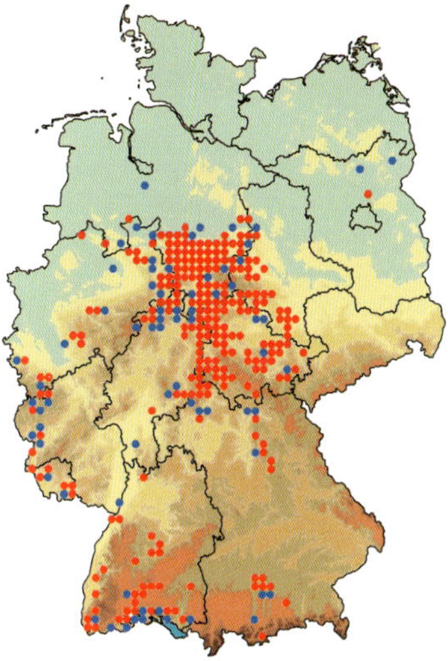

Ökologie: W.342-243-g
Vegetationsphase: 5–9, Blütezeit: 6–7
Verbreitung: gesamt 11 %, aktuell 8 %

Zytologie: 2n = 40

Variationsbreite: Beschrieben ist eine Variation mit unbehaartem Stängel („var. *nuda*"). Daneben gibt es relativ großblütige Populationen mit geöffneten Blüten, aber auch solche, deren Blüten sehr klein bleiben oder sich auch gar nicht öffnen.

Schutz und Gefährdung: Die systematische Kartierung durch die AHO in Deutschland hat viele, bislang unbekannte Vorkommen dieser unscheinbaren Pflanze erbracht. Es handelt sich fast immer nur um kleine Populationen, sodass die Art zwar als Waldart kaum gefährdet ist, lokal aber schon, weil z. B. durch Bodenkompression bei Waldbaumaßnamen Fundorte verschwinden können.

Epipactis muelleri
Müllers Stendelwurz

S: 17, F: 43
H: 246, 258, 259, 260

Vegetative Merkmale: Aus dem unterirdischen Rhizom entwickeln sich bis 60 cm hohe Pflanzen, oft in Büscheln. Der **hellgrüne**, dicht **behaarte Stängel** ist von unten an beblättert, wobei die bis zu 14 hell gelblichgrünen **Blätter** etwas **zweizeilig** angeordnet stehen und sichelförmig nach außen und unten gebogen sind. Sie sind bis 9 cm lang und bis 4 cm breit, **am Rande gewellt**, die Nervatur ist deutlich sichtbar. Nach oben werden sie immer kleiner, tragblattartig, sodass der Übergang in die unteren großen, lanzettlichen Tragblätter der Blüten praktisch kontinuierlich erfolgt.

Blütenmerkmale: Bis 45 **Blüten** am bis 23 cm langen Blütenstand **glockig hängend.** Sepalen gelbgrün, bis 12 mm lang, Petalen weißlich grün, bis 10 mm lang, alle zusammen nach vorn stehend um die Lippe, die bis 9,5 mm lang und bis 5 mm breit ist. **Hinterlippe flach schüsselförmig**, innen am Boden braun, mit Nektarbildung, Ränder weiß. **Vorderlippe** breit **herzförmig** mit zurückgeschlagener Spitze und gewelltem Rand, **Durchtritt** von Vorder- zu Hinterlippe **breit offen**, auf der Vorderlippe sind zum Grund hin einige flache Längsrippen mit grünlichem, manchmal auch zartrosa Anhauch. **Rostelldrüse** schon in der Knospe **fehlend**, Pollenschüssel flach, der Pollen zerfällt krümelig (Autogamie).

Vegetationszyklus: Der Antrieb der Stängel erfolgt Anfang Mai, Blütezeit ist Ende Juni bis Ende Juli, Aussamen ab Mitte September, durch Autogamie hoher Fruchtansatz. Früchte bis 15 mm lang und bis 8 mm dick.

Ökologie: Die Art wächst auf kalkhaltigem Grund, in trockenen Gebüschsäumen, an Waldrändern, in sehr

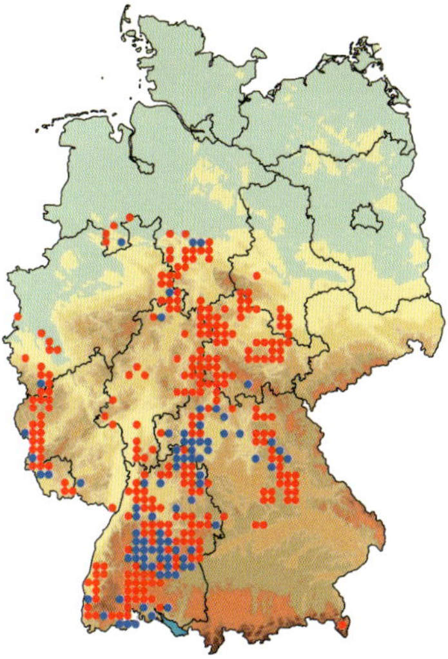

Ökologie: W.2w52-343-g
Vegetationsphase: 5–9, Blütezeit: 6–7
Verbreitung: gesamt 12 %, aktuell 9 %

lichtem Schatten. Allerdings kann sie auch im relativ lichten Buchenwald leben, wobei sich dann der Wuchs erheblich ändert, lockerer wird. Die Blüten bleiben aber charakteristisch. Die Vorkommen liegen in den Mittelgebirgen, am Alpenrand bis 1.590 m.

Zytologie: 2n = (38?) 40

Variationsbreite: Die Variation betrifft besonders den Wuchs in Abhängigkeit von Lichtangebot am Standort, die Unterscheidung zu *E. leptochila* ssp. *neglecta* bleibt aber durch die unterschiedliche Lippenform weiter gut möglich.

Schutz und Gefährdung: Als Art der Waldränder werden z. B. durch Wegebau Fundorte vernichtet. In der Summe ist keine besondere Gefährdung erkennbar.

Epipactis palustris
Sumpf-Stendelwurz

S: 17, F: 43
H: 246, 258

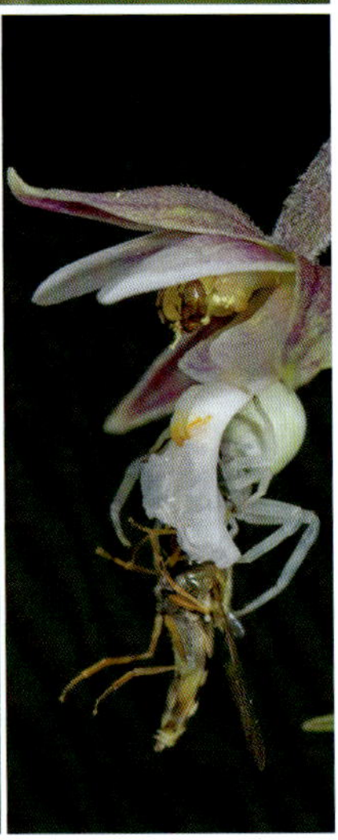

Vegetative Merkmale: Das Rhizom treibt meist mehrere Stängel, die blühend bis 50 cm Höhe erreichen, aber auch klein und steril bleiben können. Die bis 8 **steif aufrechten Stängelblätter** sind bis 9 cm lang und bis über 3 cm breit, eiförmig-lanzettlich und lang zugespitzt, sie tragen eine **deutlich** sichtbare **Nervatur**.

Blütenmerkmale: Die bis 20 Blüten hängen an einem **lang gestielten Fruchtknoten**, am bis 13 cm langen Blütenstand sind sie locker angeordnet, oft einseitswendig, sie stehen in den Achseln lanzettlicher Tragblätter. Die **Sepalen** sind innen und außen **dunkelrot geadert**, innen auf hellgrünem Grund, bis 13 mm lang. Die **Petalen** sind **weiß mit rosa** oder rotem Anflug, bis 11 mm lang. Die **Lippe** ist bis 13 mm lang, **stark zweigeteilt**, die **Vorderlippe** ist gegen die Hinterlippe **beweglich**. Die **Hinterlippe** ist flach schüsselartig, sie trägt eine **rote Aderung** auf weißem Grund am Rand, in dem Nektar bildenden Mittelstreifen befinden sich **orangegelbe Flecken**. Die **Vorderlippe** ist **schneeweiß**, sie bildet im Umriss einen Halbkreis und ist am **Rand gekräuselt**. Am Übergang zur Hinterlippe befinden sich zwei kurze Längswülste mit unregelmäßiger Struktur, die nach vorn ein orangegelbes Band zeigen. Die Pollinien bilden eine kompakte Masse, die beim Berühren der Klebdrüse aus der voll ausgebildeten Pollenschüssel herausgelöst werden, die Art ist allogam.

Vegetationszyklus: Der Austrieb erfolgt im Mai, die Blütezeit beginnt ab Ende Juni und reicht je nach Höhenlage bis Ende Juli. Das Aussamen beginnt Anfang September, der Fruchtansatz ist sehr hoch. Die Früchte sind

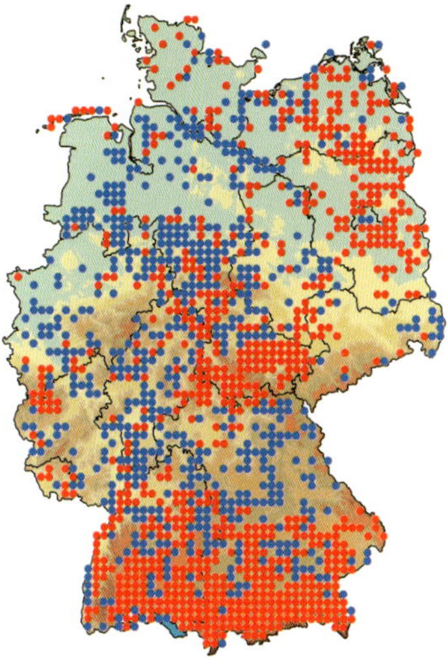

Ökologie: S. 4w42-433-g
Vegetationsphase: 5–9, Blütezeit: 6–7
Verbreitung: gesamt 48 %, aktuell 25 %

bis 25 mm lang und bis 8 mm dick. Durch Rhizomausläufer erfolgt auch eine vegetative Vermehrung.

Ökologie: Die Art wächst auf sickerfeuchtem, kalkhaltigem, stickstoffarmem Grund, der oberflächlich schwach sauer sein darf. Sie findet sich in Wiesenmooren, Hangmooren, in feuchten Dünentälern. Als Bestäuber findet sich eine Vielzahl Insekten.

Zytologie: 2n = 40 (44, 46, 48)

Variationsbreite: Die Variation betrifft hauptsächlich die Farbe der Blüten, insbesondere die der Rotanteile, die auch fehlen können.

Schutz und Gefährdung: Bedingt durch die Bindung an Feuchtgebiete ist ein erheblicher Rückgang zu verzeichnen, Eutrophierung und Verbuschung schaden besonders.

Epipactis phyllanthes
Englische Stendelwurz

S: 17, F: 43
H: -

Vegetative Merkmale: Meist **einzelne Pflanzen**, nicht in Büscheln. Diese sind eher **zierlich**, höchstens 45 cm hoch, meist kleiner. Der Stängel ist kahl, allenfalls spärlich behaart, er trägt **in** seinem **mittleren Bereich** wenige (3–6), nach unten gebogene, **grüne Blätter**. Diese sind im mittleren Bereich des Stängels angeordnet, **vom Grund** her ist ein erheblicher **Stängelabschnitt frei von Blättern**, die bis 6 cm lang und bis 5 cm breit sein können und schmal eiförmig, zum Ende zugespitzt gestaltet sind. Ihre **Ränder** sind oft **gewellt**, und schwach bewimpert.

Blütenmerkmale: Blütenstand bis 15 cm lang, er trägt bis 35 Blüten (meist erheblich weniger), die in den Achseln von lanzettlichen Tragblättern stehen, die von unten nach oben kleiner werden. Die **Blüten** sind nur **wenig geöffnet**, sie hängen **glockenartig** nach unten. Sepalen und Petalen sind innen und außen grün, 8–10 mm lang. Die Lippe ist weißlich-grün bis grün, bis 8 mm lang, in eine napf- bis **kahnförmige Hinterlippe** und eine herzförmige Vorderlippe gegliedert, deren Spitze oft nach hinten umgeschlagen ist und die am Übergang zur Hinterlippe **zwei flache, weiße Höcker** hat. Rostellum und **Klebdrüse funktionslos**, Pollenschüssel flach, Pollen krümelig zerfallend.

Vegetationszyklus: Blütezeit Mitte Juli bis Anfang August, 100 % Fruchtansatz durch Autogamie.

Ökologie: Die Art wächst in Deutschland nur an wenigen Stellen im Norden, es sind voneinander isolierte Kleinvorkommen in lichten, krautreichen Wäldchen auf frischem, kalkhaltigem Grund.

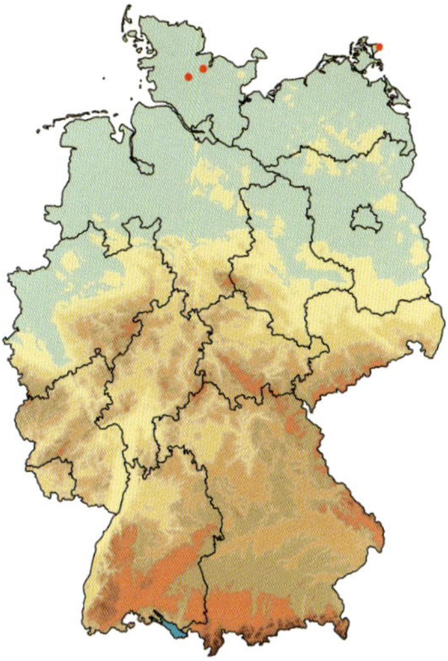

Ökologie: W.3w352-243-g
Vegetationsphase: ?, Blütezeit: 7–8
Verbreitung: aktuell < 1 %

Zytologie: 2n = 36?

Variationsbreite: Nicht von den wenigen Vorkommen in Deutschland, aber von westatlantischen Vorkommen sind diverse Formen beschrieben worden, die hauptsächlich die Reduktion der Blütenorgane, besonders der Lippe, bis hin zur Kleistogamie der Blüten betreffen.

Schutz und Gefährdung: Diese Art hat nur wenige, kleine Vorkommen in Schleswig-Holstein und auf Rügen, diese Seltenheit stellt eine Gefährdung an sich dar. Allerdings gibt es akut Berichte über weitere Funde erheblich südlicher, die noch bestätigt werden müssen. Denkbar ist, dass die Sippe doch häufiger ist.

Epipactis purpurata
Violette Stendelwurz

S: 17, F: 43
H: 246, 259, 260

Vegetative Merkmale: **Häufig** tritt **büscheliger Wuchs** der bis über 60 cm langen Blütentriebe auf. Der Stängel ist besonders am kahlen **Grund violett überlaufen**, trägt nach oben bis zu 10 spiralig um ihn angeordnete, lanzettliche, **dunkelgrüne Blätter**, die ebenfalls mehr oder minder **violett überlaufen** sein können, sie sind bis 7 cm lang und bis 3 cm breit. Im Bereich des Blütenstands ist der Stängel grau filzig behaart.

Blütenmerkmale: **Zahlreiche** (bis 45) **große, weit geöffnete Blüten** stehen oft einseitswendig angeordnet am bis 30 cm langen Blütenstand. Die bis 15 mm langen **Sepalen** und die etwas kürzeren **Petalen** sind innen **hellgrün bis weißlich grün** (manchmal auch zart rosa überlaufen) gefärbt, außen etwas dunkler grün, manchmal leicht violett überlaufen. **Lippe** bis 12 mm lang und bis 6,5 mm breit, geteilt in Vorder- und Hinterlippe, beide **mit weißer Grundfarbe**. Hinterlippe in der Form eines Napfes, innen am Grund mit Nektarbildung. **Herzförmige Vorderlippe mit rosa Schwielen** am Übergang zur Hinterlippe, zu dieser nach unten abgeknickt stehend. **Rostelldrüse** vorhanden und funktionsfähig, gut ausgebildete Pollenschüssel, es besteht Allogamie. Fruchtknoten kurz gestielt, schwach kurz behaart, bis 12 mm lang.

Vegetationszyklus: Austrieb spät, Ende Juni, rasche Entwicklung, Blüte ab Ende Juli bis Ende August. Hoher Fruchtansatz, Aussamen ab Ende Oktober. Früchte bis 17 mm lang und bis 8 mm dick, dunkelgrün.

Ökologie: Die Art wächst besonders gern in Übergangszonen, wo kalkhaltige Sedimente (Zechstein, Muschel-

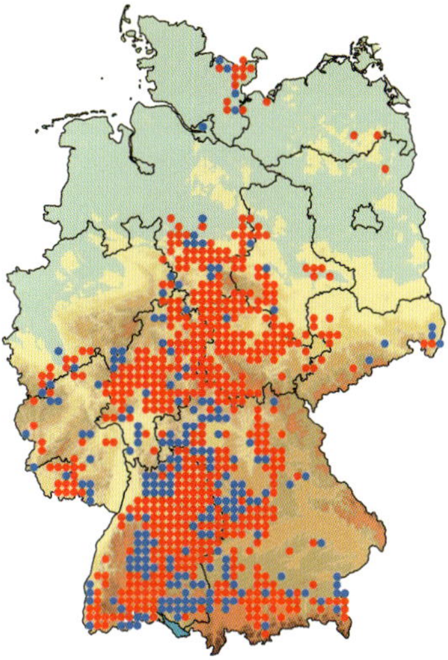

Ökologie: W.342-243-g
Vegetationsphase: 6–11, Blütezeit: 7–8
Verbreitung: gesamt 27 %, aktuell 19 %

kalk) an diluvialen Sandstein grenzt. In schattigen, sommerwarmen, humusreichen Laub- und Nadelwäldern auf frischem, kalkhaltigem, schwach saurem bis schwach basischem Grund siedelt sie in den Mittelgebirgen bis 950 m Höhe.

Zytologie: 2n = 40

Schutz und Gefährdung: Als Waldart ist die Gefährdung prinzipiell gering. Trotzdem kommt es durch Waldbaumaßnamen zu erheblichen Verlusten, einerseits, weil die Beschattung genommen wird, andererseits, weil es durch die heute üblicherweise eingesetzten schweren Maschinen im Wald zu einer erheblichen Bodenverdichtung gerade auf feuchtem Grund kommt, wodurch die Rhizome Schaden nehmen. Es kann dann einige Jahre dauern, bis sich die Bestände wieder erholt haben.

Variationsbreite: Bei keiner anderen *Epipactis*-Art sind so viele bemerkens-

Epipactis purpurata – Variabilität
Violette Stendelwurz

werte Sonderformen möglich, wie bei *E. purpurata*. Dies liegt daran, dass hier bei der Farbgebung mindestens 3 Komponenten zusammenkommen, die ganz oder teilweise fehlen oder vorhanden sein können. Dies ist einmal die normale Grünfärbung des Laubes, bedingt durch Chlorophyll, die weißliche Grundfärbung der Blüten und ein Anthocyan-Farbstoff, der die violette Überlagerung der grünen Anteile bedingt. Fällt letzterer weg, tritt der Fall ein, wie er auf der rechten Seite unten links zu sehen ist: Die Blüten werden gänzlich schneeweiß, das Blattwerk ist kräftig grün. Fällt hingegen die Grünfärbung durch Chlorophyll aus, und Anthocyan ist vorhanden, ist die ganze Pflanze einschließlich der Blätter rosaviolett (S. 142, S. 143, o. re.), nur die Blüten behalten ihre normale Farbe. Zu solchen Formen, die als „lusus *rosea*" beschrieben wurden, kann es auch teilweise kommen, sie zeigen dann panaschiertes Laub wie im Beispiel unten rechts auf S. 143. Dass blattgrünlose Pflanzen überhaupt überleben können, liegt daran, dass manche Orchideen, besonders die Arten der Gattungen *Cephalanthera* und *Epipactis*, die Bindung an Bodenpilze immer beibehalten, sodass sie ohne eigene Assimilationsleistung von diesen versorgt werden können.

Epipogium aphyllum
Widerbart

S: 17, F: 43
H: -

Vegetative Merkmale: Aus einem fleischigen, **korallenartig** verzweigtem **Rhizom** treibt die Pflanze oft mehrere, bis 30 cm (meist weit kleinere) hohe, bräunlich gefärbte Blütenstängel **ohne grüne Blätter**, es sind nur einige häutige Schuppenblätter vorhanden.

Blütenmerkmale: Schon unterirdisch werden die Knospen angelegt, die sich zu einem meist kurzen Blütenstand weiterentwickeln (selten ist dieser verlängert und kann dann bis 5 oder auch noch mehr, **relativ große Blüten** tragen). Die **gelben Sepalen** sind bis 17 mm lang, die Petalen etwas kürzer, sie stehen nach unten, während die **weißgrundige**, bis 10 mm lange, **dreilappige Lippe** nach oben weist. Diese trägt auf dem kräftigen, aufgebogenen Mittellappen **mehre Reihen roter Papillen**, die kleineren **Seitenlappen** sind **weiß**, am Grund entwickelt sie

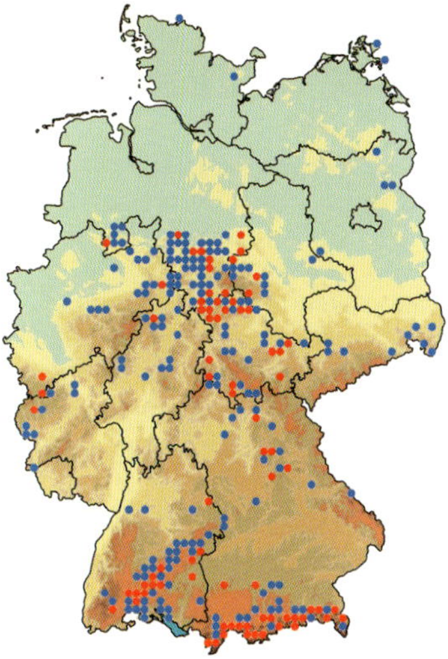

Ökologie: W.322-133-g,s
Vegetationsphase: 7–8, Blütezeit: 7–8
Verbreitung: gesamt 9 %, aktuell 2,5 %

einen **dicken**, bis 9 mm langen, **sackförmigen Sporn**.

Vegetationszyklus: Die Stängel durchbrechen Ende Juli den Boden, Blütezeit ist Ende Juli bis Anfang August, unmittelbar im Anschluss reifen die bis 20 mm langen, abgeplatteten Früchte (niedriger Ansatz), Ende August ist die Pflanze bereits vergangen.

Ökologie: Saprophyt auf basenreichen, frischen, schwach sauren Böden in schattigen Laub- und Nadelwäldern bis 1.500 m Höhe. Blüht unstet, oft jahrelang nicht.

Zytologie: 2n = 68

Variationsbreite: Minimal, die roten Papillen können auch weiß sein.

Schutz und Gefährdung: Seltene Art, durch die unregelmäßige Blüte ist die Gefährdung schwer einschätzbar, problematisch ist zu viel Licht z. B. durch Holzeinschlag.

Goodyera repens
Kriechendes Netzblatt

S: 17, F: 43
H: -

Vegetative Merkmale: Die Pflanze besitzt ein **in der Moosschicht** kriechendes, **fleischiges Rhizom**, an dessen Enden sie Blattrosetten mit 5–8 dunkelgrünen, bis 35 mm langen, zugespitzt eiförmigen Blättern entwickelt. Unter günstigen Bedingungen können **kleine Polster von Rosetten** entstehen. Entlang der Nervatur können die Blätter heller gezeichnet sein, sodass eine **Netzzeichnung** entsteht. Der Blütenstängel, der sich in der Mitte kräftiger Rosetten entwickelt, ist bis 25 cm hoch, intensiv behaart.

Blütenmerkmale: Blütenstände bis 7 cm lang (selten auch erheblich länger), **Blüten einseitswendig**. Tragblätter und Blüten aussen intensiv drüsig behaart. **Sepalen und Petalen** bis 6 mm lang, **weiß** wie auch die ungespornte, bis **5 mm lange Lippe**, die nach hinten eine muldenförmige Vertiefung hat, in der Nektar produziert wird. **Vorderteil der Lippe zungenförmig** zugespitzt.

Vegetationszyklus: Die Pflanze assimiliert über das ganze Jahr, gerade im Winter sind die Rosetten gut zu finden. Der Antrieb der Blütenstängel beginnt im Juni, Hauptblütezeit ist Mitte bis Ende Juli. Hoher Fruchtansatz, die Früchte entwickeln sich schnell, Aussamen ab Ende August. Eine Rosette, die einen Blütenstängel getrieben hat, stirbt ab, das Rhizom entwickelt aber neue Seitentriebe an diesem Ende, mit Weiterentwicklung zu neuen Rosetten.

Ökologie: Da die Pflanze in der Moos-Schicht kriecht, stellt sich die Frage, in wieweit der Boden darunter überhaupt Einfluss hat. Betrachtet man die Verbreitungskarte, wird deutlich, dass eine Bindung an die Kalkgebiete

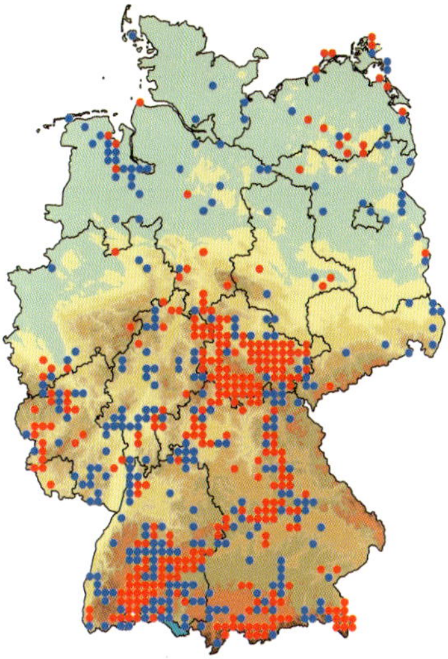

Ökologie: W.231-234-g (im Moos)
Vegetationsphase: 1–12, Blütezeit: 7
Verbreitung: gesamt 20 %, aktuell 9 %

besteht. Der Untergrund sollte basenreich sein. Sie wächst bis in 2.070 m Höhe in sommerwarmen, lichten Nadelwäldern, typisch Kiefernwäldern, mit deren Pflanzungen sie eingeschleppt wird.

Zytologie: 2n = 30 (40)

Variationsbreite: Die Intensität der Zeichnung der Blätter ist sehr unterschiedlich (vgl. S. 146 u.li., S. 147 u.re.).

Schutz und Gefährdung: Die Art taucht in neu entstandenen Kiefernwäldern auf und verschwindet mit deren natürlicher Sukzession zu Buchenwald auch wieder. Dies erklärt die relativ hohen Rückgänge, die durch verstärkten Grünpflanzenunterwuchs in Folge von Immissionsbelastungen und Waldbaumaßnamen noch erhöht werden.

Gymnadenia conopsea
Mücken-Händelwurz

S: 17, F: 44
H: 246, 247, 261, 269, 270, 271, 272

Vegetative Merkmale: Aus **handförmigen Knollen** entwickelt die Pflanze am Stängelgrund rosettig gehäufte, **lanzettliche, zugespitzte Laubblätter**, die **nach oben gekielt** sind und aufrecht abstehen. Zusätzliche Laubblätter stehen weiter oben am Stängel. Wie bei kaum einer andere Orchidee in Mitteleuropa variieren die Pflanzen in der Größe, auch **innerhalb einer Population**. Es **können kleine zierliche Pflanzen** von nur wenig über 30 cm auftreten, **daneben** auch Pflanzen von **über 1 m Höhe**. Entsprechend ändert sich die Anzahl (bis 15) und Größe der Blätter, die bis 25 cm lang und bis 4 cm breit sein können, meist aber viel kürzer und schmaler sind. Die obersten Blätter sind tragblattartig.

Blütenmerkmale: Auch die Blütenstände können sehr unterschiedlich groß sein, im Extremfall 30 cm Länge erreichen, meist sind sie aber weit kürzer. Die bis 140 kleinen Blüten stehen in lockerer oder dichter **Ähre allseitswendig** in den Achseln von Tragblättern, die länger als der Fruchtknoten sind. Die seitlichen **Sepalen sind bis 10 mm** lang, sie stehen nach seitlich unten ab, das mittlere Sepal ist bis 7 mm lang und bildet zusammen mit den bis 7 mm langen Petalen einen Helm über der Griffelsäule. **Die Lippe** ist bis 7,5 mm lang und bis 9 mm breit, deutlich **dreilappig**, die **Seitenlappen sind etwas breiter als der Mittellappen**. Am Grund der Lippe entspringt ein **dünner, langer Sporn mit Nektarbildung**, der am Ende lang zugespitzt ist, er ist **bis 19 mm** lang, etwa doppelt so lang wie der Fruchtknoten. Alle Blütenteile sind zart- bis dunkelrosa ohne Zeichnung, nur zum Lippengrund hin wird die Färbung heller.

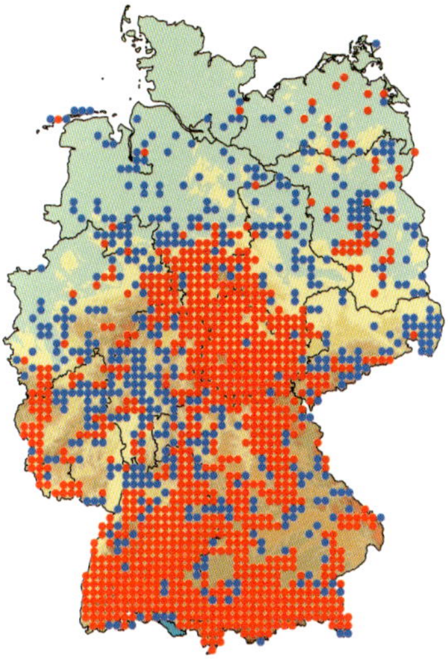

Ökologie: B.3w32-433-g
Vegetationsphase: 4–8, Blütezeit: 6–7
Verbreitung: gesamt 49 %, aktuell 30 %

Vegetationszyklus: In niedrigen Mittelgebirgslagen beginnt der Trieb im April, die Blütezeit reicht von Anfang Juni bis Ende Juli. Es besteht ein sehr hoher, nahezu vollständiger Fruchtansatz, das Aussamen beginnt Mitte August. Die reifen Früchte sind bis 15 mm lang und bis 5 mm dick.

Ökologie: Die Art besiedelt sehr unterschiedliche Biotope, die trocken bis ausgesprochen feucht sein können. Sie siedelt auf Kalk-Halbtrockenrasen, extensiven Wiesen, Moorwiesen, aber auch im lichten Kiefernwald. Auch in Niedermooren und Hangquellmooren ist sie zu finden. Zudem steigt sie im Gebirge hoch hinauf, in Deutschland bis über 2.100m, wo sie alpine Matten bewohnt. Kalkhaltiger Untergrund scheint notwendig zu sein, es werden aber auch oberflächlich schwach saure bis schwach basische Reaktionen toleriert. Nicht ungewöhnlich ist eine

Besiedlung von Sekundärbiotopen z. B. auf Halden in Bergbauregionen.

Zytologie und Genetik: 2n = 40 (80, 100, 120). Bemerkenswert ist der Befund (anhand der Sequenzierung der ITS-Segmente), dass „*densiflora*" Schwester zum Artenpaar *G. conopsea/G. odoratissima* sein soll.

Schutz und Gefährdung: Es handelt sich um eine häufige Art, deren objektivierbare Rückgänge durch den Verlust ehemaligen Lebensraums durch Nutzungswandel zu erklären sind. Eine akute Gefährdung besteht sicher nicht.

Variationsbreite: Hauptsächlich finden sich auffällige Abweichungen der vegetativen Merkmale, daneben Farbvarianten der Blüten, die z. B. auch schneeweiß sein können. Mitbedingt durch Anpassung an die sehr verschiedenen bewohnten Lebensräume, kommt es zu erheblicher Veränderungen hinsichtlich der Gestalt der Pflanzen, es versteht sich von selbst, dass Pflanzen aus humosen Feuchtwiesen kräftiger werden als z. B. Pflanzen alpiner Matten oder auch auf Halbtrockenrasen. Zudem ist bekannt, dass unterschiedliche Formen der Polyploidie auftreten, die zusätzlich das Erscheinungsbild beeinflußt haben dürften. Gerade in Sekundärbiotopen beobachtet man nach Primärbesiedlung zusätzlich Clusterphänomene, d. h. nach einem ersten Anflug von Samen entwickeln sich in der ersten Folgegeneration Pflanzen, die im Vergleich zu denen in lange bestehenden Biotopen ein reduziertes Genspektrum bieten, weil sie alle Geschwister, alle Nachkommen einer zuerst siedelnden Pflanze sind und damit eine gewisse Uniformität bieten. Mit Erweiterung des Genpools durch weiteren Samenanflug sollte sich über einige Jahrzehnte das Erscheinungsbild wieder „normalisieren". In zahlreichen

Untersuchungen wurde versucht, eine Ordnung in die Vielzahl der Formen zu bringen, ohne dass dies bisher befriedigend gelang. BAUMANN (in AHO [Hrsg.], Die Orchideen Deutschlands, 2004, S. 445 ff.) gibt eine umfassende Übersicht über die Literatur. Als Varietäten wurden beschrieben:

var. *alpina:*

Alpen-Varietät

Diese Varietät (Bilder S. 150) stellt eine Hochgebirgsanpassung dar. Die Pflanzen sind klein, meist nur wenig über 20 cm hoch, die Blütenstände sind viel kürzer und meist dunkler gefärbt. Der Stängel ist oberwärts oft rot überlaufen. Sie nähert sich in der Erscheinung den *Nigritella*-Arten an, mit denen sie auch häufig Bastarde bildet.

var. *densiflora*

Dichtblütige Varietät

(Bild rechts) Kräftige Pflanzen (tetraploid), hochwüchsig, Blätter stärker rosettig angeordnet, lange, sehr dichtblütige Blütenähre in schwach pyramidaler Form, Tragblätter relativ lang, Sporn kürzer und dicker. Blütezeit 1 Monat später als Nominatform. Vorkommen oft, aber nicht immer, in Feuchtgebieten, Sumpfwiesen, im Alpenvorland u. a. zusammen mit *Dactylorhiza incarnata, D. incarnata* ssp. *ochroleuca, Epipactis palustris* und *Anacamptis palustris.*

Gymnadenia odoratissima
Wohlriechende Händelwurz

S: 18, F: 44
H: 246, 247, 261, 270, 272, 273, 274

Vegetative Merkmale: Die Planze **ähnelt *G. conopsea*** stark, **bleibt aber insgesamt schwächer**, ist nur bis maximal 50 cm hoch. Die **Blätter** sind **schmaler**, nur bis 0,7 cm breit, **grasartig**, gekielt, bis 4 stehen rosettig genähert am Grund, nach oben gibt es noch schmale, kleinere Hochblätter.

Blütenmerkmale: Blütenstände bis 11 cm lang, schmal, zylindrisch. Deren noch **knospige Spitze** zeigt oft eine erheblich **dunklere Färbung** als der bereits erblühte Teil. Die Grundfärbung der Blüten ist rosa. Ein Blütenstand kann bis zu 80 kleine Blüten tragen. Die seitlichen **Sepalen** stehen waagerecht ab, sind **bis zu 5,5** mm lang, Petalen und mittleres Sepal sind gering kürzer und bilden einen Helm. **Lippe nur schwach dreiteilig**, bis 5 mm lang, der **nach vorn abgerundete Mittellappen** steht vorgezogen, während die kleineren Seitenlappen nur als runde Ausbuchtungen nach Aussen erscheinen. Der **Sporn ist dünn, zylindrisch, leicht nach unten gebogen, nur bis 5,5 mm lang und damit deutlich kürzer als der Fruchtknoten.** Pollinarien wie bei *G. conopsea* gestielt mit getrennten Klebscheiben. Die Blüten riechen intensiv angenehm nach Vanille.

Vegetationszyklus: Die ersten Blattanlagen entstehen im April bis Mai, Blütezeit ist Mitte Juni bis Anfang August in alpinen Lagen. Der Fruchtansatz ist recht hoch, aber nicht vollständig, die Früchte sind bis 6 mm lang und bis 4 mm dick.

Ökologie: Die Pflanze besiedelt ähnlich wie *G. conopsea* die verschiedensten Biotope, sie erreicht in Deutschland Höhen bis 2.200 m. Zu finden ist sie besonders in extensiven Feuchtwiesen und Hangmooren, sie scheint

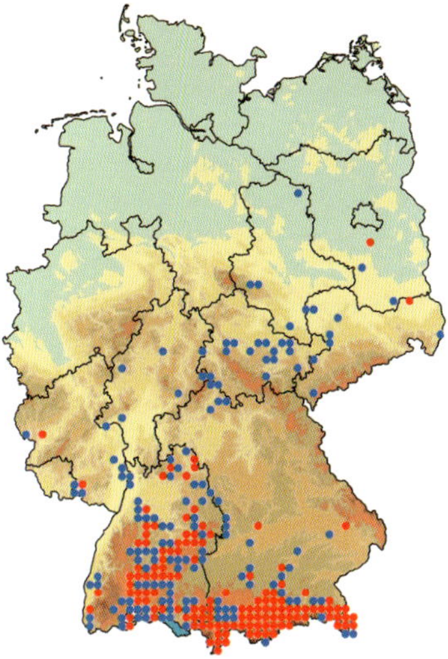

Ökologie: W(B).2w52-434-g
Vegetationsphase: 4–9, Blütezeit: 6–8
Verbreitung: gesamt 9 %, aktuell 4 %

mehr als die andere Art der Gattung auf frische oder zumindest wechselfrische Areale angewiesen zu sein. Kalkhaltiger Grund ist unabdingbar notwendig.

Zytologie: 2n = 40

Variationsbreite: Die Blütenfarbe kann von weiß bis dunkel rosa schwanken. Daneben gibt es Unterschiede in der Gestalt der Lippe. Beschrieben ist:

var. *idae*, Alpine-Varietät

Pflanzen in allen Teilen kleiner und zierlicher (nur bis 12 cm ?), Blütenstände sehr dünn.

Schutz und Gefährdung: Besonders im Norden des Gebietes sind Vorkommen schon früh geschwunden, man muss vermuten, durch Verlust extensiver Feuchtgebiete. In den Alpen liegen heute die Hauptvorkommen.

Hammarbya paludosa
Sumpf-Weichorchis

S: 18, F: 44
H: -

Vegetative Merkmale: Die **zierliche Pflanze** hat ein **vertikal mit der Torfmoosschicht mitwachsendes Rhizom,** an dessen oberen Ende (oberhalb des Mooses) sie eine **Bulbe** entwickelt. Tiefer in der Moos-Schicht ist ggf. die vorjährige Bulbe zu finden. Die obere Luftknolle **wird von 2 ungleich großen, scheidigen Blättern** umhüllt, das größere bis etwa **3 cm lang** und bis 1 cm breit, das kleinere bis etwa 2 cm lang und bis 0,5 cm breit. Beide haben einen nach oben gebogenen Rand, sodass sie sehr schmal löffelartig wirken. An den **Blattenden finden sich kleine Brutknospen** (siehe Bild unten), aus denen sich nach dem Abfallen neue Pflanzen bilden können. Der Blütenstängel entspringt an der Spitze der Bulbe und kann bis 17 cm hoch werden.

Blütenmerkmale: Die Blütenstände können bis 9 cm lang werden und bis 40 **winzige Blüten** tragen. **Die Blüten resupinieren nicht**, die tütenförmige, **bis 3 mm lange Lippe** steht nach oben. Die bis **3 mm langen seitliche Sepalen** sind nach oben gerichtet, das bis 4 mm lange mittlere steht nach unten. Die 2 mm langen Petalen sind winzig, nach hinten geschlagen. **Alle Blütenblätter sind grün**, wachsartig glänzend.

Vegetationszyklus: Die Blütezeit liegt zwischen Anfang Juli und Ende August, Aussamen erfolgt ab Mitte September. Früchte sind mit Stiel bis 5 mm lang und etwa 2 mm dick. Der Wachstumszyklus ist stark von der Wasserführung abhängig, was die sehr große Spanne der Blütezeit erklärt. Auch schwanken die Bestände, besonders der Anteil blühender Pflanzen aus gleichem Grund sehr stark.

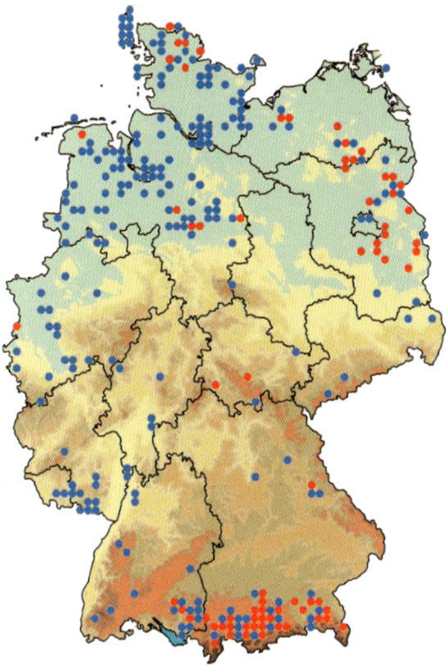

Ökologie: S. 511-432-g
Vegetationsphase: 1–12 (?), Blütezeit: 7–8
Verbreitung: gesamt 10 %, aktuell 2 %

Ökologie: Die Art siedelt in nassen, stark sauren *Sphagnum*-Mooren, in Moorwäldern, auch in Dünentälern an der Küste. Sie ist extrem empfindlich gegen Stickstoffeintrag.

Zytologie: 2n = 28

Variationsbreite: Es ist praktisch keine Variation bekannt, nur gelegentlich auftretende Monstrositäten sind zu erwähnen, z. B. gegabelte Blütenstände.

Schutz und Gefährdung: Es handelt sich um eine der sehr stark gefährdeten Arten, ihre Rückgänge sind auf den Verlust ihrer ehemals besiedelten Biotope zurückzuführen, wobei gleichermaßen Entwässerung wie Eutrophierung wirksam waren. Die Sicherung der Restbestände ist besonders wichtig.

Herminium monorchis
Kleine Einknolle, Honigorchis

S: 18, F: 44
H: -

Vegetative Merkmale: Der Name rührt daher, dass die Pflanze **zur Blütezeit nur eine kugelige Knolle** hat. Aus dieser treibt sie **zwei zugespitzt eiförmige** bis lanzettliche **Blätter**, das größere bis 7 cm, das kleinere bis 5,5 cm lang. Zusätzlich gibt es nur noch winzige tragblattartige Hochblätter am Stängel. Die ganze Pflanze wird bis 20 cm hoch. Statt Anlage einer Folgeknolle für die nächste Blühperiode bilden sich **nach dem Absterben der Mutterpflanze Ausläufer** (Stolonen), an deren Ende sich jeweils eine neue Knolle bildet, sodass auf diese Weise eine vegetative Vermehrung erfolgt. Darum ist **häufig ein Wuchs in Gruppen** zu finden.

Blütenmerkmale: Die **Blütenstände** sind **dünn**, lang gestreckt, können über 5 cm lang sein. Sie tragen bis 40 **kleine, gelbgrüne Blüten**, die **waagerecht bis nickend** abstehen. Seitliche **Sepalen bis 3,2 mm lang**, mittleres Sepal 3 mm. Petalen bis 5 mm, lippenartig in Form einer Raute gestaltet. **Lippe spornlos, bis 5,2 mm lang, 3-zipfelig ausgezogen**, der mittlere Zipfel vorstehend. Die Blüten verströmen einen **intensiven Honigduft**.

Vegetationszyklus: Die neuen Rosetten entwickeln sich im Frühjahr, Blütezeit Ende Juni bis Ende Juli. Der Fruchtansatz ist hoch. Früchte bis 5 mm lang und bis 2 mm dick.

Ökologie: Die Pflanze besiedelt sehr unterschiedliche Lebensräume, wie magere Moorwiesen, aber auch Halbtrockenrasen, wo sie besonders gern in kleinen Geländesenken wächst, die zumindest Wechselfeuchte bieten. Der Untergrund sollte basenreich sein, im schwach sauren bis schwach alkalischen Bereich gepuffert. In

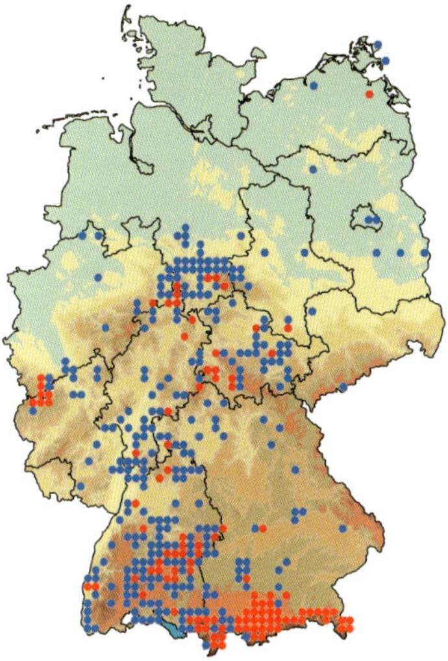

Ökologie: B.3w42-433-g
Vegetationsphase: 5–9, Blütezeit: 6–7
Verbreitung: gesamt 13,5 %, aktuell 3,5 %

Deutschland sind Fundorte bis in 1.350 m Höhe bekannt.

Zytologie: 2n = 40

Variationsbreite: Diese ist gering, die Blüten können mehr gelb oder mehr grün gefärbt sein. Bei feuchtem Wuchsort sind die Blütenstände etwas lockerer.

Schutz und Gefährdung: Es ist in Deutschland zu massiven Rückgängen gekommen, nur im Voralpengebiet ist sie noch recht verbreitet, überall sonst ist sie auf Reliktvorkommen reduziert worden, auch wenn diese lokal manchmal noch große Populationen bilden. Diese sind vordringlich zu sichern.

Himantoglossum adriaticum
Adriatische Riemenzunge

S: 18, F: 44
H: -

Vegetative Merkmale: Die Pflanze kann **bis über 80 cm hoch** werden, der Blütenstängel entspringt einer **kräftigen Rosette**, die zur Blütezeit schon am Vergehen ist. Die **Blätter** am Grund können bis 16 cm klang sein, **breit lanzettlich**, am Blütenstängel stehen weitere, kürzere und schmalere Blätter bis direkt unterhalb der Infloreszenz.

Blütenmerkmale: **Blütenstände lang gestreckt**, an dem **locker angeordnet bis 50 Blüten** stehen. Die lockere Anordnung kommt besonders dadurch zustande, dass die langen Fruchtknoten nur leicht aufwärts gerichtet sind und dadurch die **Blüten weit vom Stängel abstehen**. Die bis etwa 10 mm langen Sepalen und die etwas kürzeren Petalen bilden einen **geschlossenen Helm**, der **innen auf grünweißer Grundfarbe dunkelviolette Streifen** entlang der Nervatur zeigt. Die **Lippe ist dreilappig**, sie trägt einen **kurzen, sackförmigen Sporn** von nur **bis 3,5 mm** Länge. Die Lappen der **Lippe sind grünbraun gefärbt**, die Seitenlappen sind schmal, gekräuselt, 10–25 mm lang. Der **Mittellappen** ist **riemenförmig** bis 60 mm lang, sehr schmal, **am Ende 2-zipfelig**, oft in sich gedreht. Das **Zentrum der Lippe** ist **weiß und mit zahlreichen violetten Papillen** besetzt.

Vegetationszyklus: Wie alle Himantoglossen bildet auch diese Art Winterrosetten, aus denen sich im Frühling die Blütenstände entwickeln, Blütezeit ist Mitte Juni bis Juli. Die Art ist allogam, der Fruchtansatz liegt deutlich unter 50 %. Ob der Vegetationszyklus wie bei *H. hircinum* abläuft, ist nicht bekannt, es ist aber zu vermuten, dass *H. adriaticum* sich ähnlich verhält.

Ökologie: T.152-453-g
Vegetationsphase: 10–8 ?, Blütezeit: 6–7
Verbreitung: nicht in Deutschland

Ökologie: Sie siedelt auf kalkreichem Grund in extensiven Wiesen, auf krautigen Halbtrockenrasen, oft an Gebüschsäumen, an Wegböschungen, in Österreich, am Nordrand ihrer Verbreitung, meidet sie höhere Lagen, während sie südlich der Alpen bis in 1.600 m steigen kann.

Zytologie: 2n = 36 ?

Variationsbreite: Die Intensität der Rotanteile in der Färbung variiert, sodass auch fast grünblütige Pflanzen auftreten können. Unterschiedlich ist auch die Drehung des Mittellappens.

Schutz und Gefährdung: Die Art kommt in Deutschland nicht natürlich vor, wie bei vielen anderen Arten sind hier aber mittlerweile Ansalbungen zu beobachten. Solche Florenverfälschungen sind nicht unproblematisch, besonders dann, wenn die in Deutschland vorkommende *H. hircinum* dann mit diesem Neophyten zusammen wächst und Kreuzungen zu erwarten sind. Es wird davon abhängen, wie kälteresistent *H. adriaticum* ist, es wäre aber eine solche Ansalbung nicht der erste Fall, in dem ein Neophyt auf lange Sicht ursprüngliche Arten verdrängt hat. Aus diesem Grunde erscheint es sinnvoll, sie in dieses Buch aufzunehmen. Die eigentliche Verbreitung schließt das östliche Norditalien ein, wo sie in die Südalpentäler vordringt. Über Kroatien erreicht sie Österreich und ist bis nach Ungarn und nach Nordosten bis in die Slowakei zu finden. Den Nordalpenkamm hat sie selber nicht überschritten.

Himantoglossum hircinum
Bocks-Riemenzunge

S: 18, F: 44
H: -

Vegetative Merkmale: Die **kräftige Pflanze** erreicht **bis 75 cm Höhe.** Am Grund **entwickelt sich** schon im Spätsommer eine neue Rosette, die im Frühjahr weitere **Blätter** bildet, insgesamt **bis 14**. Die grundständigen 4–5 Blätter sind bis 21 cm lang, schmal, länglich-eiförmig zugespitzt zum Ende. Die **weiter oben** ansetzenden **Blätter** sind **stängelumfassend, aber kürzer** und schmaler. Sie hüllen den Stängel bis kurz unterhalb des Blütenstandes ein.

Blütenmerkmale: Die **breit ausladenden Blütenstände** tragen **bis zu 120 locker angeordnete Blüten**, die eine grünliche bis grünbraune Grundfarbe zeigen. Die **bis 14 mm langen Sepalen** und die etwas kürzeren Petalen bilden einen geschlossenen **Helm, innen mit rotbraunen Streifen** oder Punkten auf den Nerven. Die **Lippe** ist **3-lappig**, durch den lang vorstehenden, **riemenförmig gedrehten Mittellappen** (der am Ende kurz zweigespalten ist) **bis 67 mm lang**. Die **Seitenlappen** sind bis 28 mm lang, **am Rand gekräuselt**. Das hellere **Zentrum der Lippe** ist mit **rotvioletten Papillen** besetzt. Der **Sporn ist bis 5 mm lang**. Die **Pflanze duftet unangenehm nach Ziegenbock**.

Vegetationszyklus: Die Bildung der neuen Rosetten beginnt bereits Ende August, diese assimilieren über den Winter. Im Frühjahr erfolgt die Entwicklung der Blütenstände, die Blüte beginnt Anfang Mai und reicht bis in den Juni. Die Früchte sind bis 16 mm lang und bis 6 mm dick, das Aussamen beginnt bereits im August.

Ökologie: Sie siedelt auf Kalkmagerrasen, extensiven Wiesen, in Gebüschsäumen, bis auf 890 m. In den letzten

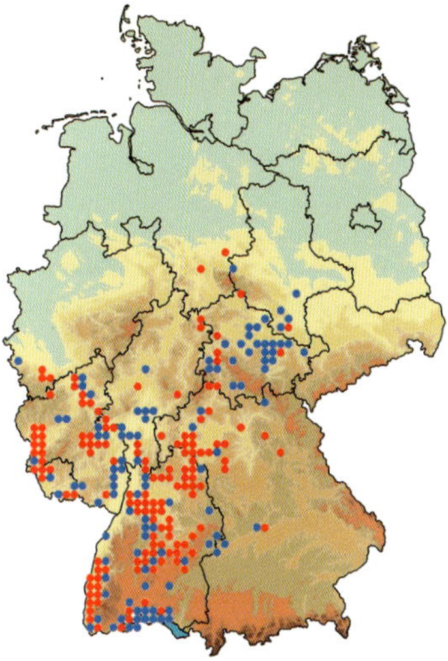

Ökologie: T.152-453-g
Vegetationsphase: 8–8, Blütezeit: 5–6
Verbreitung: gesamt 8,5 %, aktuell 5 %

Jahren zunehmende Ausbreitung nach Norden (Klima-Änderung).

Zytologie: 2n = 36

Variationsbreite: Im Grunde ist diese gering, Blüten können gänzlich weißgrün sein, Länge und Teilung der Lippe können variieren.

Schutz und Gefährdung: Die Art hat zwar Wuchsorte verloren, sie erobert aber aktuell wieder neue nach Norden hin. Eine gravierende Gefährdung besteht nicht, solange potentielle Biotope erhalten werden.

Limodorum abortivum
Violetter Dingel

S: 18, F: 45
H: -

Vegetative Merkmale: Aus einem unterirdischen, fleischigen Rhizom entwickeln sich **oberirdische, blühfähige Sprosse ohne grüne Blätter**, die **bis 75 cm hoch** sein können. Am kräftigen, **violett-blauen Stängel** liegen mehrere, ebenfalls violette Stängelblätter dicht an.

Blütenmerkmale: Die Blütenstände sind bis 32 cm lang, sie tragen bis **20 große Blüten**, die in den Achseln grünlich-violetter Tragblätter sitzen. Die **Blüten** zeigen ebenfalls **vorrangig violette Farben**, die bis 23 mm langen Sepalen sind etwas länger als die schmal lanzettlichen Petalen. Die **2-gliedrige Lippe** hat eine kurze Hinterlippe, die einen bis **20 mm langen, abwärts weisenden, nektarführenden Sporn** hat. Die bis 15 mm lange **Vorderlippe** ist **gegenüber** der **Hinterlippe beweglich**, ihre Ränder sind nach oben gebogen. Sie zeigt eine dunklere, violette Strichzeichnung. In der Mitte der Blüte steht das sehr lange Gymnostemium.

Vegetationszyklus: Die Blütezeit reicht von Ende Mai bis Mitte Juli. Die Fruchtkapseln sind bis 37 mm lang und bis 10 mm dick, der sehr hohe Fruchtansatz deutet auf Autogamie. Es ist auch bekannt, dass in trockenen Jahren die Stängel die Erde nicht durchbrechen, sondern unterirdisch „blühen“ und fruchten. Ab Mitte August samen die Früchte aus.

Ökologie: Nördlich der Alpen gedeiht diese Pflanze nur in den ausgesprochenen Wärmeinseln an Oberrhein und Mosel, sowie in der Pfalz. Sie besiedelt Flaumeichengebüsche, lichte Kiefern-Mischwälder, Gebüschsäume, es besteht keine spezifische Bindung an Kalk im Boden, die Art wächst auch

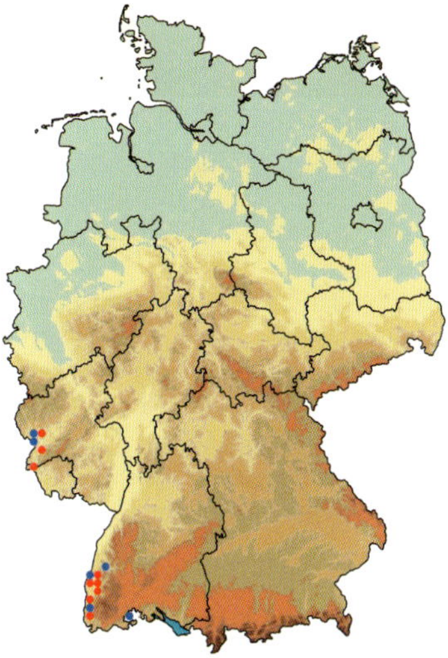

Ökologie: W.242-354-g,s
Vegetationsphase: 5–8, Blütezeit: 5–7
Verbreitung: gesamt 0,55 %, aktuell 0,27 %

auf schwach saurem Grund, gern auf tiefgründigen Lehm- und Lössböden bis maximal 430 m in Deutschland.

Zytologie: 2n = 56 (64 ?)

Variationsbreite: Die Färbung der Blüten kann in Südeuropa erheblich variieren, von weiß über violett bis rot, wenngleich solche Blütenfarben in Deutschland bislang nicht beobachtet wurden. Gerade in Deutschland beobachtet man aber bei wenig Sonne und Wärme beim Aufblühen, dass sich die Blüten nicht oder nur unvollständig öffnen.

Schutz und Gefährdung: Es handelt sich um eine sehr seltene Art, wodurch eine erhebliche Gefährdung besteht. Die wenigen Fundorte müssen streng geschützt werden.

Liparis loeselii
Torf-Glanzkraut

S: 18, F: 45
H: -

Vegetative Merkmale: Die **kleinen Pflanzen** werden nur **bis 17 cm** hoch. **Am Grund** tragen sie zwei **fettig glänzende, zugespitzt** eiförmige **Blätter**, die aufrecht stehen.

Blütenmerkmale: Die **lockeren Blütenstände** werden bis 7 cm lang, tragen **bis 11 (selten auch mehr) gelblichgrüne Blüten**, die in den Achseln winziger Tragblätter stehen. Die **Blüten** stehen etwas **„schief"**, weil sie **nicht vollständig resupinieren**. Die **linealischen Sepalen sind bis 10 mm** lang, die zwei seitlichen weisen nach unten, hinter die Lippe, das **mittlere Sepal steht aufrecht**. Die Petalen sind fast fadenförmig schmal, wenig kürzer als die Sepalen und stehen zur Seite ab. Die **bis 10 mm lange Lippe** ist **nach unten gebogen**, ihre **Ränder** sind längsrinnig **nach oben gewölbt**, sie ist **spornlos**. Eine funktionsfähige Rostelldrüse ist vorhanden.

Vegetationszyklus: Die Pflanze treibt ab Anfang Mai die Blätter, sie blüht im Juni. Die derben, zum Ende abgestumpfen Fruchtkapseln sind mit Stiel bis 13 mm lang und und bis 5,5 mm dick, sie samen erst im Februar aus. Der Fruchtansatz ist sehr hoch, sodass Autogamie zu vermuten ist.

Ökologie: Die Pflanze siedelt in Quellsümpfen, im Kopfbinsenried, in Mooren, Moorwiesen, sie ist auf hohe Feuchtigkeit angewiesen, zumindest auf zeitweilige Überschwemmung. Notwendig sind milde, extrem stickstoffarme Sumpfhumus- oder Schlickböden über kalkhaltigem Grund. Sie erreicht in Deutschland 885 m Höhe.

Zytologie: 2n = 26 (32)

Variationsbreite: Die Art ist sehr konstant ohne besondere Variabilität.

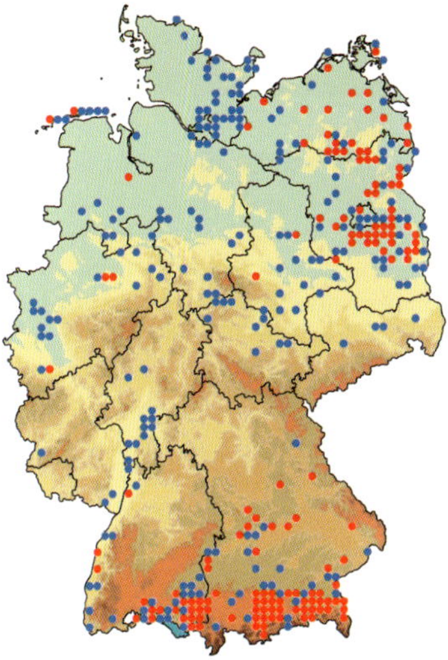

Ökologie: S. 521-443-g
Vegetationsphase: 5–2, Blütezeit: 6
Verbreitung: gesamt 12 %, aktuell 5 %

Schutz und Gefährdung: Die strenge Bindung an Feuchtgebiete, die besonders unter den Einflüssen der Menschen gelitten haben, bedingt einen hohen Rückgang in Deutschland. Auf die noch bestehenden Vorkommen wirken Immisionsbelastungen weiter ein. Diese, dazu Stickstoffeintrag aus der Landwirtschaft in die meist im Talgrund gelegenen Feuchtgebiete, lassen die Chancen für diese kleine Pflanze nicht gut erscheinen und haben für Aussterben in weiten Teilen Deutschlands gesorgt. Die aktuellen Vorkommen bedürfen strengsten Schutzes. Eine neue Chance kann sich bei Sekundärvorkommen in ehemaligen Tagebergbauarealen bieten, wenn es gelingt, dort den Wasserspiegel zu stabilisieren.

Malaxis monophyllos
Einblättrige Weichwurz

S: 18, F: 45
H: -

Vegetative Merkmale: Die Pflanze hat **am Grund 2 Sprossknollen**, eine ältere, blattlose (siehe Bild S. 167, u. li.) und eine **neue, die ein** (selten 2) **eiförmiges, bis 9 cm langes**, wie eine Tüte eingerolltes **Blatt** trägt, aus dessen Mitte der bis 30 cm lange Blütenstängel entspringt.

Blütenmerkmale: Die **Blütenstände** sind **bis 15 cm lang** und locker von **bis zu 80 sehr kleinen, grünen Blüten** besetzt, die **auf dem um 360° gedrehten Fruchtknoten** vom Stängel abstehen. Durch diese Drehung stehen die **bis 3 mm langen Lippen nach oben**, wie eine Kappe über der sehr kurzen Griffelsäule. Die Sepalen und die etwas schmaleren Petalen sind kurz, nur bis 3 mm lang.

Vegetationszyklus: Blattantrieb im Mai, Blütezeit Mitte Juni bis Anfang August, Aussamen ab Oktober. Der Fruchtansatz wird zwischen 23 und 65 % angegeben, es ist Allogamie anzunehmen.

Ökologie: Typischerweise besiedelt sie Areale, an denen Hangdruckwasser austritt, daher findet man sie gern an schattigen Weg- und Strassenböschungen auf schwach saurem bis schwach basischem Grund, Stickstoff wird relativ toleriert. Nässe ist immer notwendig, in der Höhe geht sie bis 1.800 m.

Zytologie: 2n = (28) 30

Variationsbreite: Sie ist sehr konstant, ohne Varianz, lediglich die Zahl der Blätter kann schwanken.

Schutz und Gefährdung: Die Hauptvorkommen im Alpenraum erscheinen stabil. Merkwürdig sind immer wieder beobachtete Vorkommen weit außerhalb des eigentlichen Areals, wo dann wenige Pflanzen über einige Jahre auf-

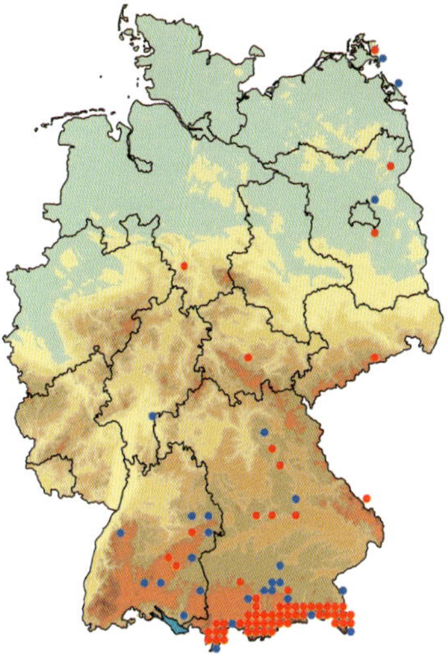

Ökologie: S. 4w42-333-g
Vegetationsphase: 5–10, Blütezeit: 6–8
Verbreitung: gesamt 3 %, aktuell 2 %

treten und wieder verschwinden. In der Summe besteht nur eine geringe Gefährdung.

Neotinea tridentata
Dreizähniges Knabenkraut

S: 18, F: 45
H: 246, 261

Vegetative Merkmale: Die **Pflanze** entwickelt sich aus 2 länglichen, eiförmigen Knollen, **sie wird ca. 25 cm hoch**, selten bis 40 cm. Der Stängel schiebt sich **aus der Winterrosette** empor, die aus bis 4 **silbrig blaugrünen Blättern** (im Frühling bis 11 cm lang, breit-lanzettlich) besteht. **Stängelumfasssend** finden sich **weitere** 2–4 Blätter, die auch den austreibenden Blütenstand schützen.

Blütenmerkmale: Voll aufgeblüht sind die **Blütenstände kugelförmig**, bei sehr starken Pflanzen eiförmig verlängert, **bis 9 cm lang. Bis 70 Blüten** stehen in den **Achseln häutiger Tragblätter**, die knapp so lang wie der Fruchtknoten sind. Sepalen (bis 12 mm lang) und schmalere Petalen (bis 8 mm lang) bilden einen **Helm, bei dem die längeren Sepalen am Ende etwas nach außen gebogen sind**, wodurch **3 Spitzen** zu sehen sind. Die **Lippe ist 3-lappig**, bis etwa **12 mm breit und 10 mm lang**, alle **Lappen** sind **nach außen verbreitert**, besonders der Mittellappen, der **in der Mitte** zwischen seinen Endlappen **ein kleines, spitzes Zähnchen** trägt. **Sepalen und Petalen** tragen eine **violette Zeichnung** der Nervatur, die **Lippe hat rotviolette Flecken** auf weißem Grund. **Abwärts gebogener Sporn bis maximal 2/3 so lang** wie der Fruchtknoten.

Vegetationszyklus: Anfang Oktober entwickeln sich die Winterrosetten, die auffällig silbrig blaugrün sind. Am Ende der Wachstumsperiode, Anfang Mai bis Anfang Juni folgt die Blüte, die Früchte (bis 12,5 mm lang und bis 4,5 mm dick) entwickeln sich schnell, sie samen ab Anfang Juli aus. Der Fruchtansatz ist für eine allogame Art hoch.

Vgl.: Einleitung zur Gattung *Orchis*, S. 206

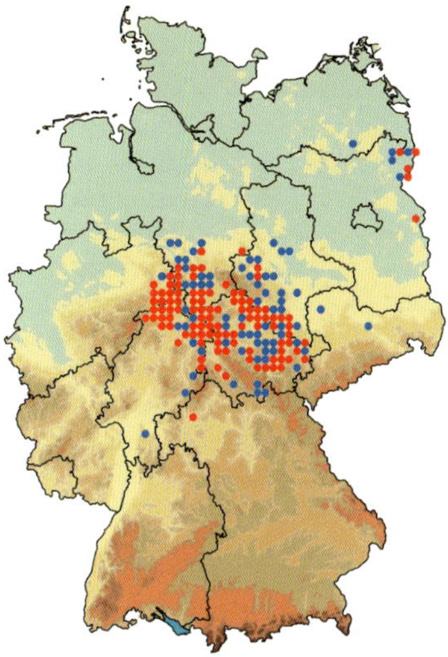

Ökologie: T.2w42-453-g
Vegetationsphase: 10–7, Blütezeit: 5–6
Verbreitung: gesamt 6 %, aktuell 3,5 %

Ökologie: Sie siedelt auf offenen Halbtrockenrasen (auch in extensiven Wiesen), vorzugsweise über Zechstein, immer aber über Kalk.

Zytologie: 2n = 42

Variationsbreite: Die Bilder demonstrieren die hohe Variabilität der Blütenformen und Zeichnungen, es gibt Blütenalbinos wie auch extreme Überfärbungen. Gelegentlich treten auch Pflanzen mit weit geöffneten Helmen auf.

Schutz und Gefährdung: Den Bemühungen des Naturschutzes ist es zu verdanken, dass besonders die großen Populationen im Zentrum Deutschlands weitgehend gesichert wurden, auch wenn sie weiterer regelmäßiger Pflege bedürfen.

Anmerkung: Das Verbreitungsgebiet in Deutschland wird von *N. ustulata* weitgehend ausgespart; wo beide zusammen vorkommen, entstehen Hybridschwärme.

Neotinea ustulata
Brand-Knabenkraut

S: 18, F: 45
H: 246, 261

Vegetative Merkmale: Zur Blütezeit hat die Pflanze 2 fast kugelige Knollen, sie hat **20 -30** (bei var. *aestivalis* **bis 80**) cm hohe Blütenstängel. Diese schieben sich **aus den Winterrosette** empor, die aus bis 4 blaugrünen Blättern (im Frühling bis 8 cm lang, eiförmig-lanzettlich) bestehen. Weitere, **bis 6 stängelumfasssende Blätter** hüllen den austreibenden Blütenstand ein.

Blütenmerkmale: Der **aufblühende Blütenstand** ist **kegelförmig**, an der **Spitze schwarzrot**, er streckt sich **beim weiteren Aufblühen und wird walzlich und lockerer**, bis 10 cm lang (bei spätblühenden Pflanzen auch erheblich länger). **Bis 70 (130) kleine Blüten** stehen in den Achseln häutiger Tragblätter, die knapp so lang wie der Fruchtknoten sind. **Bis 5 mm lange Sepalen** und bis 3 mm lange Petalen **bilden einen geschlossenen Helm**, der oberseits **zuerst dunkelrot ist, später immer heller wird. Innen** zeigt der **Helm grüne Streifen** entlang der Nervatur. Die **Lippe** ist tief **3-lappig**, bis 6,5 mm lang, **rot gefleckt**, der Mittellappen kräftiger als die Seitenlappen und an der Spitze kurz zweigeteilt. **Der Sporn ist abwärts gekrümmt, bis 1/3 so lang** wie der Fruchtknoten.

Vegetationszyklus: Die Winterrosetten, die auffällig blaugrün sind, entwickeln sich im Oktober. Ende April bis Ende Juni (Juli) folgt die Blüte, bei geringem Fruchtansatz samen die Früchte (bis 11 mm lang und bis 4 mm dick) ab Juli (ab September bei der spätblühenden Form) aus.

Ökologie: Sie siedelt auf Kalkmagerrasen, mageren Wiesen, auch subalpin auf neutral bis schwach saurem Grund. In Deutschland steigt sie bis zu einer Höhe von 1.900 m.

Vgl.: Einleitung zur Gattung *Orchis*, S. 206

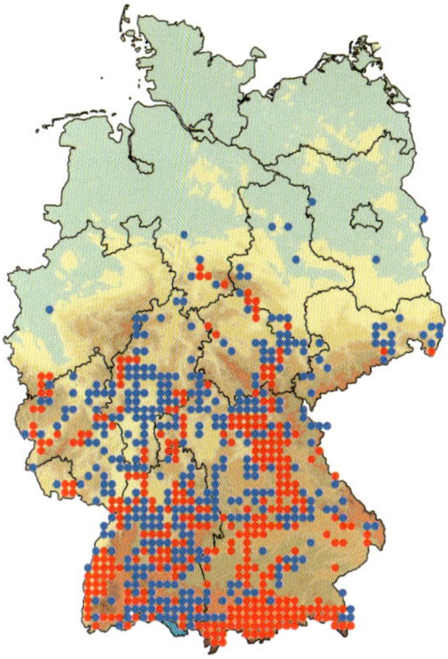

Ökologie: T.2w32-433-g
Vegetationsphase: 10–9, Blütezeit: 4–8
Verbreitung: gesamt 24 %, aktuell 11 %

Zytologie: 2n = 42

Variationsbreite: Die Blütenfarbe kann erheblich variieren bis hin zu albinotischen Formen. Vor allem kann die Blütezeit unterschiedlich sein, wobei spätblütige Exemplare sich an erheblich höhere Vegetation anpassen müssen und dadurch meist gestreckter sind. Sie wurden beschrieben als:

var. *aestivalis*, Spätblütige Varietät
Die Blütenmorphologie unterscheidet sich nicht. Es gibt sogar spätblühende kleine Pflanzen, sodass man hier von einer Anpassungsform, z. B. an lokale Weidenutzungsformen reden sollte. Beide Varietäten wachsen an gleichem Wuchsort. Das Bild u.re. zeigt eine solche Pflanze, die Ende Juli blühte.

Schutz und Gefährdung: Die Statistik weist erhebliche Rückgänge aus. Relativ stabil erscheint sie im Voralpenraum.

Neottia cordata
Kleines Zweiblatt

S: 18, F: 45
H: -

Vegetative Merkmale: Aus einem **unterirdisch kriechenden Rhizom** entwickeln sich oft mehrere **oberirdische Triebe** (Gruppenbildung), an denen **2 rundlich herzförmige**, gegenständige, bis 2,6 cm lange **Blätter** gebildet werden. An kräftigen Trieben wächst dieser Stängel weiter und bildet am Ende einen Blütenstand, die **ganze Pflanze wird** so **bis 14 cm hoch**, sie ist fein flaumig behaart.

Blütenmerkmale: Die **Blütenstände** am Ende des Stängels werden **bis 33 mm lang** und haben **bis zu 10 sehr kleine Blüten**, die an gestielten Fruchtknoten etwas von der Blütenstandsachse abstehen. Die **Sepalen sind bis 2,5 mm** lang, die Petalen sind nur gering kürzer. Die **Lippe ist bis 6 mm lang**, gleich am Grund stehen zur Seite 2 **kleine, zugespitzte Seitenlappen** ab, der **Mittellappen ist am Ende lang 2-zipfelig gespalten**. An der Lippenbasis findet sich eine **kleine Grube, in der Nektar produziert** wird. Alle Blütenteile sind grünlich, mehr oder minder rotbraun überlaufen. Die Griffelsäule ist kurz, zugespitzt.

Vegetationszyklus: Im zeitigen Frühjahr, wenige Wochen nach der Schneeschmelze erscheinen die Blättchen zusammengefaltet, strecken sich zu einer kleinen, trichterartigen Struktur, in deren Mitte dann der Blütenstängel wächst, die Blütezeit ist sehr früh, je nach Höhenlage von Anfang Mai bis Ende Juli. Kurz danach Fruchtreife und Aussamen, dann vergehen die Pflanzen. Der Fruchtansatz ist niedrig (Allogamie), die Früchte sind bis 5,5 mm lang und bis 2,7 mm dick.

Ökologie: Die Pflanze benötigt hinreichend Feuchte, sodass sie meist in Torfmoos-Polstern in schattigen Na-

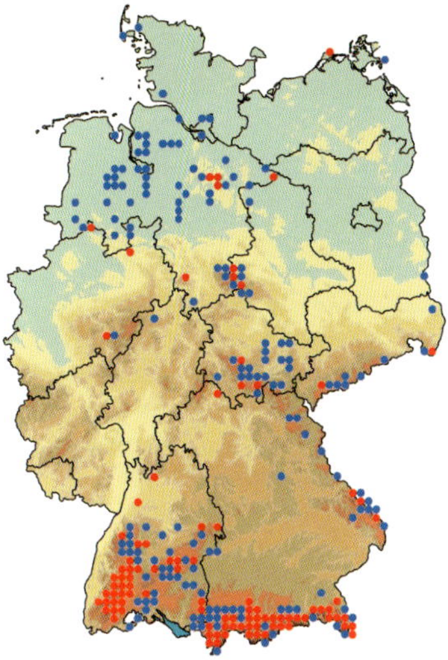

Ökologie: W.411-122-g
Vegetationsphase: 4–8, Blütezeit: 5–7
Verbreitung: gesamt 9 %, aktuell 3 %

delwäldern oder Moorwäldern wächst, das Substrat ist in jedem Fall sauer bis stark sauer, Stickstoffeintrag wird nicht toleriert. In Deutschland wurde sie bis in 2.000 m Höhe gefunden.

Zytologie: 2n = 34 (u. a.)

Variationsbreite: Die Blüten können unterschiedlich intensiv rot gefärbt sein, ansonsten gibt es verschiedene Monstrositäten.

Schutz und Gefährdung: Die Statistik weist starke Rückgänge aus, besonders die Tieflandfundorte sind fast alle erloschen. Häufiger ist sie nur noch in den Alpen und in den hohen Lagen der Mittelgebirge. Auch hier ist aber ein hoher Rückgang durch die heute übliche Bewirtschaftung der Nadelwälder eingetreten.

Neottia nidus-avis
Vogel-Nestwurz

S: 19, F: 46
H: -

Vegetative Merkmale: Die Pflanze besitzt **keine grünen Blätter**, aus dem kräftigen, unterirdischen Rhizom entwickeln sich **bis 35 cm hohe Triebe.** Diese haben einen **fleischigen,** weißlich bis **bräunlichen** Stängel, der am Grund einige (bis 4) weißliche, kurze Scheidenblätter trägt, die bis 6 cm lang sein können.

Blütenmerkmale: Der **Blütenstand** ist meist erheblich **länger als die halbe Pflanzenhöhe,** ganz unten hat er oft einige vereinzelt stehende Blüten, nach oben stehen diese dichter, sie sind **in der Regel hellbraun befärbt.** Die bis **6 mm langen Sepalen** sind breiter als die Petalen, zusammen bilden sie einen lockeren Helm. **Die Lippe ist bis 13 mm lang,** in **2 nach unten und außen biegende, abgerundete Lappen gespalten.** An der Lippenbasis befindet sich eine Grube, in der Nektar produziert wird.

Vegetationszyklus: Die von den weißen Scheidenblättern fest eingeschlossenen Triebspitzen öffnen sich im April, und die anfangs fast eiförmig wirkenden Pflanzen strecken sich bis zum Beginn der Blütezeit Mitte Mai. Nach deren Ende entwickeln sich bis 16 mm lange und bis 8 mm dicke Früchte, die ab September aussamen.

Ökologie: Die Pflanze wächst in schattigen, frischen Wäldern über kalkhaltigem Grund in der Humusschicht.

Zytologie: 2n = 36

Variationsbreite: Besonders auffällig sind Farbvarianten, die Pflanzen können schwefelgelb oder auch schneeweiß blühen. Besonders bei relativ viel Sonnenlicht am Wuchsort sieht man oft vergrünende Exemplare. Daneben gibt es diverse Monstrositäten der Blüten.

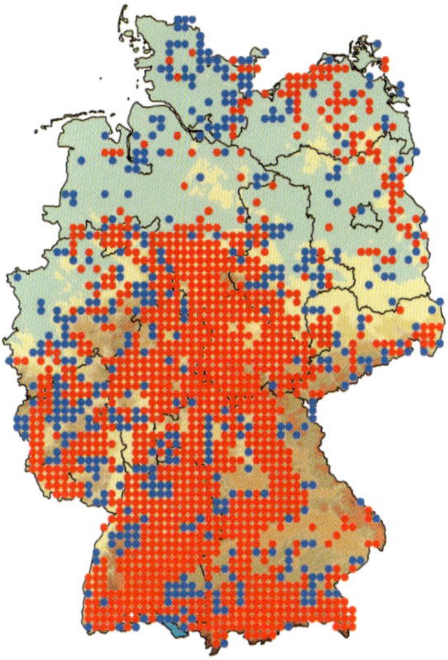

Ökologie: W.333-133-g,s
Vegetationsphase: 4–9, Blütezeit: 5–6
Verbreitung: gesamt 55 %, aktuell 37 %

Schutz und Gefährdung: Als Waldpflanze ist die Art nicht gefährdet. In günstigen Jahren kann man große Gruppen dieser Pflanzen besonders in Kalkbuchenwäldern finden.

Anmerkung: Erst kürzlich wurden die Mykorrhizza-Pilze und die Samenkeimung mit diesen genauer untersucht (McKendrick et al., 2002). Je näher die Samen der Mutterpflanze zu Boden fallen, desto größer ist die Wahrscheinlichkeit, dass sie erfolgreich keimen, schon 5 m entfernt gelingt dies den Samen kaum noch. Eine asymbiontische Keimung konnte bislang nicht erreicht werden. Bei den Pilzen handelt es sich um *Sebacina*-Arten.

Neottia ovata
Großes Zweiblatt

S: 19, F: 38, 46
H: -

Vegetative Merkmale: Die **Pflanze wird bis 60 cm hoch**, sie entwickelt sich aus einem Trieb des unterirdischen Rhizoms. Bei etwa 1/4 des Länge des Stängels vom Grund her trägt dieser **2 gegenständige, bis 14 cm lange, breit eiförmige** bis ovale Blätter. Unterhalb des Blattpaares ist der Stängel kahl, darüber drüsig behaart.

Blütenmerkmale: Die Blütenstände sind bis 25 cm lang und locker aus bis zu **65 grünen bis gelbgrünen Blüten** aufgebaut, die am gestielten Fruchtknoten vom Stängel abstehen. **Sepalen bis gut 5 mm** lang, sie bilden zusammen mit den geringfügig kürzeren Petalen einen lockeren Helm. Die **Lippe ist bis 11 mm lang, tief zweigespalten** in 2 nach außen abgerundete Lappen. An der Lippenbasis wird **Nektar** gebildet, der auf der Mitte der Lippe **in einer Saftspur herabrinnt.**

Vegetationszyklus: Ende April erscheinen zunächst die 2 tütenförmig zusammengerollten Blätter, in deren Mitte der Blütenstand. Blütezeit ab Mitte Mai bis Mitte Juni, Fruchtreife direkt anschließend. Der unvollständige Fruchtansatz spricht für Allogamie. Die keulenförmigen Früchte werden (mit Stiel) bis 14 mm lang und bis 5,5 mm dick.

Ökologie: Die Pflanze ist relativ tolerant gegenüber Stickstoff, zudem nicht an Kalk gebunden, sodass sie sich sogar in der „Kultursteppe" z. B. in Gebüschsäumen behaupten kann. Auch sonst ist sie sehr tolerant, siedelt auf Halbtrockenrasen, im Gebüsch, sowie an Waldrändern. Allerdings benötigt sie etwas Feuchtigkeit zum Gedeihen. In den Alpen steigt sie bis 1.900 m Höhe empor.

Zytologie: 2n = 34 (u. a.)

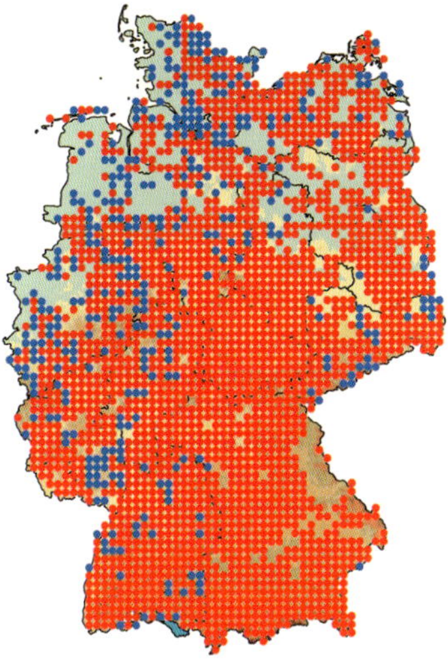

Ökologie: S. 3w33-333-g
Vegetationsphase: 4–7, Blütezeit: 5–6
Verbreitung: gesamt 82 %, aktuell 67 %

Variationsbreite: Besonders die Anzahl der Blätter kann variieren, es können auch viele sein. Recht häufig findet man Monstrositäten der Blütenstände mit Gabelungen. Form und Größe der Blüten sind ebenfalls variabel. Nicht selten findet man Gruppen mehrerer Pflanzen beeinander.

Schutz und Gefährdung: Eine unmittelbare Gefährdung besteht in Deutschland nicht, wie auch die Statistik zeigt. Dies liegt mit Sicherheit an ihrer erheblichen Toleranz hinsichtlich Bodenansprüchen und gegenüber Stickstoffeintrag.

Neottianthe cucullata
Kapuzen-Nacktdrüse

S: 19, F: 46
H: -

Vegetative Merkmale: Die schlanke, zierliche Pflanze wird bis 30 cm hoch. Der Blütenstängel entspringt aus **2 (3) zugespitzten**, schmal eiförmigen, etwas ledrigen, bis etwa 9 cm langen Blättern. Zusätzlich finden sich am Stängel noch 1–2 tragblattartige, schmale Blättchen.

Blütenmerkmale: Die Blütenstände sind **einseitswendig**, bei kräftigen Pflanzen bis über 10 cm lang, die bis über 20 (meist weniger) Blüten tragen können. Deren Fruchtknoten entspringt den Achseln von Tragblättern, die dem Stängel scheidig anliegen. Der Fruchtknoten ist gebogen, sodass die Blüten parallel zum Stängel angeordnet sind. Sepalen und Petalen sind bis 8 mm lang, sie bilden einen **geschlossenen Helm**, dessen Spitze nach oben gewölbt steht. Die Lippe ist bis 9 mm lang, 3-lappig, alle Lappen sind zugespitzt, der Mittellappen ist breiter und länger als die Seitenlappen. Der bis 6,5 mm lange **Sporn der Lippe beginnt dick und verschmälert sich konisch, um mit einer kugeligen Verdickung zu enden.** Dabei **biegt er sich kräftig nach vorn.** Bis auf die Lippenbasis sind alle Teile der **Blüte rosa bis rosa-violett** gefärbt, die Lippenbasis ist weiß und trägt darauf mehrere dunkelrosa Flecken.

Vegetationszyklus: Die Blütezeit ist auffällig spät, beginnt Ende Juli, Hochblüte um den 1. August. Es besteht ein hoher Fruchtansatz, der aber nicht vollständig ist, die Früchte sind kolbenförmig und gebogen, bis 12 mm lang und 4–5 mm dick. Als Bestäuber wurden mehrfach Hummeln beobachtet (siehe S. 179, u.li.).

Ökologie: Die Pflanze siedelt zusammen mit *Goodyera repens* in der schwach sauren Humusschicht in halbschattigen, moosigen Fichten- und Kiefernwäldern über sandigem Grund.

Zytologie: 2n = 42

Variationsbreite: Die Intensität der Grundfarbe der Blüten kann heller oder dunkler rosa sein, in seltenen Fällen können die Blüten auch schneeweiß ohne jede Zeichnung sein.

Anmerkung: Die Pflanze hat ein riesiges Verbreitungsgebiet von Japan durch Asien bis nach Polen. Hier ist sie historisch bis in die Nähe von Posen vorgedrungen (deswegen wurde sie hier auch aufgenommen), wenngleich aktuelle sichere Fundorte weiter östlich im äußersten Nordosten Polens liegen, wo auch die Bilder herstammen.

Ökologie: W.242-344-g
Blütezeit: 7–8
Verbreitung: Westlich bis Polen

Gattung Nigritella
Kohlröschen

Die systematische Problematik der Gattung *Nigritella* wurde bereits am Anfang dieses Buches umfassend dargestellt. Die Anpassung an die Hochgebirgssituation hat dazu geführt, dass die Pflanzen besondere Strategien entwickelt haben, trotz extremer klimatischer Bedingungen hinreichend Nachkommen zu produzieren. Weiterhin besteht häufig Isolation von einzelnen Populationen, da zwischen den bewohnten Mattenregionen einerseits unbesiedelbare Tallagen, andererseits schroffe Gipfel einen Austausch verhindern. Die größte Verbreitung besitzt *Nigritella nigra*, von der es aber selber eine sich „normal" vermehrende, diploide Unterart (ssp. *rhellicani*) gibt, dazu eine triploide in Skandinavien (die aus nomenklatorischen Gründen die Nominatsippe ist) und die tetraploide ssp. *austriaca* in den Alpen. Immer tetraploid sind Nominatsippe und Unterarten der *Nigritella rubra*. Alle tetraploiden Sippen sind nicht zu „normaler" geschlechtlicher Vermehrung fähig, sie pflanzen sich apomiktisch fort, wodurch 100 % Fruchtansatz eintritt. Dies bedeutet, dass sie Samen auf ungeschlechtlichem Weg aus diploiden Körperzellen bilden. Im Fall von *Nigritella* wird die zur haploiden Eizelle führende Entwicklung abgebrochen, der haploide Kern der Eizelle oder ihrer Vorläufer (Embryosackmutterzelle) degeneriert und wird funktionsunfähig, die Pflanze ist weiblich steril. Stattdessen entwickelt sich ein Embryo aus einer diploiden Zelle der unmittelbaren Umgebung der Eizelle (dem sog. Nuzellus), der noch innerhalb der späteren Samenschale liegt. Dieser Embryo und die daraus entstehende Pflanze ist genetisch identisch (ein echter Klon) zu seiner Mutterpflanze wie alle anderen Nachkommen einer solchen Pflanze. Auf diese Weise wird auch unter sehr ungünstigen Bedingungen eine Vermehrung durch Samen sichergestellt. Im Gegensatz zu den Eizellen (und damit Samen) entwickeln sich die Pollen normal, sodass die Pflanzen männlich fertil bleiben und z. B. als Kreuzungspartner für Hybriden in Frage kommen. Die Konsequenzen sind klar. Kommt es irgendwo zu einer Neubesiedelung mit einem solchen Samen, sind alle Nachkommen reinerbige Klone zur Mutterpflanze. Tritt eine Mutation auf, tragen alle Nachkommen das gleiche mutierte Merkmal und bilden lokal völlig homogene Populationen.

Hedrén & al. (2000) haben zahlreiche verschiedene Populationen von *Nigritella*-Sippen untersucht. Anhand ihrer Ergebnisse wird deutlich, dass verschiedene Populationen, die man morphologisch z. B. „*widderi*" (oder auch „*rubra*")zuordnete, in ihrer Allelstruktur nicht gleich waren, auf „verschiedene Weise" entstanden sein müssen, während gleichzeitig andere Populationen, die als „*archiducis-joannis*" oder „*stiriaca*" in die Untersuchung eingeschlossen wurden, wiederum gleiche Allelkombinationen aufwiesen wie Populationen von „*widderi*" oder „*rubra*". Darauf lässt sich ein befriedigendes systematisches Konzept nicht aufbauen.

Bereits in der Einleitung (S. 5) wird ein praktisch anwendbares Artkonzept definiert. Die hier getroffene Gliederung erfüllt diese Bedingungen, berücksichtigt zusätzlich chorologische Gegebenheiten, und steht auch nicht im Widerspruch zu den genannten genetischen Ergebnissen.

S: 20, F: -
H: -

Nigritella nigra
Schwarzes Kohlröschen

Vegetative Merkmale: Die kleine, zierliche Pflanze treibt aus unterirdischen, handförmig geteilten Knollen einen bis 20 cm hohen Stängel, der in der Mitte zahlreicher (bis 14), rosettig angeordneter, grasartiger Blätter entspringt. Diese sind bis 9 cm lang und bis 0,5 cm breit, am Ende etwas zum Stängel hin gebogen, nur das unterste Blatt ist geringfügig breiter. Weiter nach oben am kantigen Stängel finden sich zusätzliche tragblattähnliche, schmal lanzettliche Hochblätter, die einen braunroten Saum besitzen.

Blütenmerkmale: Die Blütenstände sind knospig kegelförmig, voll aufgeblüht halbkugelig bis eiförmig, dann bis 25 mm lang, sie sind aus bis zu 75 dicht stehenden Blüten aufgebaut und duften intensiv nach Schokolade. Die Fruchtknoten sind nicht gedreht, sie entspringen ungestielt in den Achseln von zugespitzt-lanzettlichen Tragblättern, die einen feinen Stiftsaum tragen können (diesem kommt bei der Differenzierung der Unterarten Bedeutung zu). Die Lippe steht nach oben, Sepalen und Petalen nach unten, weit offen, kelchartig ausgebreitet. Die Lippe ist ungeteilt, 5–10 mm lang und bis 5 mm breit. Am Grund ist sie schwach eingeschnürt, zum vorderen Ende ist sie im Querschnitt halbkreisförmig geöffnet, oft zusätzlich etwas nach außen gebogen. Sie trägt einen unter 2 mm kurzen, sackartigen Sporn. Die Sepalen sind bis 7,5 mm lang, lanzettlich, die Petalen sind ähnlich, nur geringfügig kürzer.

Vegetationszyklus: Die Blattrosetten findet man nach der Schneeschmelze schon kräftig entwickelt, sodass man vermuten muss, dass sie sich bereits unter der Schneedecke entwickelt haben. Unmittelbar nach der Blüte (je nach Höhenlage ab Ende Juni) reifen die Früchte, die länglich eiförmig sind, bis 6 mm lang und bis 4 mm breit. Bei allen Unterarten ist der Fruchtansatz sehr hoch.

Ökologie: Die Pflanze siedelt auf alpinen Magerrasen, in offen Stellen von Zwergstrauchfluren, auf +/– neutralem, humosem Grund, meist über Kalk. Auch die *Nigritella*-Arten sind Kulturfolger, da sie sich besonders gut auf gepflegten (durch Kühe beweideten) Matten entwickeln.

Anmerkung: Die ssp. *nigra* (Nominat-Sippe) kommt in Deutschland nicht vor. Da früher die Unterarten nicht unterschieden wurden, zeigt die bei ssp. *rhellicani* abgebildete Karte die Gesamtverbreitung der Art, auch die angegebenen statistischen Zahlen sind aus diesen Daten errechnet worden.

Variationsbreite: Neben vegetativen Unterschieden durch unterschiedliche Wuchsbedingungen kann besonders die Blütenfarbe bei ssp. *rhellicani* variieren: Gefunden wurden hell rote, ziegelrote, rosa, hellgelbe bis orangegelbe oder sogar weiße Blüten.

Schutz und Gefährdung: Zwei Ursachen haben den Beständen besonders zugesetzt: Einmal der Stickstoffeintrag speziell mit anorganischen Düngern, die in kürzester Zeit eine alpine Matte in eine artenarme Fettwiese umwandeln. Zum Zweiten sind es heute die Auswirkungen des Ski-Massentourismus, vor allem, wenn Pisten mit Salzzusätzen präpariert werden.

Nigritella nigra ssp. *austriaca*
Schwarzes Kohlröschen, Österreichische Unterart

S: 20, F: -
H: 246, 262

Abgrenzung zu ssp. *rhellicani*: Voll geöffneter Blütenstand halbkugelig bis kugelig, etwa so lang wie breit oder auch kürzer. Blütenfarbe **dunkel rotpurpurn bis rotbraun**, im Schnitt eindeutig heller als ssp. *rhellicani*. Blüten etwas größer, Lippe 7–10 mm lang, etwas tütenförmig von den Seiten her eingeschlagen. Rand der unteren Tragblätter glatt oder wellig (siehe Zeichnung), nur sehr selten mit **kurzem Stiftchensaum**. Am gleichen Wuchsort blüht sie 8–12 Tage vor ssp. *rhellicani*, die Blütezeit ist kurz.

Zytologie: 2n = 80

Verbreitung: Diese Unterart wird erst seit kurzem unterschieden, die Karte zeigt bislang bekannte Funde.

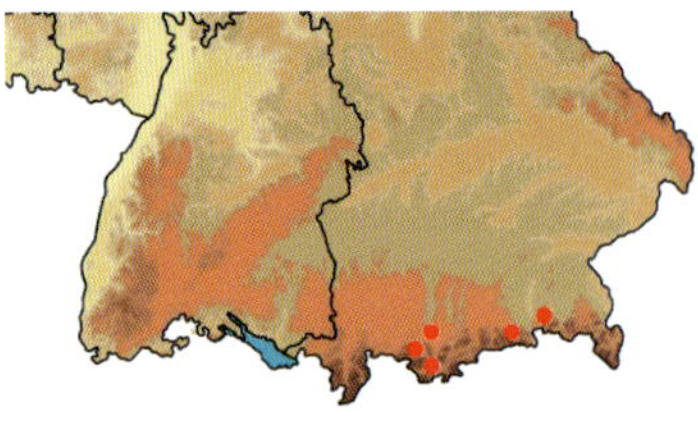

Ökologie: B.232-423-g
Vegetationsphase: 4–9, Blütezeit: Ende 6–7
Genaue Verbreitung unbekannt

S: 20, F: 46
H: 246, 247, 273, 274

Nigritella nigra ssp. *rhellicani*

Schwarzes Kohlröschen, Rhellicanus' Unterart

Abgrenzung zu ssp. *austriaca*: Voll geöffneter Blütenstand eiförmig, deutlich länger als breit. **Blütenfarbe schokoladenbraun bis dunkel rotbraun** (obwohl Farbvarianten bekannt sind, z. B. S. 189). Lippe unter 8 mm lang, nur am Grund etwas eingezogen und nicht tief eingeschnürt, vorderer Teil ausgebreitet. Untere Tragblätter der Blüten am Rand häufig, wenngleich nicht immer, mit einem Saum von 0,05–0,1 mm langen, **stiftförmigen Papillen**. Blüht knapp 10 Tage später als ssp. *austriaca*, die Blütezeit ist relativ ausgedehnt.

Zytologie: 2n = 40

Verbreitung: Die Karte schließt alle Funde von *N. nigra* s.l. ein, da die Unterarten nicht differenziert wurden.

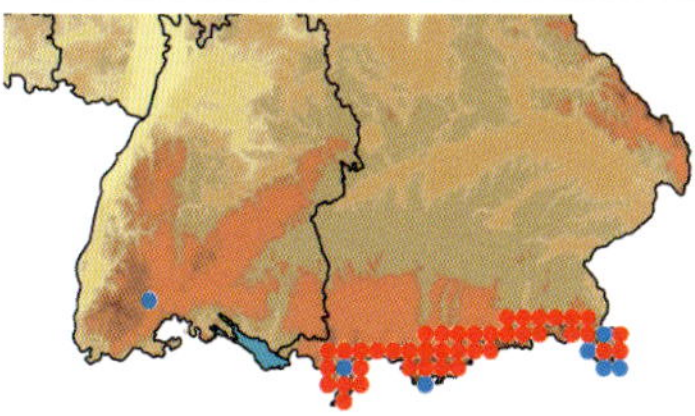

Ökologie: B.232-423-g
Vegetationsphase: 4–9, Blütezeit: Ende 6–7
Verbreitung: gesamt 1,6 %, aktuell 1,4 %

Nigritella rubra
Rotes Kohlröschen

S: 20, F: -
H: 246, 247, 262, 272

Vegetative Merkmale: Die Pflanze ist vom Aufbau *N. nigra* sehr ähnlich, bleibt im Schnitt etwas kleiner und hat etwas weniger (bis 6) Rosettenblätter.

Blütenmerkmale: **Blütenstände** aufblühend kegelförmig, voll erblüht bis 3 cm lang dann **länglich eiförmig** bis zylindrisch, deutlich länger als breit, sie können bis 100 dicht stehende Blüten tragen, die intensiv nach Vanille duften. Zwischen den in allen Teilen **leuchtend rubinroten Blüten** (Ausnahme var. *dolomitensis*) ragen die Spitzen der **dunkel braunrot gefärbten Tragblätter** (ohne deutlichen Stiftsaum) hervor. Sepalen und Petalen in Form und Größe wie bei *N. nigra*, die **Lippe** ist bis 8 mm lang und bis 5 mm breit, sie wird vom Grund her zunächst breiter bis auf 2,3 mm, ist dann sattelförmig eingeschnürt und weitet sich zur Spitze wieder, wobei die Seitenränder etwas zusammenneigen, wodurch eine **tütenförmige Struktur** entsteht. Ältere Blüten ändern etwas die Farbe, sodass die Blütenstände unten heller als oben sind.

Vegetationszyklus: Dieser unterscheidet sich kaum von *N. nigra*, nur die Blütezeit liegt etwa 2 Wochen früher.

Ökologie: Gegenüber *N. nigra* besteht eine höhere Bindung an Kalk, ansonsten werden ähnliche Wuchsorte auf alpinen Matten besiedelt, *N. rubra* ist aber bedeutend seltener als *N. nigra*. Durch Apomixis immer 100 % Fruchtansatz. Die Verbreitung ist sehr lückig durch die Alpen, auch in Deutschland ist die Art erheblich seltener als *N. nigra*.

Zytologie: 2n = 80

Variationsbreite: Betrachtet man die genetischen Daten (siehe Einleitung S. 180), wird verständlich, warum ne-

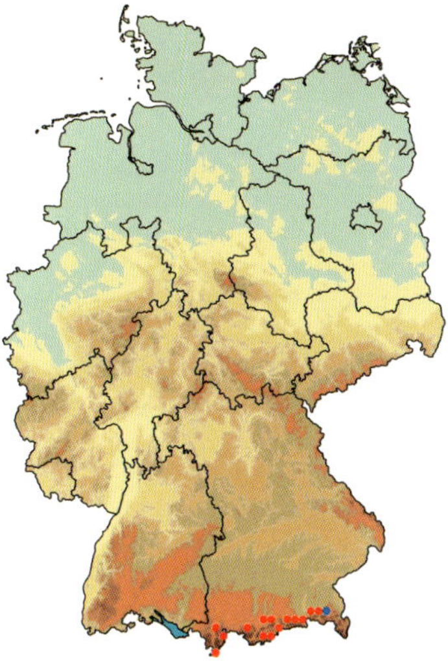

Ökologie: B.352-423-g
Vegetationsphase: 4–9, Blütezeit: 6–7
Verbreitung: gesamt 0,51 %, aktuell 0,48 %

ben „typischen Pflanzen" auch immer wieder abweichende Formen lokal gefunden wurden, so z. B. mehr kugelige oder eiförmige Blütenstände, die teilweise auch mit Namen belegt wurden, so z. B.:

var. *dolomitensis*, Dolomiten-Varietät
Blütenfarbe violett-rot, später auch etwas heller (zartrosa) werdend. Lippe nicht so stark gefaltet und vorn breiter geöffnet. Stiftchensaum der Tragblätter deutlich vorhanden. In Deutschland wurde diese Sippe im Ammergauer Gebirge gefunden.

Schutz und Gefährdung: Es besteht die gleiche Problematik wie für *N. nigra*. Da *N. rubra* weit seltener ist, ist sie stärker gefährdet.

Nigritella rubra ssp. *archiducis-joannis* S: 20, F: - H: -
Erzherzog-Johann-Kohlröschen

Abgrenzung zur Nominatsippe: Der **Blütenstand** ist **halbkugelig**, nicht länglich gestreckt. Die Blüten zeigen sich einfarbig **dunkelrosa**, werden **beim Altern hellrosa**. Die seitlichen Sepalen stehen von der Blütenachse ab, die eingerollte Lippenspitze biegt nach oben, während mittleres Sepal und die Petalen nach vorn gestreckt der Lippe anliegen. Die **Lippe ist bis 8 mm lang, nicht nur eingerollt, sondern auch an der Basis eingeschnürt**, die bauchige Lippenbasis ist bis 2,5 mm breit. Blütenduft nur schwach, nicht vanilleartig.

Vorkommen: Die Sippe kommt in Deutschland nicht vor. Die Fundorte sind sehr sporadisch verteilt, sie liegen in Österreich in den nordöstlichen Kalkalpen, so im Salzkammergut (Traweng, Hochmölbing, Gosau) und in den Eisenerzer Alpen (Stadelstein).

Zytologie: 2n = 80

Anmerkung: Zu diesen tetraploiden Unterarten der *N. rubra* ist eine weitere, rotblühende, kleinwüchsige und kleinblütige Sippe von nur einem Fundort aus der Steiermark zu stellen, deren Lippe nur bis 5,4 mm lang wird: Sie wurde als *Nigritella minor* W. Foelsche & Zernig beschrieben und hier im systematischen Teil unter ssp. *rubra* synonymisiert. Es ist mit Sicherheit zu erwarten, dass weitere solcher „Lokalklone“ gefunden werden: Aufgrund der apomiktischen Vermehrung sind solche spontan entstandenen „Formen“ zur reinerbigen Vermehrung fähig.

S: 20, F: 46
H: –

Nigritella rubra ssp. *stiriaca*
Steirisches Kohlröschen

Abgrenzung zur Nominatsippe: Die Sippe ist ssp. *rubra* sehr ähnlich, anhand der Allozymanalysen nicht zu unterscheiden, sodass sie auch als Varietät von ssp. *rubra* geführt werden könnte. Da es aber keine Zwischenformen gibt, wurde sie als Subspezies aufgenommen. Alle **Blütenblätter sind in der oberen Hälfte heller, bis weiß, nicht rot**, wie an der Basis. Lippe und Sepalen sind geringfügig breiter, die Petalen relativ schmaler als bei ssp. *rubra*.

Vorkommen: Die Sippe kommt in Deutschland nicht vor, nur in Österreich. Hier wächst sie in den nordöstlichen Kalkalpen im Salzkammergut (Sarstein, Schafberg, Gosau, Postalm, Leonsberg) und in den südlichen Kalkalpen im Grazer Bergland (Teichalm).

Zytologie: 2n = 80

Nigritella rubra ssp. *widderi*
Widders Kohlröschen

S: 20, F: -
H: 262, 273, 274

Abgrenzung zur Nominatsippe: Der Blütenstand ist halbkugelig bis kurz eiförmig. Die **Blüten sind anfangs kräftig rosa** gefärbt, sie werden **später immer heller, bis fast weiß**, wodurch der voll entwickelte Blütenstand ausgeprägt zweifarbig erscheint, oben dunkel, unten hell. Sepalen, Petalen und Lippe sind am Rand und zur Spitze hin dunkler gefärbt als am Grund. Die Lippe ist bis 9 mm lang, **zur Spitze hin nicht ausgebreitet, sondern eingerollt** und weiter unten eingeschnürt. Die bauchig erweiterte Lippenbasis ist mit 2,5–3,2 mm besonders breit. Die **Tragblätter sind dunkelrot** zwischen den Blüten zu sehen.

Zytologie: 2n = 80

Schutz und Gefährdung: Neben den bereits bei *N. nigra* genannten Gründen als Folgen des Tourismus und Düngung solcher Gebiete ist besonders auch die Auflassung alpiner Matten nachteilig: Die Einstellung der Beweidung verschlechtert die Wuchsbedingungen für diese kleinen Pflanzen massiv und bringt auf Dauer die Art zum Verschwinden.

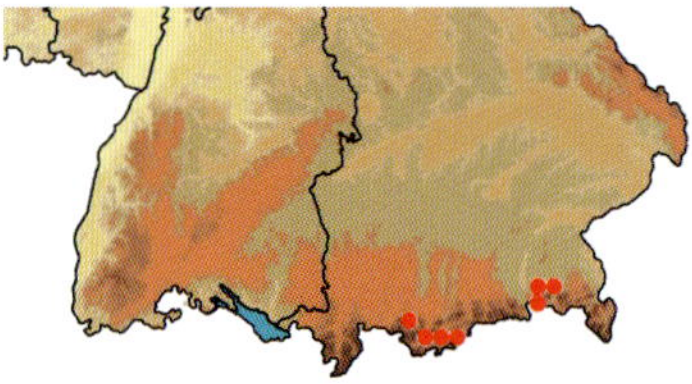

Ökologie: B.232-423-g
Vegetationsphase: 4–9, Blütezeit: Ende 6–7
Verbreitung: aktuell 0,24 %

In der alpinen Umgebung der Nigritellen auch zu finden: das Edelweiß, *Leontopodium alpinum*.

Seltene Farbvariante von *Nigritella nigra* ssp. *rhellicani* in rosa.

Ophrys apifera
Bienen-Ragwurz

S: 20, 21 F: 46
H: 246, 262, 263

Vegetative Merkmale: Aus den überwinternden Rosetten mit 2–3 bläulichgrünen, lanzettlichen, bis 8 cm langen Blättern treibt die Pflanze im Frühjahr einen bis 35 cm hohen Blütenstängel, der von meist 2 zusätzlichen scheidigen Blättern am Grund einhüllt wird.

Blütenmerkmale: Bis 9 Blüten stehen locker angeordnet und entspringen den Achseln langer, etwas eingerollter Tragblätter, die länger als die Fruchtknoten sind. Die **Sepalen sind rosa, rosarot bis purpurn** oder auch heller bis weiß gefärbt, sie sind bis 16 mm lang und bis 8 mm breit, die seitlichen stehen nach unten und leicht nach vorn gebogen, das **mittlere Sepal** steht zuerst aufrecht und biegt sich mit weiterer Reife der Blüte **nach hinten**. Die **Petalen** können sehr unterschiedlich gestaltet sein, im Normalfall sind sie nur kurze, **behaarte Stielchen**, höchstens 1/3 so lang wie die Sepalen. Die Griffelsäule ist lang gestreckt, trägt an der Spitze einen hakenförmigen Fortsatz, der dem Ende des Säulchens die Gestalt eines Vogelkopfes mit Schnabel gibt. Die **Pollinarien** sind lang gestielt, beginnen schon früh **auf die Narbe herunterzuklappen**. Die Lippe ist dreilappig, wie man besonders gut an der sich öffnenden Blüte (S. 191, o.) erkennt, die **Seitenlappen** bilden **kurze, behaarte Höcker** aus, der Mittellappen trägt ein langes, schmales Anhängsel, das unter den Mittellappen geschlagen wird, wenn die Blüte voll entwickelt ist. Die Basis des Mittellappens ziert ein oranges Basalfeld, von einer gelben bis **gelblich-weißen Doppellinie** umrahmt. Während das Zentrum der Lippe unbehaart ist, ist das runde, dunkelbraune Ende samtig behaart.

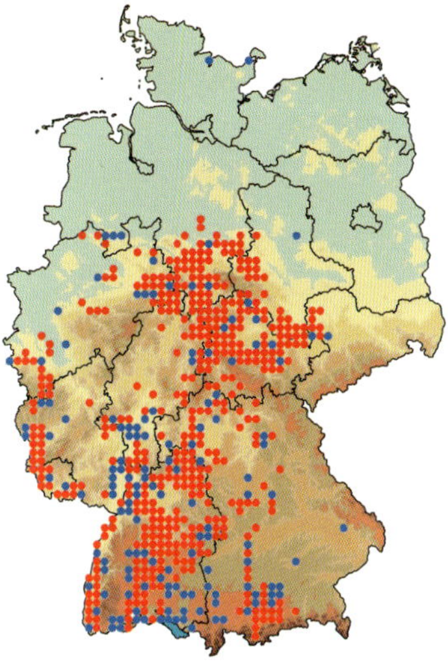

Ökologie: T.2w52-443-g
Vegetationsphase: 10–8, Blütezeit: 5–7
Verbreitung: gesamt 19,7 %, aktuell 14,3 %

Vegetationszyklus: Der Austrieb erfolgt im Herbst, die Pflanze assimiliert durch den Winter, Blütezeit ist Ende Mai bis Mitte Juli, die Samen reifen bis August, die Früchte sind bis 28 mm lang und bis 7 mm dick. Hoher Fruchtansatz dank Autogamie, vielblütige Pflanzen können sich bei der Entwicklung der Samenkapseln so verausgaben, dass sie absterben.

Ökologie: Sie wächst auf warmen und trockenen Kalkmagerrasen, in extensiven Wiesen, in Deutschland bis 910 m.

Zytologie: 2n = 36

Schutz und Gefährdung: Es besteht aktuell eine Ausbreitungstendenz nach Norden, solange zusagende Biotope vorhanden sind, ist die Art nicht gefährdet.

Variationsbreite: Bedingt durch die Autogamie vermehren sich alle auftretenden Mutationen kräftig, können dadurch manchmal lokal dominieren, wie z. B. apochrome Formen (Bilder

Ophrys apifera – Variation

oben), die auch nur teilweise ausgeprägt sein können (o.r.). Die apochromen Formen blühen etwas früher als die Nominatsippe. Selten kann auch ein Atavismus auftreten, bei dem die Lippe als zusätzliches Petal ausgebildet ist. Speziell beschrieben wurden:

var. ***aurita***, Langohrige Varietät. Sie hat schmal spatelig verlängerte Petalen, die unter 1/2 so lang wie die Sepalen sind. (Bild m. li.).

var. ***bicolor***, Zweifarbige Varietät. (Bild u.). Bei dieser Varietät ist die Malzeichnung weitgehend aufgehoben, das Basalfeld geht verwaschen in einen braunviolette Fläche über, die dann eine +/– scharfe Abgrenzung zum dunkelbraunen, behaarten Ende der Lippe zeigt. Die Petalen sind normal gestaltet. Es gibt von dieser Form auch Übergänge (Hybriden) zur Nominatsippe.

var. ***friburgensis***, Freiburger Varietät. (Bild o.). Die Petalen sind etwa 2/3 so lang wie die Sepalen, dazu deutlich auf bis 4 mm verbreitert. Die Lippe ist ungeteilt, hat keine Seitenlappen, die Malzeichnung ist aufgelöst und zeigt eine gelbe, verbreiterte und unregelmäßige Linien- und Punktzeichnung über die gesamte Lippe, wenn die gelbe Farbe dominiert, mag man auch von einer braunen Fleckenzeichnung auf gelbem Grund reden. Gelegentlich schlägt der Lippenrand sich nicht nach unten, sodass eine schaufelförmige Gestalt der Lippe entstehen kann.

var *jurana*, Jurassische Varietät.

(Bild m.) Auch bei dieser Spielart sind die Petalen vergrößert, breit spatelig, in den Dimensionen wie bei var. *friburgensis*. Ohnehin kommen Übergänge zwischen diesen beiden Varietäten vor. Bei var. *jurana* im engen Sinn ist die Lippe aber +/– gleich gestaltet wie bei der Nominatsippe, oft ist die Malzeichnung aber etwas nach vorn erweitert.

var. *trollii*, Trolls' Varietät.

(Bild u.). Hier handelt es sich um eine starke Reduktion der Lippe, die stark verschmälert ist, nur in einer schmalen Spitze ausläuft. Auch die Seitenlappen sind reduziert, nur als dreieckige Anhängsel ausgebildet.

Alle diese Varietäten treten sporadisch im Gebiet der Art auf, lokal manchmal gehäuft, mit Sicherheit ist aber keiner von ihnen irgendein isoliertes Verbreitungsareal zuzuordnen.

Ophrys holoserica
Hummel-Ragwurz

S: 21, F: 47
H: 246, 262, 263

Vegetative Merkmale: Die Pflanze wird bis 30 cm hoch, der Stängel entwickelt sich aus einer Rosette von bis zu 6, bis 10 cm langen, bläulich-grünen, lanzettlichen Blättern und ist an der Basis von weiteren Scheidenblättern umhüllt.

Blütenmerkmale: Der Blütenstand kann bis zu 12 Blüten tragen, die meist **leicht einseitswendig** angeordnet sind und in den Achseln von Tragblättern entspringen, die länger als der Fruchtknoten sind. Die Sepalen sind bis 13 mm lang und bis 6 mm breit, weiß, hellgrün, rosa oder rosarot gefärbt, sie stehen ab, ihre Enden biegen sich leicht nach vorn. Die **Petalen sind kurz, dreieckig**, am Grunde verbreitert (geöhrt), nur bis 5 mm lang, meist dunkler als die Sepalen gefärbt. Die **Lippe** ist +/− flach ausgebreitet, **im Umriss trapezförmig**, bis 13 mm lang und bis 17 mm breit, mit nach oben gewölbtem Rand, an der Spitze mit breitem, gelbem Anhängsel. Zwei kleine, behaarte, spitze Höcker sitzen auf den Schultern, dazwischen ist ein hellbraunes Basalfeld zu finden, an dessen oberem Ende beidseits grünbraune Basalschwielen zu finden sind. Das Basalfeld wird eingerahmt von einer hellgelb berandeten, flächigen **violettbraunen, H-förmigen Zeichnung**, wobei hellgelbe Linien sich auf den oberen Teil der Lippe ausbreiten können. Die Griffelsäule ist kurz, nicht geschnäbelt.

Vegetationszyklus: Die Rosetten entwickeln sich im Herbst, im zeitigen Frühjahr beginnt der Blütenstängel zu wachsen, die Blütezeit reicht von Anfang Mai bis Mitte Juni (Anfang Juli), Fruchtreife ab Mitte Juli, die Früchte

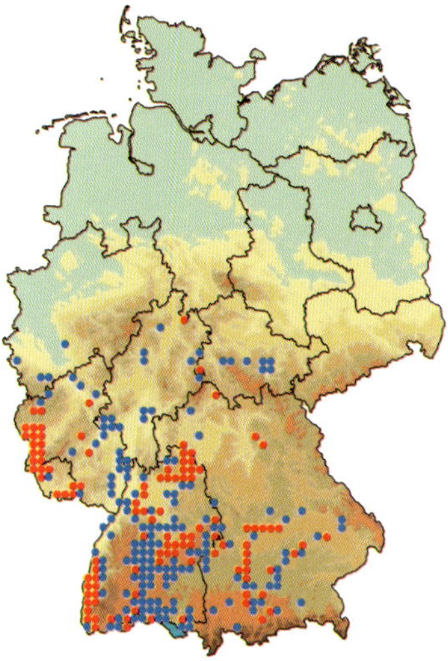

Ökologie: T.2w52-443-g
Vegetationsphase: 10–8, Blütezeit: 5–6
Verbreitung: gesamt 9,5 %, aktuell 3,7 %

sind bis 15 mm lang und bis 7 mm dick, Fruchtansatz gering.

Ökologie: Besiedelt werden warme Kalkmagerrasen und Trockenwiesen auf lockeren Lehm- und Löss-Böden mit wintermildem Klima.

Zytologie: 2n = 36

Schutz und Gefährdung: Die Art ist klimatisch bedingt auf den Süden Deutschlands beschränkt gewesen. Allerdings mehren sich auch hier Funde nördlich der Mainlinie, wo sie — zwar teilweise angesalbt — sich mittlerweile gut vermehrt. Mit zunehmendem Klimawandel ist mit Ausbreitung nach Norden zu rechnen. Ihr Schutz, besonders in den Stammgebieten, setzt besonders das Offenhalten der Wuchsorte voraus. Allerdings wurden nicht wenige potentielle Wuchsorte durch menschlichen Einfluss vernichtet.

Variationsbreite: *O. holoserica*

Variationsbreite: Besonders die Zeichnung der Lippe ist enorm variabel, wie die Bilder zeigen. Das Anhängsel der Lippe ist manchmal mehrzipfelig. Daneben variiert besonders die Farbe der Sepalen. Die Lippe steht zwar meist flach ausgebreitet, die Seiten können aber auch nach hinten geschlagen sein, die Höcker der Lippe können sehr unterschiedlich groß sein.

S: 21, F: -
H: 246

Ophrys holoserica ssp. elatior
Hummel-Ragwurz, Hochwüchsige Unterart

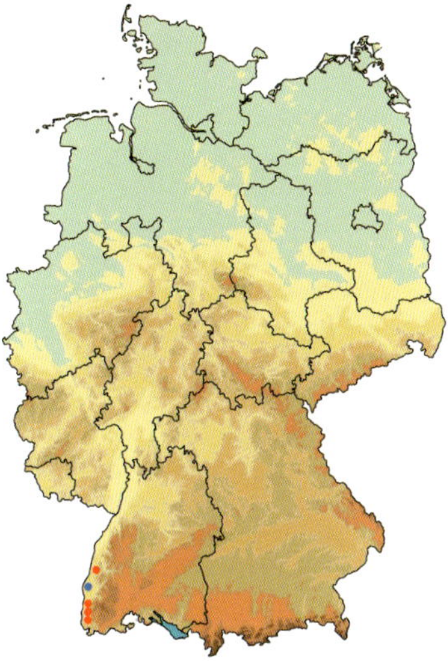

Ökologie: T.141-452-g
Vegetationsphase: 1–12, Blütezeit: 7
Verbreitung: aktuell ca. 0,1 %

Abgrenzung zur Nominatsippe: Die Stängel sind bis 90 cm hoch, der **Abstand zwischen den Blüten ist viel größer**. Die **Blüten sind erheblich kleiner**, die Sepalen und die Lippe sind nur bis 10 mm lang, die Petalen bleiben relativ groß. Die Lippe ist meist nicht flach ausgebreitet, sondern die Lippenränder stehen mehr nach hinten umgeschlagen, was die Blüten zusätzlich kleiner erscheinen läßt. Zur **extrem späten Blütezeit** (Ende Juni bis Anfang September) sind die Rosettenblätter meist schon vertrocknet. Die Sippe wächst in sommertrockenen, heißen Magerwiesen in der Oberrheinebene. Auch hier ist der Fruchtansatz spärlich.

Ophrys insectifera
Fliegen-Ragwurz

S: 21, F: 47
H: 246, 247, 263, 264

Vegetative Merkmale: Der schlanke, gelbgrüne Stängel der Pflanze wird bis über 50 cm hoch, er entwickelt sich aus einer bodenständigen Rosette von bis 4 lanzettlichen, grünen, seltener etwas blaugrünen Blättern. Der Stängel wird zusätzlich von meist 2 scheidigen Blättern am Grund eingehüllt.

Blütenmerkmale: Kräftige Blütenstände sind langgestreckt, sie können bis 18 Blüten tragen, wobei die untersten schon verblüht sind, wenn sich die obersten öffnen. Diese entwickeln sich in den Achseln langer Tragblätter, die nach oben hin kürzer werden. Die gelbgrünen Sepalen sind bis 8 mm lang, die **Sepalen sind nur dünne Stielchen**, bis 5 mm lang, schwarzbraun (selten grün). Die **Lippe ist bis 12 mm lang, ungehöckert, 3-lappig, mit an der Spitze nochmals breit geteiltem Mittellappen**. Die Grundfarbe ist in der Regel ein **dunkles Braun**, darauf befindet sich eine samtige Behaarung. Die Spitzen des Mittellappens sind oft heller, rötlich-braun gefärbt, sie sind kahl. An der Basis der Lippe zeigen sich zwei dunkle, runde Schwielen, im **Zentrum der Lippe** befindet sich ein bläulich-graues **kahles Mal**.

Vegetationszyklus: Bereits im Oktober entwickeln sich neue Rosetten, die über den Winter wachsen und aus denen im zeitigen Frühjahr der Blütenstängel antreibt. Die Blüte beginnt manchmal schon Ende April, Hochblüte im Mai, an schattigeren Stellen im Kiefernwald reicht sie bis Ende Juni. Die Früchte sind bis 18 mm lang und bis 6 mm dick, sie reifen im August. Der Fruchtansatz ist extrem niedrig, im Mittel um 5 %.

Ökologie: Die Art siedelt nur über Kalk auf Magerrasen, Halbtrockenrasen, in

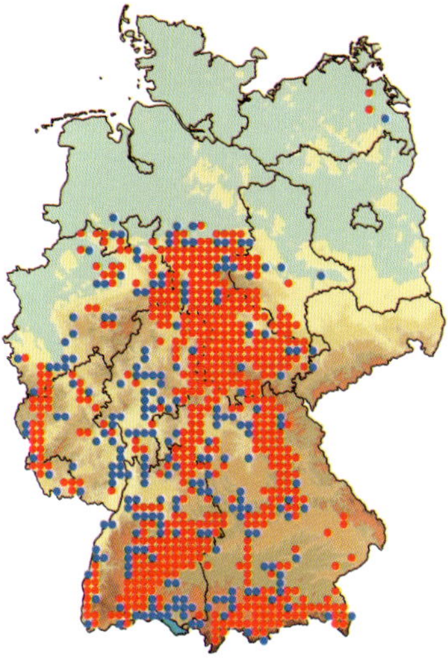

Ökologie: W(T).3w51–333-g
Vegetationsphase: 10–8, Blütezeit: (4)5–6
Verbreitung: gesamt 27,1 %, aktuell 18,7 %

lichten Kiefernwäldern, an Waldrändern, an geeigneten Sekundärstandorten.

Zytologie: 2n = 36

Schutz und Gefährdung: Von allen *Ophrys*-Arten reicht ihr Areal am weitesten nach Norden. Besonders in den Zechsteingebieten entlang der Werra und Weser erreicht sie ihre Maximalentwicklung mit Populationen von Tausenden von Pflanzen. Solange die Hauptwuchsorte auf Kalkhalbtrockenrasen gepflegt werden, (regelmäßig entbuscht, nach Möglichkeit durch Schafe beweidet) besteht keine Gefährdung. Sie schwindet aber sofort, wenn z. B. eine mineralische Düngung solcher Areale erfolgt.

Ophrys insectifera – Variabilität

Variationsbreite: Gerade wenn bei einer Art Massenpopulationen auftreten, ist es möglich, das volle Spektrum der Vielfalt zu beobachten. Es gibt eine ganze Reihe von Monstrositäten, zum Beispiel doppelt angelegte Lippen, aber auch Pflanzen, bei denen die Petalen Lippengestalt haben, dadurch „sternförmig“ 3-lippig sind. Besonders bemerkenswert ist die Tatsache, dass es chlorotische Pflanzen gibt, vollständig oder panaschiert wie im Beispiel (S. 201, o.li.), die ihre Energie auch als erwachsene Pflanze über die Mykorhizza beziehen müssen, da ihnen Chlorophyll fehlt. Daneben können alle Blütenteile variieren. Hierzu gehört die Grundfarbe der Lippe, die von fast schwarz über rotbraun, gelbbraun bis hin zu völlig gelb sein kann. Nicht selten sind auch nur die „Füßchen“, die Spitzen des Mittellappens, abgesetzt anders gefärbt, gelb oder sogar rubinrot. Interessant ist die Farbvarianz der Petalen (die fraglos die Fühler des Grabwespenweibchens imitieren, wie am Bild eines Bestäuberbesuchs (S. 201, u.li.) zu sehen ist), die gelbgrün gefärbt sein können wie im Beispiel oben links, ein Merkmal welches sonst für eine Unterart aus Zentralfrankreich charakteristisch ist. Das Mal in der Mitte der Lippe kann sehr groß und ausgebreitet sein und auch auf die oberen Bereiche der Seitenlappen übergreifen. Seine Farbe kann von metallisch silbergrau über graublau bis leuchtend blau oder auch silbrig rotviolett reichen. Sehr selten kann man auch erheblich größere Lippen finden, besonders dann, wenn die Pflanze ihre Spitze durch Verbiss verloren hat.

Ophrys sphegodes
Spinnen-Ragwurz

S: 21, F: 47
H: 246, 247, 263, 264

Vegetative Merkmale: Aus einer Rosette von bis 6 silbrig-blaugrünen, lanzettlichen Blättern treibt ein bis 50 cm hoher Stängel, unten von 2 weiteren Blättern scheidig umhüllt.

Blütenmerkmale: Die Blütenstände tragen in den Achseln von Tragblättern bis 8 Blüten. Die Sepalen sind grün, bis 13 mm lang, die **Petalen sind bis 9 mm lang und dunkler gefärbt**, an der Basis verbreitert und oft an den **Rändern gewellt**. Die **dunkelbraune Lippe** ist bis 13 mm lang, **am Rand lang behaart**, zur Mitte kürzer, samtig. Nicht selten findet sich ein dünner, gelber Rand. **2 grüne Schwielen („Augen“)** liegen am oberen Rand des orangebraunen Basalfeldes, die Malzeichnung darunter ist silbrig metallisch in **Form eines „H“ ausgebildet**.

Vegetationszyklus: Die aus den überwinternden Rosetten entwickelten Stängel kommen ab April bis Ende Mai zur Blüte, die Früchte sind bis 17 mm lang und bis 6 mm dick, Reife ab Juli, sehr niedriger Fruchtansatz.

Ökologie: Sie wächst auf sonnigen Kalkhalbtrockenrasen, Magerwiesen.

Zytologie: 2n = 36

Variationsbreite: Die Bilder demonstrieren die Variabilität, besonders der Grundfarbe der Lippe, von schwarzbraun bis (selten) hellgelb. Die Lippe kann eine leichte Dreiteilung aufweisen, nicht selten trägt sie +/– kräftige Höcker.

Schutz und Gefährdung: Besonders frühere Wuchsorte in einschürigen Magerwiesen wurden durch Düngung vernichtet, dadurch ist ein erheblicher Rückgang zu beobachten.

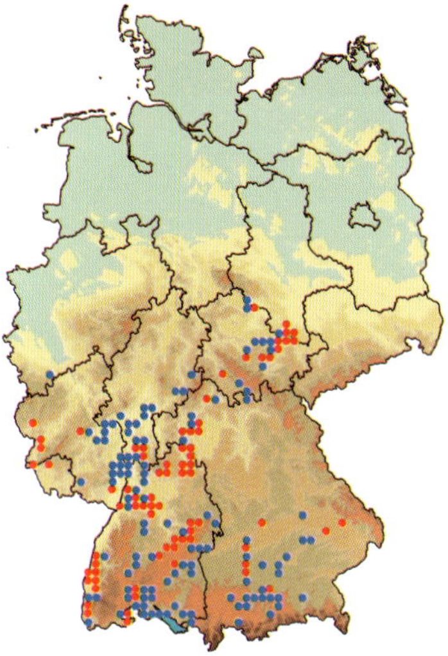

Ökologie: T.2w51-343-g
Vegetationsphase: 10–7, Blütezeit: 4–5
Verbreitung: gesamt 6,6 %, aktuell 2,5 %

Ophrys sphegodes ssp. *araneola*

Spinnen-Ragwurz, Kleine Unterart

S: 21, F: -
H: 246, 247, 264

Vegetative Merkmale: Die Pflanzen bleiben meist kleiner als die der Nominatsippe, sind nur bis 30 cm hoch, zierlicher. Die **Blätter** sind **noch silbriger** überhaucht und kürzer, nur bis 7 cm lang.

Blütenmerkmale: Die **Bütenstände** sind **aus** oft **vielen kleinen Blüten** aufgebaut (bis 8 wie im Bild links). Die Sepalen (bis 11 mm) und Petalen (bis 6,5 mm) sind etwas kürzer als bei ssp. *sphegodes*, deutlich **kürzer ist die Lippe, nur bis 6,5 mm** lang. Sie ist ungeteilt, gewölbt, allenfalls schwach gehöckert und **trägt einen breiten gelben Saum**. Die **Lippengrundfarbe** ist sonst **braun, kann aber auch grünlich-braun** oder **nicht selten grünlich** sein. Entlang des Randes der dunklen Lippenfarbe findet sich eine lange Behaarung, die manchmal fast pelzig wirkt. Das Lippenzentrum hat eine H-förmige, silbrige Zeichnung unterhalb eines farblich wenig abgesetzten Basalfeldes, das am oberen Ende grünlich-braune Basalschwielen zeigt.

Vegetationszyklus: Dieser ist sehr ähnlich wie bei ssp. *sphegodes*. Am gleichen Wuchsort blüht **ssp. *araneola* etwa 14 Tage vor ssp. *sphegodes***. Die Früchte unterscheiden sich nicht, die Reife beginnt Mitte Juli.

Ökologie: Im Vergleich zu ssp. *sphegodes*, die lieber „wiesig“ steht, besiedelt ssp. *araneola* **steinigere Wuchsorte**, durchaus steile Hänge, auch Schotterhänge, immer über Kalk.

Zytologie: 2n = 36

Variationsbreite: Auffällig ist besonders die Tendenz zu einer relativ hellen Lippenfarbe, zu bräunlich-grün, die in manchen Populationen dominieren kann. Nicht selten wächst die kleine Unterart zusammen mit *O. insectifera*,

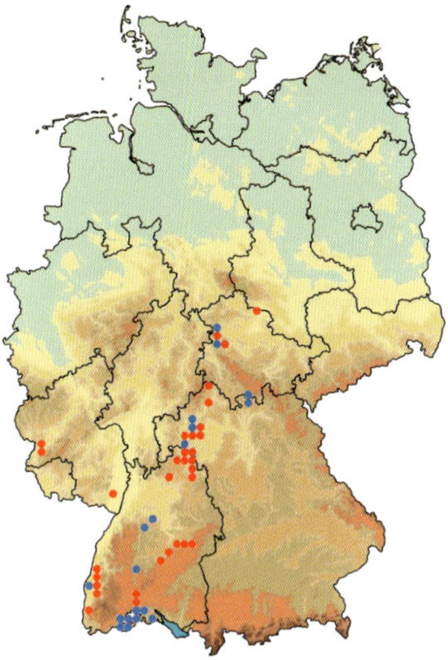

Ökologie: T.3w51-442-g
Vegetationsphase: 10–7, Blütezeit: (3)4–5
Verbreitung: gesamt 1,8 %, aktuell 1,1 %

mit der sie auffällig leicht Hybriden bildet.

Schutz und Gefährdung: Es handelt sich um eine seltene Sippe, wie die Verbreitungskarte ausweist, wodurch eine potentielle Gefährdung besteht. Zudem ist in den letzten Jahren im Rahmen der Klimaveränderung eine Ausbreitung der Stammart besonders an den Wuchsorten der ssp. *araneola* zu beobachten, die diese möglicherweise verdrängt. Der Verbreitungsschwerpunkt liegt in Unterfranken, wo sie meist an steinigen, südexponierten Hängen wächst. Zum Erhalt der Pflanzen muss für eine regelmäßige Entbuschung und Beweidung gesorgt werden.

Die Gattungen *Anacamptis*, *Neotinea* und *Orchis*

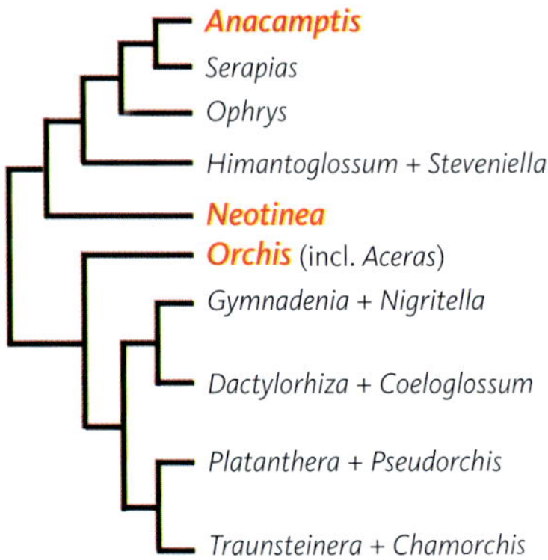

Die bereits im einleitenden systematischen Teil dieses Buches kurz angesprochene Problematik dieser drei Gattungen soll hier nun ausführlicher erklärt werden.

Ende des 20. Jahrhunderts wurden erstmals verfügbare genetische Untersuchungstechniken (durch Sequenzierung der sogenannten ITS-Segmente) eingesetzt, die unzweifelhaft zeigten, dass der Subtribus *Orchidinae* erhebliche Änderung seiner Struktur erfahren muss. Es stellte sich heraus, dass die traditionelle Gattung *Orchis* in drei Gruppen zerfällt, die relativ wenig miteinander verwandt sind. Die grafische Übersicht (r. o.) zeigt die Verwandtschaftssituation innerhalb der *Orchidinae*. Wollte man diese Gruppen in einer Gattung *Orchis* vereinigt lassen, wäre dies nur möglich, wenn auch die bisherigen Gattungen *Serapias*, *Ophrys*, *Himantoglossum*, *Platanthera*, *Gymnadenia*, *Dactylorhiza* und *Traunsteinera* in einer einzigen hypothetischen Großgattung vereinigt würden, oder aber, wenn man den Begriff der Gattung als ein Monophylum (d. h. von einem gemeinsamem Vorfahren abstammend) aufgeben würde. Beides ist nicht sinnvoll. Daher blieb nur der Weg der Auftrennung, den Bateman & al. (1997) vollzogen haben, indem sie zwei Gruppen aus der „alten" Gattung *Orchis* ausgliederten und diese Gruppen den jeweils nahe verwandten, bislang monotypischen Gattungen *Anacamptis* und *Neotinea* hinzufügten. Ein Kern der „alten" Gattung *Orchis* konnte unter altem Gattungsnamen erhalten bleiben und nahm zusätzlich die bislang monotypische Gattung *Aceras* auf. Man muss daher akzeptieren, dass die Evolution es fertig gebracht hat, auf drei verschiedenen Wegen morphologisch ähnliche Pflanzen hervorzubringen, wie auch andererseits aus diesen Wegen heraus wiederum erheblich abweichende Strukturen zu entwickeln, wie z. B. die beiden Arten *Anacamptis pyramidalis* und *Orchis anthropophora*. Trotzdem fällt es nicht sonderlich schwer, die realen Verwandtschaftsbeziehungen nachzuvollziehen, vor allem wenn man sich das Hybridisierungsgeschehen innerhalb und zwischen den Gattungen ansieht. Hierbei fällt nämlich auf, dass Hybriden nur zwischen den Arten einer Gattung auftreten, während Hybriden zwischen verschiedenen Gattungen (jeweils nach der neuen Zuordnung) zwar beschrieben wurden, aber äußerst zweifelhaft sind (vgl. Kretzschmar et. al, 2007, S. 404). Die einzigen verbleibenden intergenerischen Hybriden einer dieser Gattungen sind die von *Anacamptis* mit Arten der Gattung *Serapias*, die zwar morphologisch sehr wenig Ähnlichkeit haben, real aber die nächsten Verwandten zu *Anacamptis* darstellen. Diese Beispiele machen deutlich, dass diese Einteilung der Gattungen auch von der Seite des Kreuzungsverhaltens nachvollziehbar ist.

Es gelingt aber auch, die drei Gattungen morphologisch zu charakterisieren. Um dies zu verdeutlichen, zeigen die drei Bilder rechts die generativen Organe von drei typischen Vertretern der Gattungen, von oben *Anacamptis collina*,, *Neotinea tridentata* und *Orchis spitzelii*.
Anacamptis zeichnet sich durch eine dreiteilige Lippe aus, aber mit ungeteiltem Mittellappen, am Grunde vor dem Sporneingang mit zwei erhabenen Längsleisten bzw. Flächen. Die Tragblätter der Blüten sind mindestens halb so lang, meist aber deutlich länger oder so lang wie der Fruchtknoten und werden vor den Knospen entwickelt, die sie schützend einhüllen. Der Chromosomensatz hat typischerweise $2n=36$.
Neotinea hat einen geteilten Mittellappen der dreiteiligen Lippe, die am Grund keine erhabenen Strukturen hat. Die Tragblätter sind deutlich kürzer als der Fruchtknoten. Die Narbenhöhle ist herzförmig mit den Ohren nach oben, die Griffelsäule ist sehr kurz, die Arten bilden echte Winterrosetten aus. Der Chromosomensatz hat im Regelfall $2n=42$.
Orchis hat eine dreiteilige Lippe mit +/– geteiltem Mittellappen ohne Erhebungen am Grunde. Die Tragblätter sind entweder deutlich kürzer oder höchstens so lang wie der Fruchtknoten. Die Narbenhöhle ist flächig, rundlich oder schwach trapezförmig, die Griffelsäule ist länglich. Es werden keine echten Winterrosetten gebildet (mit Ausnahme von *O. anthropophora*). Der Chromosomensatz hat $2n=42$.

Die Gattung *Orchis*

Die phylogenetische Gliederung der Gattung zeigt (abgebildet auf S. 11), dass sie in zwei Schwesterzweige zerfällt, die jeweils ein Monophylum darstellen. Subgenus *Orchis* enthält *Orchis anthropophora*, *O. militaris*, *O. purpurea* und *O. simia*, Subgenus *Masculae* enthält *O. mascula*, *O. pallens* und *O. spitzelii*. Bemerkenswert ist, dass zwischen diesen beiden Untergattungen keine Hybriden vorkommen, die genetische Differenz ist offenkundig zu groß. Auch morphologisch bestehen einige klare Unterschiede:

Bei der **Untergattung *Orchis*** besitzen die Blüten einen abwärts gerichteten, relativ dünnen Sporn, der kürzer als der Fruchtknoten ist oder auch völlig fehlen kann. Sepalen und Petalen bilden einen dicht geschlossenen Helm. In einigen Fällen trägt die Lippe zusätzlich dunkelfarbige, pinselartigen Papillen. Sie ist dreilappig, der Mittellappen ist nochmals mäßig bis ausgeprägt zweilappig bzw. zweizipfelig. Die Blätter sind groß und hellgrün mit frisch glänzender Oberfläche und ungefleckt (nur bei der mediterranen *Orchis italica* dunkel gefleckt).

Die Blüten der **Untergattung *Masculae*** besitzen kräftige Sporne, die entweder aufwärts gerichtet, zumindest aber nach oberhalb des Fruchtknotens gebogen sind, oder aber abwärts sehr dick sackförmig gestaltet sind, dann kürzer als der Fruchtknoten bleiben. Der Helm wird nur vom mittleren Sepal und den Petalen gebildet, die beiden seitlichen Sepalen stehen dagegen nach hinten vom Helm ab oder sind ihm seitlich angelagert. Auf den nachfolgenden Seiten werden die Arten getrennt nach den Untergattungen vorgestellt, zuerst *Orchis*, dann *Masculae*.

Am Beispiel der namengebenden Gattung der Orchideen kann einmal erläutert werden, wie die unterirdische Entwicklung erfolgt. So wird in den Beschreibungen der knollentragenden Arten häufig erwähnt, dass die Pflanzen zur Blütezeit 2 Knollen besitzen. Dies wird im Bild oben auf dieser Seite gezeigt. Ein Dachs hatte in einer Population von *Orchis militaris* zahlreiche Pflanzen „geerntet“ und die Knollen abgebissen, diese Pflanze aber verschont, obwohl er sie schon aus der Erde gehoben hatte. Man sieht, dass die oberirdischen Teile sich aus der oberen, alten Knolle entwickelt haben, an deren oberen Ende eine ganze Reihe fleischiger Wurzeln vorhanden sind. Zusätzlich hat sich an einem kurzen Sprossstück

bereits die neue Knolle gut entwickelt, die den nächstjährigen Trieb hervorbringen wird.
Diese „Salep"-Knollen (die von verschiedenen Arten gesammelt wurden) werden in manchen Ländern noch heute als Nahrungsmittel geerntet, wurden aber früher auch in Deutschland als natürliches Dickungsmittel in großem Stil gesammelt, teilweise später auch angebaut. H. JÄGER (1913) empfiehlt in seinem „Apothekergarten" dazu ausdrücklich *O. purpurea*, weil deren große Knollen einen weit besseren Ertrag lieferten als z. B. die kleinen des „Salep-Knabenkrautes".
Die Bilder unten zeigen 2 Arten in typischen Biotopen.

Orchis pallens in einem lichten Gebüsch im Kiefernwald (Thüringen)

Prächtiger Bestand von *Orchis purpurea* am Rand einer extensiven Wiese (Hessen)

Orchis anthropophora
Ohnhorn, Ohnsporn

S: 21, F: 47
H: 247, 265

Vegetative Merkmale: Aus einer im Frühjahr erstarkten Winterrosette treibt der Blütenstängel, der bis 40 cm hoch werden kann, oft aber viel kleiner bleibt. Die bis 6 lanzettlichen, bläulich-grünen Blätter der Rosette sind bis 9 cm lang, darüber finden sich noch einige, den unteren Bereich des Stängels scheidig umschließende Blätter.

Blütenmerkmale: Der **Blütenstand** ist **schlank**, langestreckt und kann bis 20 cm lang werden und bei sehr kräftigen Exemplaren bis über 100 Blüten haben, meist jedoch viel weniger. Diese stehen in den Achseln kurzer, häutiger Tragblätter. Die Blüten tragen einen **geschlossenen Helm** aus allen Sepalen und den kürzeren und deshalb von außen nicht sichtbaren Petalen. Er ist **gelbgrün**, kann aber auch rötlich überlaufen sein. Die Ränder der bis 11 mm langen Sepalen zeigen eine intensive rotbraune Randung, auch die anderen Nerven können ähnlich gefärbt sein. Helm und Lippe bilden zueinander einen Winkel von etwas unter 90°, sodass der obere Teil der stark dreigeteilten, bis 16 mm langen Lippe kaum zu sehen ist. Deren Grundfarbe ist gelb mit dunkleren, rötlichen Tönen zu den Rändern aller Lippenteile hin. Die bis 1,5 mm breiten, schmal spateligen **Seitenlappen sind fast 3/4 so lang wie der Mittellappen**, dieser ist am Ende nochmals tief geteilt. Die **Lippe** ist **ungespornt**, am Grund befindet sich anstatt eines Sporneinganges eine Kerbe zwischen zwei höckerartigen Aufwölbungen. Die Narbe befindet sich dieser Struktur gegenüber, im Bild unten rechts ist sie mit Tetraden (Pollenmassen) belegt.

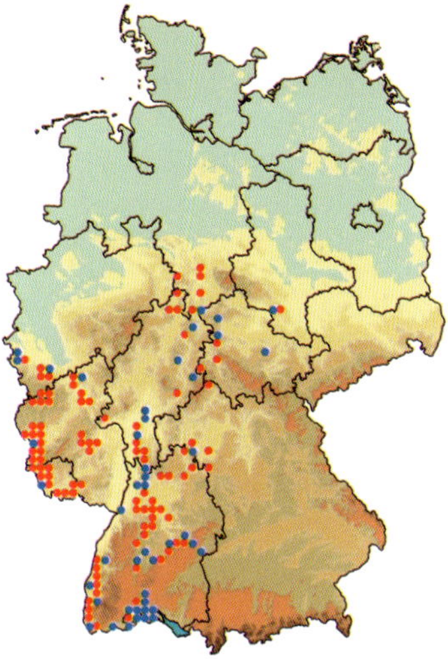

Ökologie: T.2w42-453-g
Vegetationsphase: 9–7, Blütezeit: 5–6
Verbreitung: gesamt 4,9 %, aktuell 3,2 %

Vegetationszyklus: Wenn die Pflanze im Frühherbst vergangen ist, beginnt der Neuaustrieb, sodass die Pflanze im Winter über die gebildete Rosette (S. 210 u.) assimiliert. Die Blütezeit liegt Anfang Mai bis Ende Juni, bei mäßigem Fruchtansatz (die Früchte sind bis 13 mm lang und bis 5 mm dick) erfolgt das Aussamen ab Mitte Juli.

Ökologie: Die Art besiedelt Kalkmagerrasen, lichte Gebüsche, bis 780 m.

Zytologie: 2n = 42

Variationsbreite: Die Blütenfarbe kann völlig gelb sein, aber auch sehr dunkel nach rot gehen.

Schutz und Gefährdung: Die wärmeliebende, auch im Süden eher seltene Art zeigt eine Ausbreitungstendenz nach Norden und ist mittlerweile bis Südniedersachsen vorgedrungen. Daher besteht nur lokale Gefährdung durch Verlust einzelner Biotope .

Orchis militaris
Helm-Knabenkraut

S: 21, F: 47
H: 247, 265, 266, 267

Vegetative Merkmale: Die Pflanze treibt einen bis über 50 cm hohen Stängel, der einer Rosette von bis 5 ungefleckten, zugespitzt länglich-eiförmigen, hellgrün glänzenden, bis 15 cm langen Blättern entspringt. Nach oben wird der Blütentrieb von 2 weiteren, länglichen Blättern scheidig eingehüllt, die den jungen Blütentrieb schützen.

Blütenmerkmale: Der bis 20 cm lange Blütenstand ist dicht, breit ausladend und aus bis über 60 Blüten aufgebaut. Diese sitzen in den Achseln häutiger, kurzer Tragblätter. Der **Helm der Blüte ist geschlossen**, aus bis 15 mm langen Sepalen und etwas kürzeren Petalen aufgebaut, innen ist er entlang der Nerven violett gestreift, außen normalerweise weißlich grau. Die Lippe ist stark dreigeteilt, sie trägt einen kurzen (etwa 1/2 Fruchtknotenlänge), nach unten weisenden, am Ende stumpfen Sporn, weißlich bis **zart rosa** gefärbt. Die **Seitenlappen** stehen meist **leicht nach vorn**, sind bis 11 mm lang, am Ende abgerundet. Der **Mittellappen entspringt schmal und verbreitert sich nach vorn**, um nochmals in 2 breit gerundete, **zur Seite weisende Endlappen** auszulaufen, dazwischen steht ein kleines, spitzes Zähnchen. Alle diese Lappen zeigen eine relativ dunkle Färbung am Rand und werden zum Zentrum des Lappens heller. Die dunklen Anteile können **rosa bis dunkel rotviolett** gefärbt sein. Im hellen Zentrum des Mittellappens stehen zusätzlich kleine, dunkle Büschel von rotvioletten Papillen-Haaren.

Vegetationszyklus: Der Austrieb der Pflanzen erfolgt relativ spät Anfang März, Blütezeit ist Anfang Mai bis Juni.

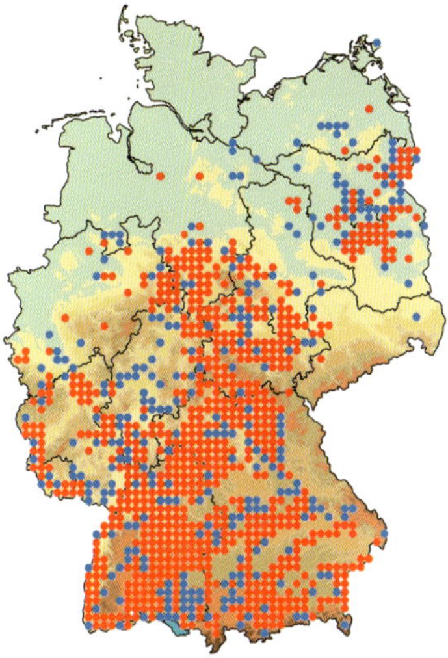

Ökologie: T.2w52-443-g
Vegetationsphase: 3–8, Blütezeit: 5–6
Verbreitung: gesamt 35,3 %, aktuell 24,1 %

Der Fruchtansatz ist mäßig, die Früchte sind bis 20 mm lang und bis 6 mm dick und reifen Mitte Juli.

Ökologie: Die wärmeliebende Art siedelt über Kalk auf basenreichem, lehmigem Grund auf Magerrasen, Halbtrockenrasen, in lichten Gebüschen, bis 950 m.

Zytologie: 2n = 42

Variationsbreite: Die Farben der Blüten reichen von schneeweiß bis dunkel violett. Auch die Form der Lippenlappen kann stark variieren, gelegentlich beobachtet man ein Öffnen des Helms.

Schutz und Gefährdung: Nach Norden wird sie seltener, in Süddeutschland ist sie häufig. Hauptgefährdung ist derzeit das Überwachsen durch wuchernde Pflanzen wie z. B. *Solidago virgaurea* oder die starke Verbuschung der Biotope.

Orchis purpurea
Purpur-Knabenkraut

S: 21, F: 48
H: 247, 265, 266, 267

Vegetative Merkmale: Die **Pflanzen** können sehr robust werden, bis über **60 cm**, Exemplare von über 1 m wurden schon gefunden. Die grundständige Rosette aus um 5, bis über 20 cm langen, lang-ovalen Blättern wird ergänzt durch meist 2 Scheidenblätter, die den jungen Blütentrieb schützend umhüllen.

Blütenmerkmale: Auch die **Blütenstände sind sehr groß und breit**, bis über 20 cm lang, sie können über 100 Blüten tragen, die in den Achseln kurzer, häutiger Tragblätter stehen. Der **geschlossene Helm** aus bis 14 mm langen Sepalen und kürzeren Petalen ist **außen purpurbraun, innen grünlich-braun gestreift** oder gefleckt. Die breite Lippe ist stark dreigeteilt, bis 18 mm lang, die Seitenlappen sind schmal, weisen nach vorn seitlich, der **Mittellappen verbreitert sich dreieckig** und endet in zwei am Ende gezähnelten Endlappen, zwischen denen ein kleines Spitzchen steht. Die **Grundfarbe der Lippe** ist **weiß**, sie kann rot überlaufen sein, zusätzlich finden sich **purpurrote Papillen-Büschel in der Mitte**. Der kleine Sporn weist bogig abwärts und ist höchstens 1/2 so lang wie der Fruchtknoten.

Vegetationszyklus: Der Antrieb erfolgt etwas früher als bei *O. militaris*, ab Februar, Blütezeit Ende April bis Anfang Juni, der Fruchtansatz ist recht spärlich, die Früchte sind bis 20 mm lang und bis 7 mm dick, sie reifen Mitte Juli.

Ökologie: Es handelt sich um eine Art des lichten Schattens, die stets über Kalk auf buschigen Halbtrockenrasen aber auch im lichten Buchenwald (hier häufig steril) leben kann. Nach dem Auslichten eines Waldes kann man in solchen Arealen dann oft eine Blüten-

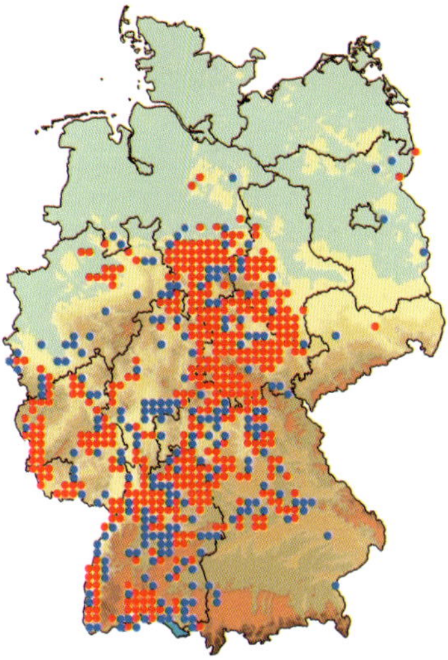

Ökologie: W(T).2w53-342-g
Vegetationsphase: 2–8, Blütezeit: (4)5–6
Verbreitung: gesamt 22,8 %, aktuell 14,5 %

explosion erleben. Ähnlich verhält es sich mit Gebüschsäumen am Rande von Trockenrasen. Die Art erreicht 850 m Höhe.

Zytologie: 2n = 42

Variationsbreite: Die Variabilität betrifft besonders die Form der Lappen, die manchmal sehr schmal, aber auch sehr breit sein können, die Farbe der Lippen schwankt von extrem dunkel bis schneeweiß mit grünem Helm. Die Bilder rechts zeigen eine Auswahl möglicher Formen.

Schutz und Gefährdung: Diese Art zeigt im Verhältnis zu *O. militaris* eine bemerkenswert umgekehrte Verbreitung, sie ist in Süddeutschland seltener als im Zentrum. Lokal schwinden die Bestände dann, wenn Wälder zu dunkel werden, und dadurch kaum noch Pflanzen blühen.

Orchis simia
Affen-Knabenkraut

S: 21, F: 48
H: 247, 265, 267

Vegetative Merkmale: In der Mitte von bis 5 lang-elliptischen, bis 14 cm langen, bläulich-grünen Rosettenblättern entwickelt sich der bis etwa 40 cm hohe Blütenstängel, der nochmals von meist 2 Scheidenblättern eingehüllt wird.

Blütenmerkmale: Der Blütenstand ist kugelig bis eiförmig, breit ausladend und bis 9 cm lang, er kann bis 35 Blüten haben, die in den Achseln kleiner, häutiger Tragblätter stehen. Als Besonderheit **öffnen sich die Blüten von oben nach unten**. Die bis 15 mm langen Sepalen und die etwas kürzeren Petalen bilden einen **geschlossenen Helm**, der außen meist nur schwach und unregelmäßig rot gestreift entlang der Nerven ist, innen ist diese Zeichnung viel deutlicher. Die **Lippe** ist bis 17 mm lang, **stark in Seitenlappen und einen nochmals tief gespaltenen Mittellappen geteilt**, sodass sie die Gestalt eines „Affen" zeigt. Die weiße Mitte der Lippe ist mit Büscheln aus roten Papillen besetzt, während die schmalen Seitenlappen und Endlappen des Mittelteils eine flächige rosa bis dunkel rotviolette Färbung zeigen. Zwischen den Enden des Mittellappens steht ein **kräftiger Zahn**. Der Sporn ist nur halb so lang wie der Fruchtknoten und nach unten gebogen.

Vegetationszyklus: Anfang Februar zeigen sich die Rosettenspitzen oberirdisch, die Blüte beginnt Mitte April und reicht bis Ende Mai. Der Fruchtansatz ist unvollständig, die Früchte sind bis 15 mm lang und bis 5 mm dick, sie reifen ab August.

Ökologie: Die Pflanze ist ein extremer Wärmezeiger, sie besiedelt nur die klimatisch günstigsten Gebiete in

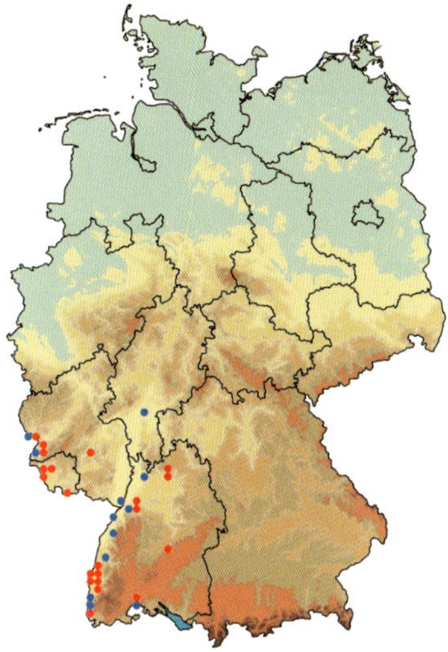

Ökologie: T.252-452-g
Vegetationsphase: 2–8, Blütezeit: 4–5
Verbreitung: gesamt 1,1 %, aktuell 0,7 %

Deutschland bis 640 m. Dabei zeigt sie sich streng an Kalk gebunden, besiedelt extensive Wiesen, Magerrasen und Halbtrockenrasen.

Zytologie: 2n = 42

Variationsbreite: Diese ist gering, die Färbungen können unterschiedlich intensiv ausfallen. Zuordnungsprobleme können Hybridschwärme mit *O. militaris* machen.

Schutz und Gefährdung: Die geringe Verbreitung, bedingt durch den Wärmebedarf, erhöht die Gefährdung, da Verluste kleiner Lokalvorkommen sich schon erheblich auf den Gesamtbestand auswirken. Besonders Flurbereinigungsmaßnamen haben zeitweilig die Bestände schrumpfen lassen.

Orchis mascula
Stattliches oder Männliches Knabenkraut

S: 21, F: 47
H: 247, 266

Vegetative Merkmale: Die Pflanze kann bis 50 cm hoch werden. Der **Stängel** ist im oberen Bereich meist rot überlaufen. Er entwickelt sich aus einer Rosette von bis 4 breit-lanzettlichen, bis 18 cm langen Blättern, die leicht nach oben gefaltet sind. Diese können groß **dunkel gefleckt oder ungefleckt** oder auch **fein rotbraun**, besonders am Grund **gestrichelt** sein, ebenso wie 2 zusätzliche Blätter, die den Stängel unten scheidig einhüllen.

Blütenmerkmale: Der Blütenstand ist bis 16 cm lang und besteht aus bis zu 30 Blüten, die in den Achseln häutiger Tragblätter stehen, die etwa so lang wie die Fruchtknoten sind. Mittleres Sepal und die Petalen bilden einen lockeren Helm über der Griffelsäule, die längeren **seitlichen Sepalen sind bis 15 mm lang und stehen nach oben nicht ganz zusammengeschlagen**, sie sind zum Ende zugespitzt. Die Lippe ist bis 15 mm breit und bis 12,5 mm lang, dreigeteilt, **hellrot bis purpurrot,** auch zartrosa, im Zentrum heller bis weiß, dort **mit dunklen, kleinen, roten Flecken** (feinen Papillen) besetzt. Der Mittellappen ist nach vorn abgesetzt, nochmals schwach zweilappig am Ende, die Seitenlappen sind am runden Rand gekerbt, oft schwach sichelförmig nach vorn gebogen. Der **Sporn ist dick zylindrisch**, bis 11 mm lang und bis 4,5 mm dick, gerade aufrecht oder leicht nach oben gebogen.

Vegetationszyklus: Die neuen Rosetten treiben um den Jahreswechsel an, bei günstiger Witterung schon vor Weihnachten, in harten Wintern erst im Januar. Die Blütezeit reicht von Anfang bis Ende Mai, der Fruchtansatz ist mäßig, die Früchte sind bis 22 mm

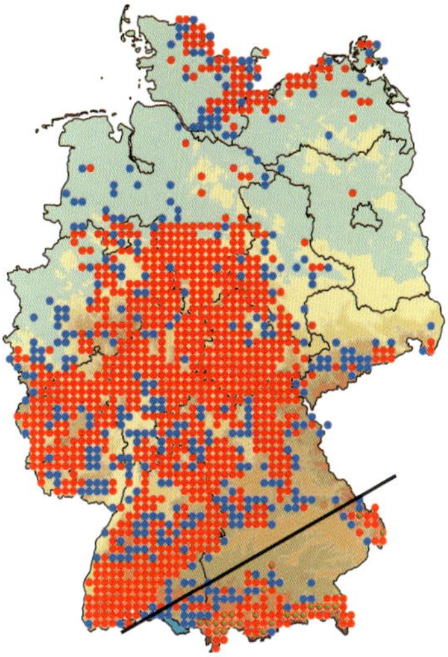

Ökologie: W(T).3w43-333-g
Vegetationsphase: 12–8, Blütezeit: 5
Verbreitung: gesamt 46,8 %, aktuell 32,5 %

lang und bis 6 mm dick, sie samen ab August aus.

Ökologie: Die Stammart ist an Kalk im Boden gebunden, sie besiedelt magere Wiesen, Halbtrockenrasen, lichte Gebüsche und Wälder, bis 1.900 m.

Zytologie: 2n = 42

Schutz und Gefährdung: Es besteht nur lokale Gefährdung durch Nutzungswandel der Wuchsorte, besonders auch durch zu starke Verbuschung.

Orchis mascula – *Variabilität*

Stattliches Knabenkraut

Variationsbreite: Die Intensität der Zeichnung der Blätter ist sehr unterschiedlich, das Bild auf S. 219 u.l. zeigt solch unterschiedlich gefärbte Rosetten nebeneinander, die zudem wie im Beispiel S. 218 o. auch fein rotbraun gestrichelt sein können, all diese Varianten treten innerhalb der Populationen gemeinsam auf. Allerdings findet man bei ssp. *speciosa* (siehe dort) die „gestrichelte" Variante obligat. Besonders variabel ist die Grundfarbe der Blüten, von schneeweiß (mit und ohne rote Punkte) hin zu dunkel purpurrot. Bei halbschattigem Stand sind die Blütenstände lockerer, bei intensiver Sonneneinstrahlung werden sie dichter. Monstrositäten sind bekannt in Form von Pflanzen mit gegabelten Blütenständen.

Schwierig ist die Abgrenzung zur nachfolgenden ssp. *speciosa*. (Bilder S. 221), da die morphologischen Unterschiede nicht groß sind. Auffällig ist besonders das ökologische Verhalten, da diese Unterart durchaus gern (aber nicht immer) auf saurem Boden, z. B. zusammen mit *Dactylorhiza sambucina* zu finden ist. Generell liegen ihre Vorkommen im alpinen und subalpinen Bereich Deutschlands, in der Gesamtverbreitungskarte auf S. 219 zeigt eine schwarze Linie die Grenze an, von der an südlich ssp. *speciosa* gefunden werden kann, die kleine Karte auf S. 221 zeigt deren sichere Funde. Eine denkbare Erklärung wäre, dass von Norden die Stammart, von Süden über die Alpen hingegen die Unterart sich aufeinander zu ausgebreitet haben und in Süddeutschland eine Übergangszone bilden.

S: 21, F: -
H: 247

Orchis mascula ssp. *speciosa*
Stattliches Knabenkraut, Prächtige Unterart

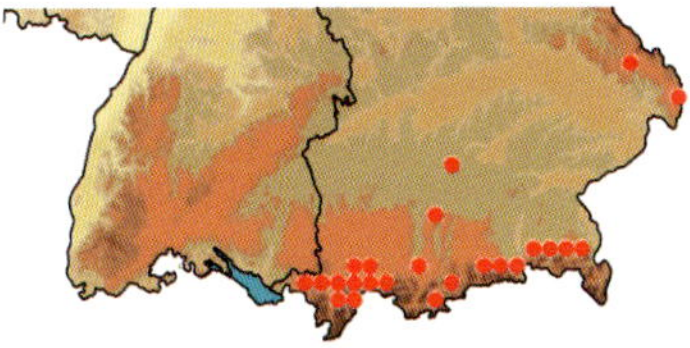

Ökologie: W(T).3w23-333-g
Vegetationsphase: 12–8, Blütezeit: 5–6
Verbreitung: 0,8 %, nicht genau bekannt

Abgrenzung zur Stammart: Hinsichtlich Größe der Pflanzen und Anzahl der Blätter bestehen keine relevanten Unterschiede, diese sind vom Lokalklima abhängig. Die Zeichnung am Blattgrund zeigt feine, rotbraune Punkte und Striche, die flächig verschmelzen können. Wichtigstes Merkmal ist die Gestalt der **Sepalen, die besonders lang und schmal zugespitzt bis 14 mm lang** sind, die seitlichen stehen weniger nach oben als zur Seite, das mittlere, zugespitzte Sepal läßt so auch den Helm lang geschnäbelt erscheinen. Die Ränder der stärker dreigeteilten Lippe sind tiefer gekerbt bis gezähnelt, die Sporne sind im Mittel etwas kürzer.

Zytologie: 2n = 42

Orchis pallens
Blasses Knabenkraut

S: 22, F: 48
H: 247, 266

Vegetative Merkmale: Aus bis 4 ovalen, nur schwach zugespitzten, **ungefleckten** und bis 15 cm langen **Blättern** treibt die Pflanze einen bis gut 30 cm langen Blütenstängel, der am Grund von 1–2 weiteren scheidigen, schmaleren Blättern eingehüllt wird.

Blütenmerkmale: Die Blütenstände werden bis 9 cm lang und tragen bis 35 **gelbe Blüten**, wobei die Lippe etwas dunkler als Sepalen und Petalen ist. Sie riechen nach Holunder. Ihre bis 14 mm lange **Lippe ist nur seicht dreiteilig**, sodass im Umriss eine fast halbkreisförmige Fläche mit tiefen Kerben durch die Lappenabgrenzungen entsteht. Die **Sporne sind lang zylindrisch, aufwärts gebogen** und bis 12 mm lang. Mittleres Sepal und Petalen sind fast gleich lang und bilden einen geschlossenen, rundlichen Helm, während die bis 11 mm langen **seitlichen Sepalen nach oben (rückwärts)** über dem Helm zusammengeschlagen stehen.

Vegetationszyklus: Im Februar zeigen sich die Spitzen der neuen Rosetten, die Pflanzen sind Mitte April in günstigen Lagen bereits in Blüte, in Hochlagen, wie in den Alpen (wo sie bis 1.500 m geht), bis Ende Juni. Der Fruchtansatz ist unvollständig, aber recht hoch bis um 50 %, die Früchte sind bis 24 mm lang und bis 6 mm dick, Fruchtreife ist im August.

Ökologie: Es besteht eine strenge Bindung an Kalk, gern besiedelt die Art lichte Buchen-Wälder, besonders Hutewälder, lichte Kiefernbestände, gelegentlich Streuobstwiesen, sie benötigt lichten Schatten.

Zytologie: 2n = 42 (40?)

Variationsbreite: Diese ist gering, gelegentlich treten Pflanzen mit deutlich

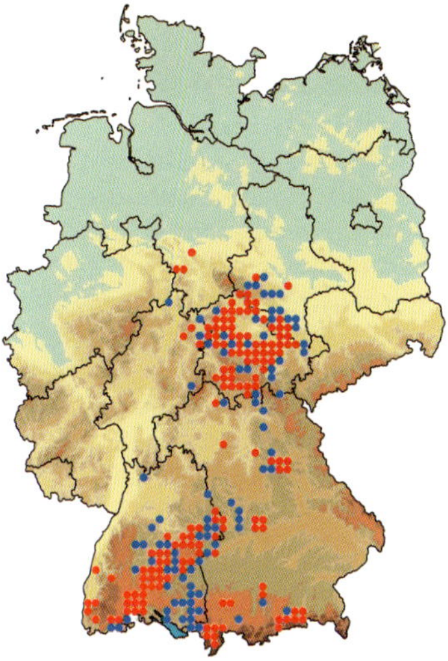

Ökologie: W.2w53-344-g
Vegetationsphase: 2–8, Blütezeit: 4–5(6)
Verbreitung: gesamt 8,2 %, aktuell 4,7 %

kleineren, schmaleren Lippen auf, die als Hybriden mit *Platanthera chlorantha* verkannt wurden. Häufig sind hingegen Hybriden mit *O. mascula*, deren Blüten alle Übergänge zwischen den beiden Eltern zeigen können.

Schutz und Gefährdung: Die Art ist in Deutschland relativ selten, wie die Verbreitungskarte ausweist. Um so mehr ist es notwendig, diese Vorkommen zu schützen, besonders bei der Art und Weise der Waldkultur ihre Licht-Bedürfnisse zu berücksichtigen und Lichtzonen einzuplanen. Ohnehin ist die Art durch ihre extrem frühe Blüte stark gefährdet, in manchen Jahren mit späten Kahlfrösten sind schon die Blütenstände von ganzen Populationen erfroren.

Orchis spitzelii
Spitzel's Knabenkraut

S: 22, F: 48
H: 247

Vegetative Merkmale: Die Pflanze besitzt einen bis 35 cm hohen Stängel, der sich in der Mitte einer **Rosette aus bis 5 glänzenden, hellgrünen, ungefleckten Blättern** entwickelt. Diese bis 10 cm langen Blätter sind am Grund schmal und verbreitern sich zum +/– **abgerundeten Ende** hin. Nach weiter oben wird der Blütenstängel durch Scheidenblätter eingehüllt.

Blütenmerkmale: Der Blütenstand ist zylindrisch, bei kräftigen Pflanzen lang gestreckt, meist aber eher kurz. Er besteht aus bis 25 Blüten, die in den Achseln häutiger, rötlicher Tragblätter stehen. Sepalen und Petalen bilden einen **lockeren Helm**, wobei die seitlichen Sepalen leicht davon abstehen. Auf der Außenseite ist der Helm günlich-braun gefärbt, auf der **Innenseite hell- bis olivgrün mit rotbraunen, feinen Flecken**. Die Lippe ist schwach dreigeteilt, in der Mitte nach unten gefaltet, der Mittellappen steht leicht vor, ist an seiner Spitze nochmals gebuchtet, die Grundfarbe ist **trübrosa.** Auf der Lippe befindet sich eine Zeichnung aus länglichen, dunkel **purpurroten Strichen** und Punkten. Der **Sporn ist dick kegelförmig bis zylindrisch, +/– abwärts gebogen**, kürzer bis fast so lang wie der Fruchtknoten, bis 9,5 mm lang.

Vegetationszyklus: Nach der Schneeschmelze treiben die Pflanzen an, die Blütezeit liegt je nach Höhenlage Mitte Mai bis Mitte Juli (in den Alpen). Der Fruchtansatz ist mäßig, die Früchte sind etwas schmaler als bei *O. mascula*, oft leicht rötlich überlaufen, ihre Reifezeit dürfte auch im August liegen.

Ökologie: Die Art siedelt in besonders schneereichen Regionen, hier gern

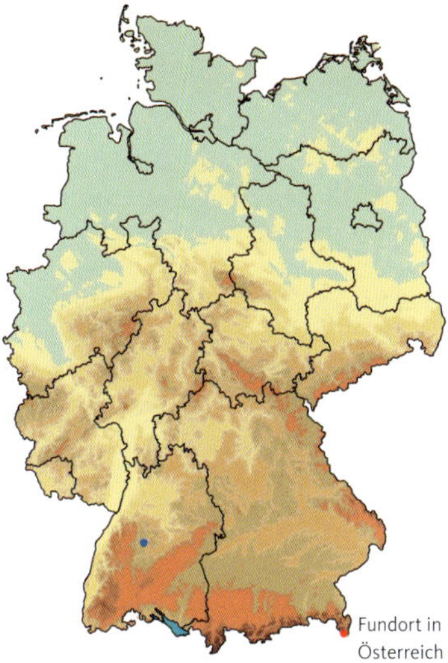

Ökologie: T.242-434-g
Vegetationsphase: 3–8?, Blütezeit: 5–7
Verbreitung: in Deutschland ausgestorben

in Geschieberinnen, zumindest aber auf sehr wasserdurchlässigem Grund, stets über Kalk.

Zytologie: 2n = 40

Variationsbreite: Die Länge und Form (gerade-kegelförmig) des Sporns variiert, auch die Färbung der Blüten, insgesamt aber in geringem Umfang.

Schutz und Gefährdung: Es gibt einen historisch sicheren Fundort in Deutschland bei Nagold, der aber seit über 100 Jahren erloschen ist. Ein aktueller Fundpunkt existiert aber unweit der deutschen Grenze in Österreich, sodass ein Fund in Deutschland in diesem Alpengebiet nicht unmöglich erscheint. In Schweden gibt es Vorkommen auf Gotland, ebenso wie weiter südlich in den Alpen, auch dort aber ausgesprochen lokal.

Platanthera bifolia
Zweiblättrige Waldhyazinthe

S: 22, F: 48
H: 247, 268

Vegetative Merkmale: Aus einer rübenförmigen Knolle schiebt die Pflanze **2 grundständige**, lang-ovale, hellgrüne **Blätter**, die meist um 10–12 (extrem bis 22) cm lang sind. In deren Mitte wächst der bis 50 cm hohe Blütenspross, der bis 6 weitere sehr kleine, lanzettliche Blättchen trägt.

Blütenmerkmale: Die Blütensprosse können bis 17 cm klang sein und bis 50 **locker stehende, weiße Blüten** haben. Diese zeigen einen lockeren Helm, der aus den Petalen und dem mittleren Sepal gebildet wird. Die Petalen sind sichelartig nach außen gebogen, bis 9 mm lang, das darauf liegende mittlere Sepal ist eiförmig, bis 8 mm lang. Die seitlichen, bis 12 mm langen und zum Ende zugespitzten Sepalen stehen flächig nach vorn oder nach oben gedreht zur Seite ab. Die Lippe ist schmal zungenförmig, abwärts gerichtet, bis 13 mm lang, zum Ende geht die Grundfarbe oft in ein helles Grün über. Der **Sporn ist mit bis 32 mm sehr lang,** dünn, nadelartig am Ende zugespitzt, meist am Ende leicht abwärts gebogen, mit Nektar gefüllt. Die **Antherenfächer stehen eng parallel** beieinander.

Vegetationszyklus: Der Antrieb erfolgt Anfang März, die Pflanzen blühen Mitte Mai bis Ende Juli. Der Fruchtansatz ist überdurchschnittlich hoch bei offenkundig sehr effektiver Bestäubung durch langrüsselige Schmetterlinge. Die Früchte sind bis 17 mm lang und bis 6 mm dick, zierlicher als die von *P. chlorantha*, reif ab Anfang Oktober.

Ökologie: Die Art bevorzugt schwach saure, etwas frische Wuchsorte (aber auch auf oberflächlich versauerten, basenreichen Kalkböden), gern im lichten Schatten, zwischen Gebüsch, unterhalb der subalpinen Stufe.

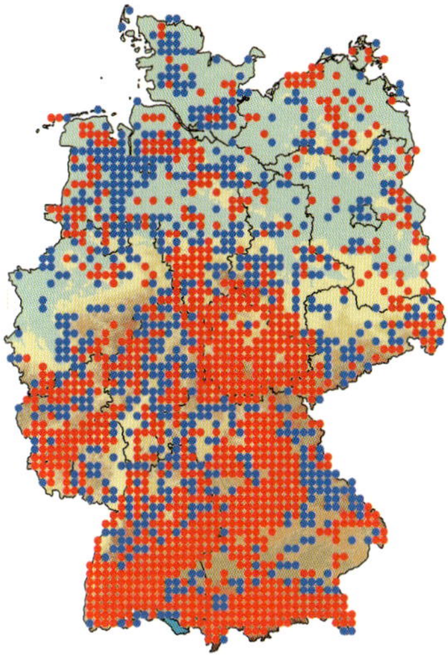

Ökologie: W(S).3w32-333-g
Vegetationsphase: 3–10, Blütezeit: 5–7
Verbreitung: gesamt 60,9 %, aktuell 34,8 %

Zytologie: 2n = 42

Schutz und Gefährdung: Leider sind viele extensive, montane Wiesen vernichtet worden, in denen sie wuchs. In den Kalkgebieten ist die Art deutlich seltener als *P. chlorantha*, mit der sie bei gemeinsamem Vorkommen sehr leicht hybridisiert.

Platanthera bifolia – Variabilität

Variationsbreite: Neben Monstrositäten wie z.B. Atavismen und Pflanzen mit mehr als 2 Grundblättern sind lokale, ökologische Anpassungen bedeutsam. Besonders gilt dies für Pflanzen, die in sandigen, nährstoffarmen Heidegebieten Norddeutschlands wachsen (S. 228, l.), auch z.B. in ariden Küstendünen in Dänemark (S. 228, r.). Diese Pflanzen sind dann extrem klein, oft unter 20 cm lang, im Verhältnis zur Pflanze sind die Blütenstände aber relativ viel länger, meist dichter blühend, wenngleich alle einzelnen Blütendimensionen auch deutlich geringer sind. Trotz dieser bemerkenswerten Abweichungen erscheint eine systematische Bewertung (sie wurden als „var. *graciliflora*" beschrieben) nicht sinnvoll, da oft nur wenige Kilometer entfernt, an nährstoffreicheren Wuchsorten völlig normal gestaltete Pflanzen wachsen. Ähnlich verhält es sich mit Anpassungen an hohe Lagen, auch hier nehmen hauptsächlich die vegetativen Dimensionen ab. Immerhin sind durch die Höhenlage weit besser geschlossene Verbreitungsareale dieser vom Typus abweichenden Populationen vorhanden, sodass nachstehend eine solche Variation abgegrenzt wird.

var. *subalpina*, Subalpische Varietät. Die Pflanzen besiedeln magere, subalpine Wiesen, oft zusammen mit *Pseudorchis albida* und *Dactylorhiza fuchsii* von 1.300 m bis 1.800 m Höhe in Deutschland, in den Zentralalpen bis 2.300 m. Im Schnitt zeigen die Populationen Blattlängen und Wuchshöhen, die nur etwa die Hälfte (bis 25 cm) von denen der Stammart betragen, die Blütendimensionen sind etwas kleiner. Besonders **auffallend ist die Spornlänge,** die deutlich **kürzer** ist, 15–21 mm gegenüber 24–32 mm (Nach Messungen von H. BAUMANN in AHO [Hrsg.], Die Orchideen Deutschlands, 2004, S. 652). Zusätzlich finden sich auch qualitative, wenngleich nicht konstante Merkmale, gerade in den Populationen am Großglockner, an denen die erwähnten Messungen durchgeführt wurden (siehe Bilder rechts). Nicht selten sind bei auffällig kurzen Sepalen, Petalen und Lippen die Blütenstände extrem dicht, die Sporne sind auffällig dick und stark abwärts gerichtet. Unmittelbar daneben finden sich aber auch Pflanzen (o.), die relativ lange, dünne Sporne an lockeren Blütenständen zeigen, bei denen auch die übrigen Blütendimensionen relativ größer sind. Hier mögen Ursachen wie lokale Wasserführung in der Wiese, Stickstoffangebot und ähnliche Wachstumsfaktoren zusätzlich auf das Erscheinungsbild der Pflanzen einwirken.

Anmerkung:
Die geschilderte Variabilität von Platanthera bifolia war seit dem 19. Jahrhundert die Grundlage von vielen Publikationen mit Beschreibungen abweichender Sippen. Buttler griff 2011 das Thema erneut auf, und trennte eine Platanthera fornicata (C.C. Babington) Buttler ab, die unserer typischen Mittelgebirgssippe entsprechen könnte, während Platanthera bifolia als Name Pflanzen des Tieflandes an sehr mageren, oft bodensauren Fundorten zuzuordnen sein würde. Dem wird hier nicht gefolgt.

Platanthera chlorantha
Grünliche Waldhyazinthe

S: 22, F: 48
H: 247, 268

Vegetative Merkmale: Das Erscheinungsbild der vegetativen Teile ist dem von *P. bifolia* sehr ähnlich, im Schnitt sind die Pflanzen von *P. chlorantha* etwas robuster.

Blütenmerkmale: Im Vergleich zu *P. bifolia* sind die Blütenstände breiter ausladend, die seitlichen **Sepalen sind länger**, bis 15 mm lang und breiter, manchmal spitz dreieckig gestaltet, die **Petalen sind sichelartig nach innen gebogen**. Bei den Farben dominiert weißlich-grün. Wichtigstes unterscheidendes Merkmal sind die Antherenfächer, die hier nicht parallel zueinander stehen, sondern **unten weit auseinander spreizend**. Der bis 37 mm lange Sporn steht waagerecht, ist zum Ende kolbenförmig verdickt, er führt Nektar.

Vegetationszyklus: Wie bei *P. bifolia*, die Früchte sind bis 19 mm lang und bis 6 mm dick, sie reifen ab Ende September.

Ökologie: Die Art besiedelt basenreiche, leicht feuchte (wechselfeuchte), humose Böden über Kalk und Gneis, gern im lichten Schatten von Gebüsch, in lichten Wäldern, aber auch

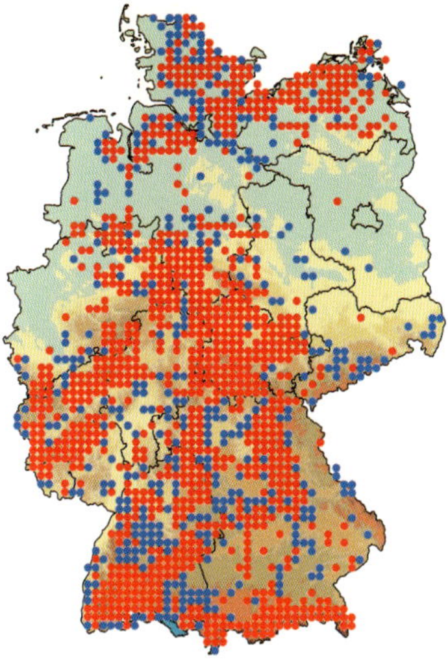

Ökologie: W(S).3w42-333-g
Vegetationsphase: 3–10, Blütezeit: 5–7
Verbreitung: gesamt 47,5 %, aktuell 32 %

in moorigen Wiesen, in den Alpen bis 1.690 m.

Zytologie: 2n = 42

Variationsbreite: Die Bilder zeigen besonders die Tendenz der Blüten, mehr oder minder zu vergrünen, was sich auch im Namen ausdrückt. Abweichen kann auch die Stellung der Petalen. Eine Alpenform wurde als „*P. montana* var. *gselliana*“ beschrieben, auf eine Umkombination wurde hier verzichtet, weil die Unterschiede zur Stammart gering sind und überwiegend in den Größenmerkmalen liegen, lediglich ein im Schnitt etwas kürzerer Sporn fällt aus dem Rahmen einer ökologischen Anpassung.

Schutz und Gefährdung: Es besteht keine relevante, spezifische Gefährdung, die Art ist besonders in den Kalkgebieten weit verbreitet. Lediglich in den Wiesenbiotopen ist ein echter Rückgang vorhanden.

Pseudorchis albida
Weiße Höswurz

S: 22, F: 49
H: 247, 274

Vegetative Merkmale: Aus einer tief zweigespaltenen Knolle entwickelt die Pflanze einen bis 32 cm hohen Trieb, an dem bis 7 grüne, glänzende Stängelblätter verteilt stehen. Diese sind bis 9 cm lang, werden von unten erst länger, dann wieder kürzer, die unteren sind länglich eiförmig, nach oben werden sie breit lanzettlich, sie stehen schräg aufwärts am Stängel.

Blütenmerkmale: Die **schmalen Blütenstände** sind aus vielen (bis 50) **sehr kleinen**, dichtstehenden, gelben bis **weißlich-gelben Blüten** aufgebaut, die in den Achseln kurzer, grüner Tragblätter (etwa so lang wie der Fruchtknoten) entspringen. Die Petalen sind etwas kürzer und dunkler gefärbt als die Sepalen, sie bilden zusammen einen Helm, von dem nur die Spitzen der bis 4 mm langen seitlichen Sepalen etwas seitlich abspreizen. Die nur **bis 4 mm lange Lippe** trägt einen winzigen, nur bis 2,7 mm langen Sporn (mit Nektar), sie **endet** nach vorn in **3 Spitzen**, die bei den alpinen Populationen etwa gleich lang sind, während bei den Mittelgebirgs-Populationen der Mittellappen etwas länger als die seitlichen ist.

Vegetationszyklus: Bereits im Herbst hat sich aus der neuen Sprossknolle ein Trieb entwickelt, der ab Juni (Juli im Hochgebirge) zur Blüte gelangt. Während dessen Fruchtphase hat sich dann eine neue Sprossknolle entwickelt. Der Fruchtansatz ist extrem hoch, sodass Autogamie vermutet wurde, wenngleich auch Pollenübertragung durch Kleinschmetterlinge beobachtet wurde.

Ökologie: Die Pflanze besiedelt frische bis wechselfrische, auch torfige Wiesen auf saurem bis neutralem Grund

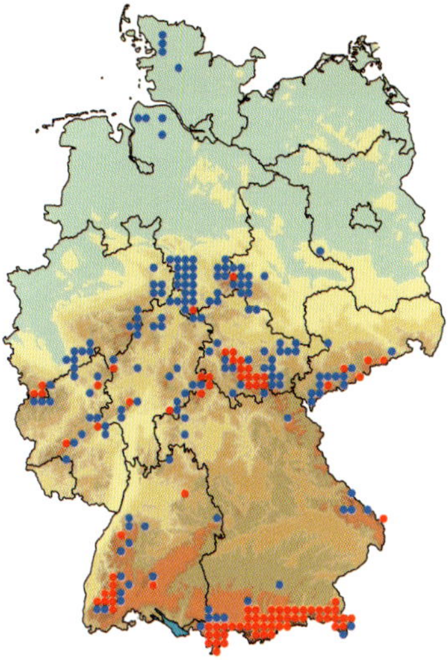

Ökologie: B.321-423-g
Vegetationsphase: 10–9, Blütezeit: 6–7
Verbreitung: gesamt 8,7 %, aktuell 3 %

(kalkhaltig oder kalkfrei). Man findet sie auf Silikat-Magerrasen, in Zwergstrauchheiden, in den deutschen Alpen bis 2.310 m.

Zytologie: 2n = (40) 42

Variationsbreite: Alpine und übrige Vorkommen zeigen Unterschiede, allerdings nicht immer konstant. Neben der Lippenform (siehe dort) fallen bei der „Flachlandform" hängende Blüten sowie höherer und kräftigerer Wuchs auf. Die alpine Variation wurde als ssp. *tricuspis* (BECK) E. KLEIN beschrieben, der Status einer Variatietät ist angemessen.

Schutz und Gefährdung: Außerhalb der Alpen sind massive Verluste zu verzeichnen bei einer dort ohnehin seltenen Art, geeignete Biotope wurden vernichtet. Umso wichtiger ist der Erhalt der wenigen verbliebenen Lebensräume.

Spiranthes aestivalis
Sommer-Drehwurz

S: 22, F: 49
H: 247

Vegetative Merkmale: Die zierliche Pflanze besitzt 2–6 dicke, rübenförmige Knollen von bis 8 cm Länge. Daraus treibt sie Blütenstängel von bis 35 cm Länge, die am Grund von bis **3 grünen, kahlen Rosettenblättern** umgeben sind, die **bis 14 cm lang** und nur wenig über 1 cm breit sein können; sie sind rinnig nach oben gefaltet. Am Stängel finden sich zusätzlich wenige, schmallanzettliche Hochblätter, die wie der Stängel fein filzig behaart sind.

Blütenmerkmale: Die Blütenstände werden bis 11 cm lang, sie tragen bis 25 **kleine, weiße**, nicht resupinierte (die Blüte dreht sich hier direkt auf dem Fruchtknoten) **Blüten** in den Achseln von behaarten Tragblättern, die so lang wie der Fruchtknoten sind. Durch eine Drehung des Stängels erscheinen die Blüten wie an einem Korkenzieher angeordnet. **Alle Blütenblätter** einschließlich hinterem Lippenteil **bilden eine Röhre**, die sich nach vorn weitet. Nach unten wölbt sich das Vorderteil der Lippe vor, zur Seite stehen die Enden der seitlichen Sepalen ab, nach oben biegen sich die Enden von Petalen und mittlerem Sepal. Dieses ist mit bis 7 mm Länge kürzer ist als die bis 9,5 mm langen seitlichen Sepalen. Alle Sepalen sind außen behaart. Die Lippe wird 6–7,5 mm lang und 3–4 mm breit. Hinten bildet sie eine nach oben gewölbte Halbröhre mit grünem Fleck zum Fruchtknoten hin, nach vorn verbreitert sie sich in eine zurückgewölbte, herzförmige, am Rand gewellte, breitere Fläche.

Vegetationszyklus: Im Frühjahr treibt die Knolle neue, kleine Blätter, voll entwickelt blühen die Pflanzen Anfang Juli bis Anfang August, die Fruchtreife

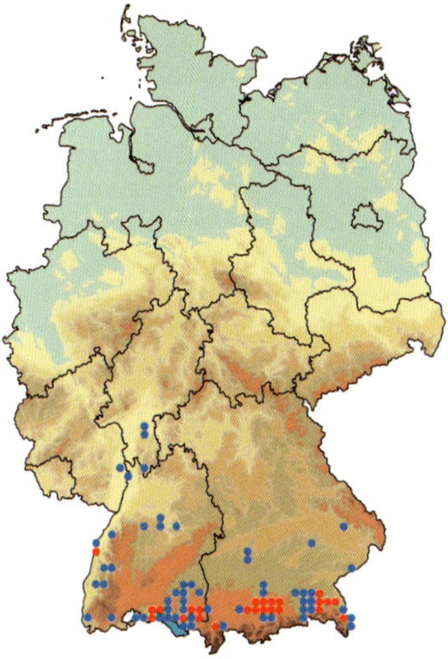

Ökologie: S. 4w51-443-g
Vegetationsphase: 4–10, Blütezeit: 7–8
Verbreitung: gesamt 2,8 %, aktuell 0,8 %

beginnt Mitte September, die Früchte sind bis 9 mm lang und bis 4 mm dick.

Ökologie: Die Art siedelt in extrem stickstoffarmen Hang- und Ufermooren über kalkreichem Grund, sie benötigt Staunässe, in Deutschland erreicht sie 1.000 m Höhe. Mit *Spiranthes spiralis* sind Hybriden bekannt.

Zytologie: 2n = 30

Variationsbreite: Keine von Relevanz.

Schutz und Gefährdung: Es handelt sich um eine seltene Art Süddeutschlands, besonders des Voralpenraums, die viele Wuchsorte verloren hat. Sie hat sehr spezielle Biotopansprüche. Die verbliebenen Wuchsorte müssen daher unbedingt erhalten und damit adäquat gepflegt werden.

Spiranthes spiralis
Herbst-Drehwurz

S: 22, F: 49
H: 247

Vegetative Merkmale: Die kleine Pflanze hat 2–4 dicke, rübenförmige Knollen, wird selber in Mitteleuropa aber nur bis 22 cm hoch, bleibt oft aber viel kleiner. **Zur Blütezeit besitzt der Stängel keine eigenen Rosetten-Blätter**, neben ihm erscheint der Trieb für die nächste Winter-Wachtumsperiode. Am Stängel finden sich aber einige scheidige, schmal-lanzettliche Blätter verteilt, wie der Stängel weißfilzig behaart. Die behaarten Teile wirken graugrün.

Blütenmerkmale: Die **Blütenstände** sind schmal, bis 10 cm lang, **wendelartig gedreht**, aus bis 30 kleinen Blüten aufgebaut, die in den Achseln von Tragblättern (etwas länger als die Fruchtknoten) stehen. Ähnlich wie bei *S. aestivalis* bilden die außen behaarten Sepalen, die Petalen und die **innen am Grund grüne Lippe** eine Röhre, die aber **weiter** als bei dieser Art nach vorn **geöffnet** ist. Petalen und mittleres Sepal sind am Ende nach oben gebogen, die seitlichen **Sepalen** biegen sich +/– **weit zur Seite,** die hinten halbröhrenförmige Lippe weitet sich nach vorn in eine kreisförmige, nach unten gebogene, am Rand gekerbte (bis ausgefranste) Fläche, die im Zentrum grün ist. Die seitlichen Sepalen sind bis 7 mm, die Lippe ist bis 6 mm lang.

Vegetationszyklus: Dieser ist ungewöhnlich, wie oben im Text bereits angedeutet. Zur Blüte, Ende Juli bis Mitte Oktober, beginnt die Entwicklung der nächstjährigen Rosette, die dann im Winter aus bis 7 fettig glänzenden, dunkelgrünen, lanzettlichen, bis 3,5 cm langen Blättern besteht und bis in das Frühjahr hinein assimiliert. Der Stängel treibt aus dem Zentrum der dann abgestorbenen Rosette heraus.

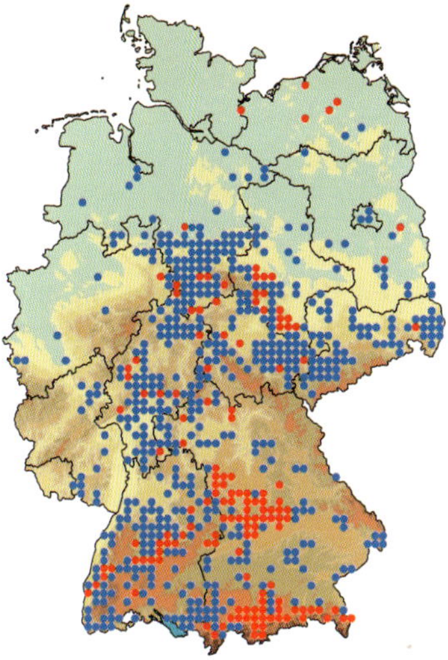

Ökologie: T.3w31-444-g
Vegetationsphase: 7–4, Blütezeit: 7–9
Verbreitung: gesamt 23,1 %, aktuell 4,9 %

Ökologie: Sie wächst auf oberflächlich versauerten, zumindest zeitweilig frischen, kalkarmen bis kalkreichen Böden, auf mageren Halbtrockenrasen und Zwergstrauchheiden bis 1.160 m.
Zytologie: 2n = 30
Variationsbreite: Der Drehwinkel der „Wendel" kann erheblich unterschiedlich sein, die Blüten können dadurch fast einseitswendig stehen.
Schutz und Gefährdung: Kaum eine Art hat so große Rückgänge hinnehmen müssen wie *S. spiralis*. Ursache ist oft ungeeignete Pflege der Biotope, da die Art besonders konkurrenzschwach ist und nur in extrem „kurzgefressener" Vegetation gedeiht. Unglücklich wird es, wenn regelmäßig über Jahre im August Schafe auf einem solchen Biotop gepfercht werden, eine Reproduktion durch Samen wird dann weitgehend ausgeschlossen.

Traunsteinera globosa
Rosa Kugelorchis

S: 22, F: 49
H: -

Vegetative Merkmale: Die Pflanze hat zur Blütezeit 2 Knollen, sie treibt 45 bis 75 cm **hohe, schlanke, beblätterte Stängel**. Die bis 8 **Blätter** werden von unten nach oben kleiner, sie sind am Grund stängelumfassend, **bläulichgrün**, schmal lanzettlich und unten bis 21 cm, oben bis 5 cm lang.

Blütenmerkmale: Die **Blütenstände** sind **kugelförmig** bis eiförmig (aufblühend kegelförmig) und bestehen aus zahlreichen (bis 100) kleinen Blüten. Diese sind besonders charakterisiert dadurch, dass die **Enden aller Perigonblätter** in am Ende **keulenförmig verdickte Zipfel** auslaufen. Über der Säule stehen nur die rosa gefärbten, kurzen Petalen, die gleich gefärbten Sepalen stehen leicht nach oben bzw. zur Seite ab, sie werden 6,5 – 9,5 mm lang. Die Lippe ist bis etwa 7 mm lang und breit, nach vorn verbreitert, keilförmig und dreilappig, **auf hellrosa Grund** trägt sie viele **dunkelpurpurne Flecken**. Die 3 Lappen sind etwa gleich groß. Der Sporn ist nur etwa 1/3 so lang wie der Fruchtknoten, bis etwa 3,7 mm lang und abwärts gebogen.

Vegetationszyklus: Aus dem Frühjahrstrieb erreicht die Pflanze ihre Blütezeit Anfang Juni bis Ende Juli (im Hochgebirge), die Fruchtentwicklung und Reife erfolgt bei recht hohem, aber unvollständigem Fruchtansatz sehr rasch, die Früchte werden bis 9 mm lang und bis 5 mm dick, sie samen in Mittelgebirgslagen ab Ende Juli aus.

Ökologie: Besiedelt werden montane und subalpine Wiesen und Staudenfluren, auch auf Geröllfluren und Magerrasen, sie toleriert bei eigenem hohen Wuchs eine relativ hohe Begleitvegetation. Als Untergrund

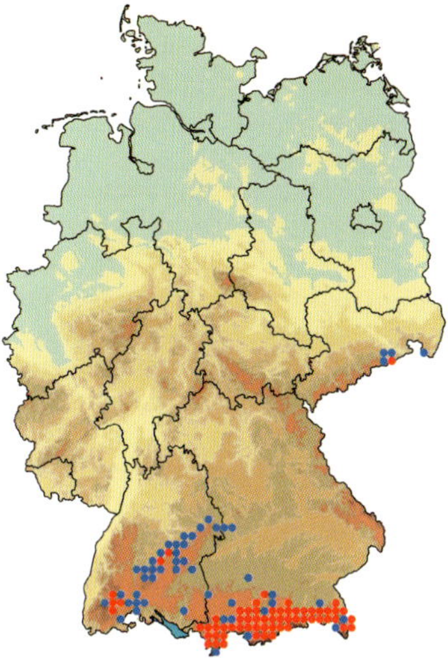

Ökologie: B.343-423-g
Vegetationsphase: 3–8, Blütezeit: 6–7
Verbreitung: gesamt 3,8 %, aktuell 2,1 %

ist Kalk erforderlich, der Boden darf schwach sauer bis schwach basisch sein, in den deutschen Alpen erreicht sie 2.110 m.

Zytologie: 2n = 42. Verblüffend ist die nahe Verwandtschaft zu *Chamorchis alpina* (vgl. S. 10).

Variationsbreite: Diese ist gering, selten findet man schneeweiß blühende Pflanzen ohne Zeichnung, daneben ist die Länge der Zipfel der Lippe unterschiedlich, diese können auch fehlen.

Schutz und Gefährdung: Die Vorkommen im Alpenraum erscheinen weitgehend stabil. Starke Rückgänge hingegen finden sich in den montanen Lagen außerhalb der Alpen, wo verbliebene, intakte Bergwiesen rar geworden sind.

Launen der Natur

Praktisch von allen vorgestellten Arten kann man mehr oder minder auffällige Abweichungen von der Normalität finden. Solche Launen der Natur können äußerst vielgestaltig sein, auf den folgenden Seiten sollen exemplarisch einige Beispiele vorgestellt werden.

Zum Beispiel kann die Anlage des Stängels gestört sein, sodass doppel- oder sogar mehrköpfige Blütenstände an einem sehr dicken Stängel resultieren, wie im Beispiel oben bei einer *Orchis purpurea*. Besonders häufig sind solche Veränderungen bei den Arten der Gattung *Epipactis*.

Doppel-oder ganz allgemein Mehrfach-Anlagen können auch nur einzelne Teile der Blüten, besonders die Lippen betreffen, wie im Beispiel von *Cephalanthera damasonium* (m.) oder *Ophrys holoserica* auf dieser Seite unten. Dabei ist zu unterscheiden zwischen reinen Doppelanlagen der Lippen oder aber auch gleichzeitiger doppelter Anlage der Griffelsäule. Meist betreffen solche Doppel- oder Mehrfachanlagen einzelner Strukturen nur einzelne Blüten, sie können aber auch, dann sicher genetisch fixiert, konstant alle Blüten einer Pflanze erfassen. Auch vegetative Teile können vermehrt angelegt sein. Auf Seite 243 oben links ist ein Zweiblatt abgebildet, das nicht die namensgebenden zwei Blätter sondern viele trägt. Auch bei anderen Orchideenarten mit üblicherweise zwei Blättern sind bei starken Pflanzen zusätzliche Blätter nicht selten zu beobachten.

Häufige Abweichungen von der Normalität können die Färbung der vegetativen Teile der Pflanze betreffen, die dann nicht grün sind. Eine solche Pflanze kann überhaupt nur dann überlebensfähig sein, wenn sie zeitlebens in der Lage ist, sich über Wurzelpilze zu versorgen und nicht über die Assimilation mit der Hilfe der Chloroplasten. Diese Bindung ist besonders hoch bei Arten der Gat-

tungen *Epipactis* und *Cephalanthera*, sodass es nicht verwundert, dass gerade bei diesen Arten solche Formen besonders oft auftreten, wie im Beispiel auf Seite 241 unten bei *Epipactis microphylla* (l.) und *Cephalanthera damasonium* (r.). Sehr selten kann auch bei einer *Ophrys insectifera* einmal eine solche Pflanze beobachtet werden (S. 241, o.l.).

Eine besonders bemerkenswerte Form monströser Entwicklungen sind Atavismen, d.h. Rückentwicklungen, bei denen die an sich spezifische Ausformung einer Lippe nicht erfolgt und stattdessen ein weiteres Petalum angelegt wird. Auf Seite 242 sind drei solche Formen von *Epipactis helleborine* ssp. *orbicularis* (o.), *Cypripedium calceolus* (m.) und *Platanthera bifolia* (u.) abgebildet.

Während alle bisher genannten Fälle in der Zuordnung meist keine Probleme bereiten, gibt es immer wieder abweichende Formen, die oft als Hybriden mit evtl. dort zusätzlich vorkommenden Arten interpretiert wurden. Die Literatur ist voll von Beschreibungen solcher Hybriden, deren Existenz die aus genetischen Gründen sehr stark zu bezweifeln ist. Auf S. 243 ist oben rechts eine monströse Form einer *Orchis pallens*, darunter eine *Dactylorhiza*-Hybride abgebildet; solche Pflanzen wurden als Hybriden von *O. pallens* × *Platanthera chlorantha* bzw. *Anacamptis palustris* × *Dactylorhiza incarnata* beschrieben. Dabei wird man, wenn man sehr große Populationen einer Art aufmerksam durchsucht, immer wieder eine erstaunliche Formenvielfalt finden, wie z. B. die unten links abgebildete *Dactylorhiza fuchsii*.

Hybriden

Die Orchideen als die Pflanzenfamilie mit der höchsten Zahl bekannter Arten steigern die Vielfalt nochmals mit einer noch größeren Zahl Hybriden, besonders bei den tropischen Arten in der gärtnerischen Zucht. Aber auch in Mitteleuropa treten viele Naturhybriden auf, die in diesem Kapitel vorgestellt werden.

Hybriden entstehen durch Kreuzung zweier genotypisch verschiedener Eltern, beide geben ihre dominanten oder rezessiven Merkmale an ihre Nachkommen weiter. Die sichere Identifizierung einer Hybride gelingt immer dann, wenn eindeutige Merkmale jeweils beider (!) Elternpartner eindeutig zu erkennen sind, die nur von dem einem oder dem anderen Elternpartner stammen können. Kreuzungen können sich, wenn sie gehäuft auftreten, durch eine erhebliche Mannigfaltigkeit auszeichnen, zumal in einigen Fällen auch Rückkreuzungen mit den Eltern möglich sind.

Andererseits verhindern natürliche Isolationsmechanismen ein grenzenloses Durchmischen der Arten und Gattungen. Hier sind geographische (getrennte Areale), ökologische (getrennte Biotope), phänologische (verschiedene Blütezeiten), mechanische (blütenmorphologische) und ethologische (spezielle Bestäuber) Gründe zu nennen, die man unter dem Begriff präzygote Isolation zusammenfasst. Wenn fremder Pollen auf der Narbe keimt und die Befruchtung vollzieht, können Embryonen gebildet werden, deren Genkombination muss aber alle für das Überleben notwendige Enzymmuster bilden können, andernfalls ist sind diese Embryonen nicht lebensfähig, es besteht eine postzygote Isolation.

In der Regel sind natürliche Hybriden in ökologisch stabilen Lebensräumen seltener als die Eltern, da die genannten Isolationsmechanismen ihrer Entstehung entgegenwirken. Sie sind meist Primärhybriden, d. h. aus der direkten Kreuzung der Elternarten entstanden, ihre Variabilität verdanken sie der Variationsbreite der Eltern. Gelegentlich beobachtet man dabei eine gesteigerte Wuchsfreudigkeit von Hybridpflanzen, die man als Heterosiseffekt bezeichnet. Diese Eigenschaft ist möglicherweise durch Polyploidie bedingt.

In eingen Fällen – oft bei Störung der Biotope – kann durch Rückkreuzung mit den Eltern oder auch durch Kreuzung der Hybridpflanzen untereinander eine Durchmischung von zwei an sich isolierten Taxa entstehen. In derartigen Fällen spricht man von Hybridschwärmen. In Deutschland beobachtet man solche Phänomene in den Gattungen *Dactylorhiza*, *Gymnadenia*, *Neotinea*, *Ophrys*, *Orchis* und *Platanthera*. In der Gattung *Ophrys* spielt bei der Entstehung solcher Schwärme auch von sogenannten Naturliebhabern künstlich vorgenommenen Kreuzbestäubung eine Rolle. Hybridschwärme scheinen in manchen Fällen eine bessere Anpassungsfähigkeit solcher Kreuzungen an noch instabile (Sekundär-)Standorte zu haben, wie am Beispiel *Orchis militaris* × *Orchis purpurea* gezeigt wurde (Hamel, 1992). Möglicherweise sind Hybridschwärme in Deutschland (vor allem bei der Gattung Dactylorhiza) erst durch die zunehmenden menschlichen Eingriffe in das Landschaftsgefüge entstanden, die in den letzten 100 Jahren zu verzeichnen waren.

Taxonomie und Systematik der Hybriden sind äußerst kompliziert, weil sich hier naturgemäß die vielen unterschiedlichen Auffassungen zur Systematik und Nomenklatur der Arten niederschlagen, was in einigen Fällen zu einem ziemlichen Wirrwar geführt hat. Diese Probleme hier aufzugreifen, würde den Rahmen eines Feldführers sprengen. Um das zu umgehen, wird hier gänzlich auf Angabe von Nothotaxa (eigenständigen Hybridnamen) verzichtet. Stattdessen enthalten die folgenden Seiten eine Liste aller in Deutschland gefundenen oder möglichen Hybriden in der korrekten Hybridformel (eine Reihe sicher vorhandener Hybriden ist noch gar nicht beschrieben worden !). Andererseits existiert eine Vielzahl von Hybrid-Beschreibungen, deren Determination äußerst zweifelhaft ist. Eine umfassende Übersicht zur gesamten Problematik findet sich bei KRETZSCHMAR in AHO[Hrsg.]: Die Orchideen Deutschlands, S. 693 ff. 2004.

Interspezifische Hybriden

Anacamptis coriophora × *Anacamptis morio*
Anacamptis coriophora × *Anacamptis palustris*
Anacamptis coriophora × *Anacamptis pyramidalis*
Anacamptis morio × *Anacamptis pyramidalis*
Anacamptis palustris × *Anacamptis pyramidalis*
Cephalanthera damasonium × *Cephalanthera longifolia*
Cephalanthera damasonium × *Cephalanthera rubra*
Cephalanthera longifolia × *Cephalanthera rubra*
Dactylorhiza fuchsii × *Dactylorhiza incarnata*
Dactylorhiza fuchsii × *Dactylorhiza incarnata* ssp. *cruenta*
Dactylorhiza fuchsii × *Dactylorhiza incarnata* ssp. *ochroleuca*
Dactylorhiza fuchsii × *Dactylorhiza majalis* ssp. *majalis*
Dactylorhiza fuchsii × *Dactylorhiza majalis* ssp. *lapponica*
Dactylorhiza fuchsii × *Dactylorhiza majalis* ssp. *praetermissa*
Dactylorhiza fuchsii × *Dactylorhiza majalis* ssp. *ruthei*
Dactylorhiza fuchsii × *Dactylorhiza majalis* ssp. *sphagnicola*
Dactylorhiza fuchsii × *Dactylorhiza majalis* ssp. *traunsteineri*
Dactylorhiza fuchsii × *Dactylorhiza sambucina*
Dactylorhiza fuchsii × *Dactylorhiza viridis*
Dactylorhiza fuchsii var. *sudetica* × *Dactylorhiza majalis*
Dactylorhiza incarnata × *Dactylorhiza majalis* ssp. *traunsteineri*
Dactylorhiza incarnata × *Dactylorhiza maculata*
Dactylorhiza incarnata × *Dactylorhiza majalis* ssp. *majalis*
Dactylorhiza incarnata × *Dactylorhiza majalis* ssp. *lapponica*
Dactylorhiza incarnata × *Dactylorhiza majalis* ssp. *praetermissa*
Dactylorhiza incarnata × *Dactylorhiza sambucina*
Dactylorhiza incarnata × *Dactylorhiza viridis*
Dactylorhiza incarnata ssp. *cruenta* × *Dactylorhiza majalis* ssp. *majalis*
Dactylorhiza incarnata ssp. *cruenta* × *Dactylorhiza majalis* ssp. *traunsteineri*
Dactylorhiza incarnata ssp. *incarnata* × *Dactylorhiza incarnata* ssp. *cruenta*
Dactylorhiza incarnata ssp. *incarnata* × *Dactylorhiza incarnata* ssp. *ochroleuca*
Dactylorhiza incarnata ssp. *incarnata* × *Dactylorhiza majalis* var. *pumila*
Dactylorhiza incarnata ssp. *ochroleuca* × *Dactylorhiza majalis* ssp. *majalis*
Dactylorhiza incarnata ssp. *ochroleuca* × *Dactylorhiza majalis* ssp. *traunsteineri*
Dactylorhiza incarnata var. *serotina* × *Dactylorhiza majalis* ssp. *majalis*
Dactylorhiza incarnata var. *serotina* × *Dactylorhiza majalis* ssp. *traunsteineri*
Dactylorhiza maculata × *Dactylorhiza majalis* ssp. *majalis*
Dactylorhiza maculata × *Dactylorhiza majalis* ssp. *sphagnicola*
Dactylorhiza maculata × *Dactylorhiza majalis* ssp. *praetermissa*
Dactylorhiza majalis ssp. *majalis* × *Dactylorhiza majalis* ssp. *praetermissa*

Dactylorhiza majalis ssp. *majalis* × *Dactylorhiza majalis* ssp. *ruthei*
Dactylorhiza majalis ssp. *majalis* × *Dactylorhiza majalis* ssp. *sphagnicola*
Dactylorhiza majalis ssp. *majalis* × *Dactylorhiza majalis* ssp. *traunsteineri*
Dactylorhiza majalis ssp. *majalis* × *Dactylorhiza sambucina*
Dactylorhiza majalis ssp. *majalis* × *Dactylorhiza viridis*
Dactylorhiza majalis var. *pumila* × *Dactylorhiza majalis* ssp. *traunsteineri*
Dactylorhiza sambucina × *Dactylorhiza viridis*
Epipactis atrorubens × *Epipactis helleborine*
Epipactis atrorubens × *Epipactis leptochila* ssp. *neglecta*
Epipactis atrorubens × *Epipactis microphylla*
Epipactis atrorubens × *Epipactis muelleri*
Epipactis atrorubens × *Epipactis palustris*
Epipactis bugacensis × *Epipactis helleborine*
Epipactis greuteri × *Epipactis helleborine*
Epipactis helleborine × *Epipactis leptochila*
Epipactis helleborine × *Epipactis microphylla*
Epipactis helleborine × *Epipactis muelleri*
Epipactis helleborine × *Epipactis purpurata*
Epipactis leptochila ssp. *leptochila* × *Epipactis leptochila* ssp. *neglecta*
Epipactis leptochila ssp. *leptochila* × *Epipactis muelleri*
Epipactis leptochila ssp. *leptochila* × *Epipactis purpurata*
Epipactis leptochila ssp. *neglecta* × *Epipactis muelleri*
Gymnadenia conopsea × *Gymnadenia odoratissima*
Neotinea tridentata × *Neotinea ustulata*
Nigritella nigra × *Nigritella rubra (vermutl. N. n.* ssp. *austriaca* × *N. r.* ssp. *rubra)*
Nigritella nigra ssp. *austriaca* × *Nigritella nigra* ssp. *rhellicani*
Ophrys apifera × *Ophrys holoserica*
Ophrys apifera × *Ophrys holoserica* ssp. *elatior*
Ophrys apifera × *Ophrys insectifera*
Ophrys apifera × *Ophrys sphegodes*
Ophrys holoserica × *Ophrys insectifera*
Ophrys holoserica × *Ophrys sphegodes*
Ophrys holoserica × *Ophrys sphegodes* ssp. *araneola*
Ophrys holoserica ssp. *holoserica* × *Ophrys holoserica* ssp. *elatior*
Ophrys insectifera × *Ophrys sphegodes*
Ophrys insectifera × *Ophrys sphegodes* ssp. *araneola*
Ophrys sphegodes × *Ophrys sphegodes* ssp. *araneola*
Orchis anthropophora × *Orchis militaris*
Orchis anthropophora × *Orchis purpurea*
Orchis anthropophora × *Orchis simia*
Orchis mascula × *Orchis pallens*
Orchis mascula ssp. *speciosa* × *Orchis pallens*
Orchis mascula × *Orchis spitzelii*
Orchis militaris × *Orchis purpurea*
Orchis militaris × *Orchis simia*
Orchis pallens × *Orchis spitzelii*
Orchis purpurea × *Orchis simia*
Platanthera bifolia × *Platanthera chlorantha*

Spiranthes aestivalis × *Spiranthes spiralis*

Intergenerische Hybriden

Cephalanthera damasonium × *Epipactis atrorubens*
Cephalanthera damasonium × *Epipactis helleborine*
Dactylorhiza fuchsii × *Gymnadenia conopsea*
Dactylorhiza fuchsii var. *sudetica* × *Gymnadenia conopsea*
Dactylorhiza fuchsii × *Gymnadenia odoratissima*
Dactylorhiza fuchsii × *Nigritella nigra* ssp. *rhellicani*
Dactylorhiza fuchsii × *Pseudorchis albida*
Dactylorhiza fuchsii var. *sudetica* × *Pseudorchis albida*
Dactylorhiza incarnata × *Gymnadenia conopsea*
Dactylorhiza incarnata ssp. *cruenta* × *Gymnadenia conopsea*
Dactylorhiza maculata × *Gymnadenia conopsea* var. *densiflora*
Dactylorhiza majalis ssp. *lapponica* × *Pseudorchis albida*
Dactylorhiza majalis ssp. *majalis* × *Gymnadenia conopsea*
Dactylorhiza majalis ssp. *praetermissa* × *Gymnadenia conopsea*
Dactylorhiza majalis ssp. *traunsteineri* × *Gymnadenia conopsea*
Dactylorhiza majalis ssp. *traunsteineri* × *Gymnadenia odoratissima*
Dactylorhiza sambucina × *Gymnadenia conopsea*
Dactylorhiza viridis × *Gymnadenia conopsea*
Gymnadenia conopsea × *Nigritella nigra* ssp. *rhellicani*
Gymnadenia conopsea × *Nigritella rubra* ssp. *rubra*
Gymnadenia conopsea × *Pseudorchis albida*
Gymnadenia odoratissima × *Nigritella nigra* ssp. *rhellicani*
Gymnadenia odoratissima × *Nigritella rubra* ssp. *rubra*
Gymnadenia odoratissima × *Nigritella rubra* ssp. *widderi*
Gymnadenia odoratissima × *Pseudorchis albida*
Nigritella nigra ssp. *rhellicani* × *Pseudorchis albida*
Nigritella rubra ssp. *rubra* × *Pseudorchis albida*
Nigritella rubra ssp. *widderi* × *Pseudorchis albida*

Anmerkung: Welche Subspezies im Falle der Beschreibung von Hybriden mancher *Nigritella*-Arten tatsächlich beteiligt war, ist heute nicht mehr feststellbar.

Interspezifische Hybriden

Auf den nachfolgenden Seiten finden sich Bildbeispiele der Hybriden im Gebiet in alphabetischer Reihenfolge, zunächst interspezifische Hybriden, dann intergenerische Hybriden. Mit wenigen Ausnahmen können alle gelisteten Hybridkombinationen gezeigt werden.
Als Bildunterschrift wird jeweils nur die betreffende Kombination angegeben, sie zeigen exemplarisch die betreffende Hybride, das Bild kann aber durchaus von einem Fundort außerhalb des Gebietes stammen. Dies ist aber gar nicht anders möglich: Beispielsweise wurden einige Hybriden aus Deutschland schon vor langer Zeit beschrieben, sodass es keine Bildnachweise von damals gibt. Heute sind sie ausgestorben, sodass keine neuen Bilder gemacht werden können.

Anacamptis coriophora × *Anacamptis morio* (alle Bilder der Seite)

Anacamptis coriophora × *Anacamptis pyramidalis* (beide Bilder)

Anacamptis morio × *Anacamptis pyramidalis* (beide Bilder)

Cephalanthera damasonium × Cephalanthera rubra

Cephalanthera damasonium × Cephal. longifolia

Cephalanthera longifolia × Cephalanthera rubra

Cephalanthera damasonium × Cephal. longifolia

Cephalanthera longifolia × Cephalanthera rubra

Dactylorhiza fuchsii × *Dactylorhiza incarnata*

Dactylorhiza fuchsii × *D. majalis* var. *pumila*

Dactylorhiza fuchsii × *D. majalis*

Dactylorhiza fuchsii × Dactylorhiza majalis ssp. *praetermissa*

Dactylorhiza fuchsii × Dactylorhiza sambucina

Dactyl. fuchsii × D. maj. ssp. *traunsteineri*

Dactylorhiza fuchsii × D. viridis

Dactylorhiza incarnata × D. inc. ssp. ochroleuca

Dactylorhiza incarnata × Dactylorhiza majalis

Dactylorhiza incarnata var. serotina × D. majalis

Dactylorhiza incarn. × *D. maj.* ssp. *praetermissa*

Dactylorhiza incarnata × *D. maj.* ssp. *traunsteineri*

Dactylorhiza maculata × *D. majalis* ssp. *sphagnicola*

Dactylorhiza majalis × D. maj. ssp. *praetermissa*

Dactylorhiza majalis × D. maj. ssp. *ruthei*

Dactylorhiza majalis × D. sambucina

Dactylorhiza majalis × D. maj. ssp. *sphagnicola*

Dactylorhiza majalis × *D. maj.* ssp. *traunsteineri*

Dactylorhiza majalis × *Dactylorhiza viridis* (unten, beide)

Epipactis atrorubens × *Epipactis helleborine*

Epipactis atrorubens × *Epipactis leptochila* ssp. *neglecta*

Epipactis atrorubens × Epipactis palustris

Epipactis helleborine × E. muelleri

Epipactis helleborine × E. leptochila

Epipactis helleborine × *E. purpurata*, zwei Hybriden (r.) neben Elter *E. purpurata* (l.)

Epipactis helleborine × *E. purpurata*

Epipactis leptochila × *E. leptochila* ssp. *neglecta*

Epipactis leptochila × *Epipactis muelleri*

Epipactis leptochila ssp. *neglecta* × *E. muelleri*

Epipactis leptochila × *E. purpurc*

Gymnadenia conopsea × *Gymnadenia odoratissima*

Neotinea tridentata × *Neotinea ustulata*

Variabilität von *Neotinea tridentata* × *Neotinea ustulata*

Nigritella nigra ssp. *austriaca* × *N. rubra*

Ophrys apifera × *O. holoserica* ssp. *elatior*

Ophrys apifera × *O. holoserica*

Ophrys apifera × Ophrys insectifera

Ophrys apifera × O. sphegodes

Ophrys holoserica × Ophrys insectifera

Ophrys holoserica × Ophrys sphegodes (ganze untere Reihe und Bild r. u.)

Ophrys insectifera × *O. sphegodes* ssp. *araneola*

Ophrys insectifera × *O. sphegodes* (incl. Bild r. außen)

Ophrys sphegodes × *O. sphegodes* ssp. *araneola*

Orchis anthropophora × O. militaris

Orchis anthropophora × O. purpurea

Orchis anthropophora × O. militaris

Orchis anthropophora × O. simia

Orchis mascula × Orchis pallens

Orchis militaris × Orchis purpurea

Orchis militaris × *Orchis simia*

Orchis purpurea × *Orchis simia*

Platanthera bifolia × Platanthera chlorantha

Dactylorhiza fuchsii × *Gymnadenia conopsea* (alle Bilder der Seite)

Dactylorhiza fuchsii × Gymnadenia odoratissima

Dactylorhiza fuchsii × Gymnadenia odoratissima

Dactylorhiza incarnata × Gymnadenia conopsea

Dactylorhiza majalis × *Gymnadenia conopsea* (alle Bilder der Seite)

Gymnadenia conopsea × *Nigritella nigra*

Gymnadenia conopsea × *Nigritella nigra*

Gymnadenia conopsea × *Nigritella rubra* var. *dolomitensis*

Gymnadenia odoratissima × *Nigritella nigra*

Gymnadenia odoratissima × *Nigritella rubra* var. *dolomitensis*

Gymnadenia odoratissima × *Nigritella rubra* ssp. *widderi*

Nigritella nigra ssp. *rhellicani* × *Pseudorchis albida*

Nigritella rubra ssp. *widderi* × *Pseudorchis albida*

Danksagungen

Der ganz herzliche Dank des Buchautors gilt den nachfolgend genannten Personen, die mit ihren aufgelisteten Aufnahmen die Bebilderung des Buches vervollständigt haben.

Bildautoren:
M. BABORKA: S. 273 (u.l., u.r.)
H. BAUMGARTNER: S. 44 m.l.)
H.G. BIELERT: S. 31 (u.l.), S. 42 (m.r. u.l.), S. 48 (u.l.), S. 49 (o.l., m.r.), S. 258 (o.l.)
H. BOERNITZ: S. 186 (u.)
W. ECCARIUS: S. 39 (o.l.), 40 (o.r.), S. 48 (m.r.), S. 221 (u.l.), S. 250 (o.r., u.l.)
R. FELDMANN: S. 233 (o.l.), S. 242 (u.), S. 243 (o.l.)
G. GERLOFF: S. 270 (u.r.)
N. GRIEBL: S. 44 (u.l.), S. 159 (o.r.), S. 182 (u.l.), S. 187 (o., u.l.))
H. HEITZ: S. 250 (m.li., u.re.)
W. HUTH: S. 265 (u.r.)
C.A.J. KREUTZ: S. 40 (u.l.), S. 193 (u.), S. 196 (u.l.)
AMY & JIMMY LASSEN: S. 40 (m.li.)
M. MANISCHEWSKI: S. 48 (m.l.)
H. MATZKE: S. 253 (o.l.)
M. MERTEN: S. 100 (o.l.), S. 101 (u.), S. 105 (o.), S. 120, S. 121 (u.), S. 158, S. 159 (u.), S. 184 (o., u.), S. 185 (o.r.), S. 197 (beide), S. 252 (o.r., u.l.), S. 254 (o.l.), S. 255 (o.l., o.r.), S. 258 (o.r.), S. 260 (o.l., o.r.), S. 267 (u.r.), S. 274 (u.l., u.r.)
U. MÜLLER: S. 186 (o.)
J. PASSIN: S. 241 (u.r.)
H. PRESSER: S. 38 (o.l.), S. 40 (u.r.), S. 42 (o.l.), S. 88 (o.), S. 121 (o.), S. 187 (u.r.), S. 188(o.)
W. STERN: S. 41 (o.l.)
F. UMMENHOFER: S. 49 (o.r.)
J. VOLLMER: S. 126 (alle)
A. WAGNER: S. 100 (u.l.)
C. WOLF: S. 241 (m.r.), 242 (o. ,m.)
W. WUCHERPFENNIG: S. 98–99 (alle Bilder), S. 188 (u.)
Alle anderen Bilder stammen vom Buchautor.

Besonders herzlich ist Herrn Prof. W. ECCARIUS und Herrn Dr. C. GEMBARDT für das Lesen der Korrekturen und für zahlreiche, hilfreiche Diskussionen zu danken.

Zitierte Literatur

Arbeitskreise Heimische Orchideen – AHO[Eds.], Die Orchideen Deutschlands. – Uhlstädt-Kirchhasel. 2005.

Bateman, R. M., A. M. Pridgeon & M. W. Chase, Phylogenetics of subtribe *Orchidinae* (*Orchidoideae, Orchidaceae*) based on nuclear ITS sequences. 2. Infrageneric relationships and reclassification to achieve monophyly of *Orchis* sensu stricto. – Lindleyana 12(3): 113-141. 1977.

Bateman, R.M., Evolution and classification of European orchids: insights from molecular and morphological charakters. J. Eur. Orch. 33(1): 33-119. 2001

Bateman, R.M., P.M. Hollingsworth, J. Preston, L.Yi-Bo, A.E. Pridgeon & M.W. Chase, Molecular phylogenetics and evolution of *Orchidinae* and selected *Habenariinae* (*Orchidaceae*). – Bot. J. Linn. Soc. 142: 1–40. 2003.

Buttler, K.P., Revision von Platanthera biifolia sensu lato – Taxonomische Neubewertung des Formenkreises um die Weiße Waldhyazinthe, Jber. Wetterau. ges. Naturkunde, 159.–161. Jg, S. 93–108. Hanau, 2011.

Devos, N., O. Raspe, A.-L. Jaquemart & D. Tyteca, On the monophyly of *Dactylorhiza* Necker ex Nevski (*Orchidaceae*): is *Coeloglossum viride*(L.) Hartman a *Dactylorhiza* ? – Bot. J. Linn. Soc. 152: 261-269. 2006.

Dworschak, W. (2002) Gliederung der verschiedenen Erscheinungsformen der Mücken-Händelwurz in Südbayern. In: Naturwissenschaftlicher Verein Wuppertal e.V. (Ed.) Jahresberichte des Naturwissenschaftlichen Vereins Wuppertal e.V., Heft 55, Wuppertal, pp 27–45.

Eccarius, W., Die Gattung Dactylorhiza, Eisenach 2016.

Hedrén, M., Genetic differentiation, polyploidization and hybridization in northern European *Dactylorhiza* (*Orchidaceae*): evidence from allozym markers. Pl. Syst. Evol. – 201: 31–55. 1996.

Hedrén, M., M.F. Fay & M.W. Chase, Amplified Fragment Length Polymorphisms (AFLP) Reveal Details of Polyploid Evolution in *Dactylorhiza* (*Orchidaceae*), Amer. J. Bot. – (10): 1868-1880. 2001.

Hedrén, M, E. Klein & H. Teppner, Evolution of Polyploids in the European Gattung *Nigritella*: Evidence from Allozyme data, – Phyton (Horn) 40(2), 237-275. 2000.

Jäger, H. Der Apothekergarten – für Apotheker und Gärtner, Land- und Gartenbesitzer, ed. 4 [bearb. von I. Wesselhöft]. – Leipzig. 1913.

Jin W.T., Jin X.H., Schuiteman A., Li D.Z., Xiang X.G., Huang W.C., Li J.W., Huang L.Q., Molecular systematics of subtribe Orchidinae and Asian taxa of Habenariinae (Orchideae, Orchidaceae) based on plastid matK, rbcL and nuclear ITS. Mol. Phylogenet. Evol. 77:41-53. 2014.

Kretzschmar, H., W. Eccarius & H. Dietrich, Die Gattungen *Anacamptis, Neotinea, Orchis*. 2007. – Echinomedia, Bürgel.

Landold, E., Ökologische Zeigerwerte zur Schweizer Flora. – Veröffentl. geobot. Institutes der ETH, Stiftung Rübel, Zürich, 64. Heft. 1977.

McKendrick, S.L., J. R. Leake, D.L. Taylor & D. J. Read, Symbiotic germination and development of the myco-heterotrophic orchid *Neottia nidus-avis* in nature and its requirement for locally distributed *Sebacina* spp. – New Phytologist 154: 233–247. 2002.

Schulze, M., Nachträge zu Die Orchidaceen Deutschlands, Deutsch-Österreichs und der Schweiz (IV). – Mitt. Thüring. Bot. Ver. 17: 37-75. 1902.

Tang Y., Yukawa T., Bateman R.M., Jiang H., Peng H., Phylogeny and classification of the East Asian Amitostigma alliance (Orchidaceae: Orchideae) based on six DNA markers. BMC Evol Biol. 2015 May 26;15:96. 2015.

Empfehlenswerte, weiterführende Literatur

Mit „Die Orchideen Deutschlands“ haben die Arbeitskreise Heimische Orchideen (AHO) Deutschlands im Jahre 2005 eine sehr große, umfassende Publikation vorgestellt, in der detailierte, weiterführende Informationen über die heimischen Orchideen zu finden sind. Weiterhin geben die AHO 2 Zeitschriften heraus, in denen regelmäßig Veröffentlichungen über mitteleuropäische Orchideen erscheinen. Im AHO Baden-Württemberg wird 4x jährlich das **„Journal Europäischer Orchideen“** publiziert, die anderen AHO haben eine gemeinsame Zeitschrift, die **„Berichte aus den Arbeitskreisen Heimische Orchideen“**, die 2x jährlich ausgeliefert wird. Nachstehend sind die Adressen aufgelistet, unter denen Kontakt zu den regionalen AHO aufgenommen werden kann und die genannten Publikationen bezogen werden können:

AHO Baden-Württemberg (BW)
www.orchids.de
1. Vorsitzender:
Dietrich Bergfeld, Fuchsbau 3, 76228 Karlsruhe
Geschäftstelle:
Dr. Simon Stutz, Antwerpener Straße 6, 70374 Stuttgart
Kartierungsstelle:
Bernd Haynold, Bahnhofstraße 12, 74541 Vellberg

AHO Bayern (BY)
www.aho-bayern.de
1. Vorsitzender:
Wolfgang Klopsch, Goethestr. 21, 97209 Veitshöchheim
Geschäftstelle:
Peter Müller, Nymphenburger Str. 81, 80636 München
Kartierungsstellen:
Bayern (Nord)
Gerhard Löber, Hirschenstr. 22, 90762 Fürth
Bayern (Süd & Gesamt):
Peter Müller, Nymphenburger Str. 81/V, 80636 München
Bayern (Oberfranken):
Stephan Lang, An der Kirche 26, 96197 Wonsees
Bayern (Unterfranken):
Michael Hainzlmaier, Zweiter Siedlungsweg 7, 97082 Würzburg

AHO Brandenburg (BB)
1. Vorsitzende:
Doris Beutler, Kirschallee 3b, 15848 Stremmen
Geschäftstelle und Kartierungsstelle:
Dr. Frank Zimmermann, Wolfstraße 6, 15345 Rehfelde

AHO Hamburg (HH)
www.aho-hamburg.de
Arbeitskreisleitung und Kartierungsstelle:
Claus-Philipp Carstens, Abelskamp 3, 22397 Hamburg
Geschäftstelle:
Heinz J. Plezia, Benzstr. 10a, 22177 Hamburg

AHO Hessen (HE)
www.aho-hessen.de
1. Vorsitzende und Geschäftstelle:
Jutta Haas, Nibelungenstr. 122, 64686 Lautertal

Kartierungsstelle:
Ortwin Heinrich, Am Berg 8, 63654 Büdingen-Lorbach

AHO Niedersachsen (NI)
www.aho-niedersachsen.de
1. Vorsitzender und Geschäftstelle:
Dr. Wolfgang Stern, Große Düwelstr. 41, 30171 Hannover
Kartierungsstelle:
Dr. Carsten Schmegel, Kiefernweg 24, 21360 Vögelsen
AHO Nordrhein-Westfalen (NW)
www.aho-nrw.de
Arbeitskreisleiter:
N. N.
Stellvertretende Arbeitskreisleiter:
Bernd Margenburg, Auf der Klause 5, 59192 Bergkamen
Dr. Dieter Wenker, Schulstr. 32, 44289 Dortmund
Geschäftstelle:
Wilfried Kuhn, Am Zuckerloch 12, 42111 Wuppertal
Kartierungsstelle:
Günter Westphal, Emschestr. 8, 45525 Hattingen

AHO Rheinland-Pfalz (RP) und Saarland (SL)
aho-rps.eifellinks.net
1. Vorsitzender und Geschäftstelle:
Norbert Berlinghof, Richard-Wagner-Straße 37, 76744 Wörth
Kartierungsstelle:
Jürgen Passin, Am Hofgarten 3, 56729 Langenfeld

AHO Sachsen (SN)
1. Vorsitzender und Geschäftstelle:
Wolfgang Riether, Adam-Ries-Str. 23, 09456 Annaberg-Buchholz

AHO Sachsen-Anhalt (ST)
www.aho-sachsen-anhalt.de
1. Vorsitzender:
Frank Meysel, Gottgau 1, 06193 Löbejün
Geschäftstelle:
Hermann Wolke, Hasenwinkel 4, 06502 Thale
Kartierungsstelle:
Michael Bulau, Straße des Sozialismus 10, 06429 Borgesdorf

AHO Schleswig-Holstein (SH)
www.aho-sh.de
Leitung und Geschäftstelle:
Fritz Hamann, Ahornweg 41A, 22949 Ammersbek
Kartierungsstelle:
Peter Schnack, Königsbergerstr. 6, 24589 Nortorf

AHO Thüringen (TH)
www.aho-thueringen.de
1. Vorsitzender:
Otmar Töpfer, Alexanderstraße 23, 99817 Eisenach
Geschäftstelle:
Christel Lindig, OT Uhlstädt, Hohe Straße 204, 07407 Uhlstädt-Kirchhasel
Kartierungsstelle:
Hermann Voelckel, Sommerbergstraße 2, 07751 Rothenstein/Oelknitz

Glossar

Ähre = Blütenstand, in dem die Einzelblüten ungestielt an der Hauptachse sitzen
Albino, albinotisch = weißblütige Form einer Pflanze, die anders gefärbte Blüten hat
Allel = mögliche Ausprägung eines Gens, das sich an einem bestimmten, definierterten Ort auf einem Chromosom befindet
Allogamie = Fremdbestäubung
Allotetraploidie = siehe Fußnote S. 80
Allozymanalyse = Analyse der Varianten von Polypeptiden, die verschiedene allelische Alternativen, d. h. verschiedene mögliche Ausprägungen eines Genes am gleichen Ort im Chromosom repräsentieren
Anthere =Staubbeutel, Teil des Staubblattes
Apomikt = Organismus, hier Pflanze, bei dem die geschlechtliche Fortpflanzung dauerhaft ausfällt und ersetzt wird durch andere Fortpflanzungsweisen, beispielsweise Jungfernzeugung
asymbiontisch = bei Orchideen: Samenkeimung ohne Hilfe eines Pilzes
Art = siehe S. 4–5
Atavismus = Rückbildung des Labellums zur Gestalt der Petalen
Autogamie = Selbstbestäubung
autotroph = Stoffwechseltyp; sich selbst, ohne Hilfe anderer Organismen ernährend
Basionym = Begriff aus der Nomenklatur: der Name, auf den sich ein neuer Name oder eine Umkombination bezieht.
Biodiversität = biologische Vielfalt
Biotop = ein spezifischer Lebensraum für eine Gesellschaft aus Pflanzen und Tieren.
Chlorophyll = Blattgrün, in bestimmten Zellorganellen (Chloroplasten) vorhanden
Chorologie, chorologisch = Arealkunde, arealkundlich
Chromosom = Zellkernstruktur, die die Information des Erbmaterials als strukturiertes Paket enthält. Bei der Zellteilung werden diese Pakete verdoppelt und auf die Tochterzellen weitergegeben, bei der geschlechtlichen Vermehrung zudem halbiert, und diese Hälften an Pollen bzw. Eizelle übertragen.
chromosomal = zu einem Chromosom gehörig
diploid = Zellen oder Organismen mit einem doppelten Chromosomensatz
DNA = (**Desoxyribonukleinsäure**) = Polynukleotid, das zur Speicherung und Vermehrung der genetischen Information dient, die Abfolge der enthaltenen Grundbausteine (Nukleotide) nennt man Nukleotidsequenz.
Endemit, endemisch = auf ein begrenztes Areal beschränkte Sippe, z. B. oft auf Inseln
Epichil = vorderer Teil eines gegliederten Labellums bei Orchideen
Eutrophierung = übermäßiger Eintrag von (Stickstoff-)Dünger
Form = Pflanze mit besonderen Eigenschaften, z. B. weißblütig, der man einen wissenschaftlichen Namen gegeben hat.
Gattung = lateinisch Genus, Begriff aus der Systematik, die Verwandtschaftsstufe oberhalb der Art, z. B. alle Ragwurze = *Ophrys*. Geht man in der Verwandschaft weiter nach oben, so faßt man ähnlich aufgebaute Pflanzen zusammen als Tribus bzw. auch noch untergliedert als Subtribus , darüber die höhere Stufe Unterfamilie, ganz oben die Familie, hier der Orchideen. Das Beispiel der Gattung Ophrys gehört in den Subtribus Orchidinae, diese in den Tribus Orchidieae, dieser in die Unterfamile Orchidoideae, die zu den Orchidaceae als Familie gehört. Auf S. 10 ist diese Beziehung für alle Gattungen aufgegliedert.
Genom = Erbgut eines Lebewesens bzw. gesamte Erbinformation in einer Zelle
Geophyten = ausdauernde Kräuter, deren Überwinterungsorgane im Boden liegen und dadurch geschützt werden
Gynostemium = Säule, Verwachsungsprodukt des einen oder der beiden Filamente der noch vorhandenen Staubblätter bei den Orchideen mit der Griffelröhre
Habitat = Standort
Habitus = äußeres Erscheinungsbild einer Pflanze
Heterosiseffekt = Bei Hybriden beobachtet man oft eine deutlich höhere Wüchsigkeit und auch Größe als bei Ihren Eltern. Häufig liegt das daran, daß eine Hybride tetraploid ist, d. h. einen nochmals verdoppelten Chromosomensatz enthält.

Hybridisierung, hybridogen = Pflanzensippe, die durch Hybridisierung entstand, d. h. es liegt ein Bastard aus unterschiedlichen Elternarten vor.
Hybridschwarm = Population aus Hybriden und deren Nachkommen
Hypochil = hinterer Teil eines gegliederten Labellums bei Orchideen
Infloreszenz = Blütenstand
Intergenerische Hybriden = Hybride, gebildet aus Arten unterschiedlicher Gattungen
Interspezifische Hybriden = Hybride, gebildet aus Arten der gleichen Gattungen
ITS-Segment = bestimmter Abschnitt der DNA, der sich dadurch auszeichnet, daß er keine spezifischen Merkmale (Gene) enthält, d. h. es wird hier keine Information über z. B. Blütenfärbung, Zeichnung etc. als Erbinformation weitergegeben. Daher müßte bei einer Art hier theoretisch bei jeder Pflanze die gleiche oder allenfalls eine minimal durch Mutation veränderte Abfolge der Nukleotide (Aminosäuren der DNA) zu finden sein. Würden hier Gene=Erbinformation für eine Merkmal liegen, hätte z. B. eine sehr hell blühende Pflanze eine andere Kodierung als eine dunkel blühende Pflanze, zur Bestimmung der Verwandschaftsnähe wäre ein solcher Abschnitt der DNA ungeeignet. Mit besonderen mathematischen Methoden kann man aus der Abfolge der Nukleotide in diesem ITS-Segment die Verwandtschaft verschiedener Arten zueinander ermitteln, man kann sogar, da man die natürliche Mutationsrate abschätzen kann, damit das Alter einer Art errechnen.
Kladogramm = Verwandtschaft von Arten, dargestellt in Form eines Baums
Kleistogamie = Selbstbestäubung in noch geschlossener Blüte
Klon = genetisch identische Nachkommen einer Pflanze
Labellum = Lippe der Orchideen
Messtischblatt = topgrafische Karteneinheit im Maßstab 1:25000, 4 cm auf der Karte entsprechen 1 km in der Natur.
Monophylum, monophyletisch = die Summe aller Nachkommen, die von einem Individuum abstammen / von einem Individuum abstammend
Monstrosität = Mißbildung
Morphologie = vergleichende Gestaltslehre
Mutation = Veränderung im Gencode eines Lebewesens, bei der z. B. durch energiereiche Strahlung oder chemische Einwirkung eine Änderung der Nukleotidreihenfolge erzeugt wurde.
Mykorrhiza = Zusammenleben der Wurzeln vieler Landpflanzen mit Pilzen
Neophyt = Neubürger. Pflanze, die neu in ein bestimmtes Gebiet eingewandert ist
Nomenklatur = Lehre von der Namensgebung (der Pflanzen)
Nothotaxa = eigenständige Hybridnamen
Nukleotid = siehe ITS-Segment: Aminosäure der DNA, z. B. Cytosin
Nuzellarembryonie = siehe Apomikt (oben). Viele Pflanzen, hier bezogen auf die mitteleuropäischen Orchideen, die Gattung Nigritella, haben eine besondere Form der ungeschlechtlichen Vermehrung eingeschlagen. Ihre Pollen haben keine Funktion bei der innerartlichen Samenbildung. Stattdessen entwickeln sich funktionsfähige embryonale Zellen direkt in den Ovarien durch Verschmelzung zweier, mütterlicher Zellkerne, so daß die Embros obligat tetraploid sind, oder auch noch mehr haploide Chromosomensätze integrieren können. Vgl. umfassende Darstellun auf S. 180.
Papillen = haarförmig ausgezogene Zellen, z. B. auf der Oberfläche der Lippe
Perigon = Blütenhülle ± gleichartig, z. B. Lilie, viele Orchideen
Petalum, Petalen = innere Kronblätter der Blüte, normal nur 2 bei den Orchideen, da das 3. Petalum zur besonderen Lippe umgestaltet ist.
Phylogenie, phylogenetisch = Stammesgeschichte, stammesgeschichtlich
Pollinium = zu einem einheitlichen Gebilde verklebter Inhalt eines Pollensackes
Pollinarium = die von vielen Orchideen bei der Bestäubung dem Insekt aufgeklebte Einheit aus Pollinium, dessen Stiel und einer Haftscheibe (Viscidium)
polyploid = vervielfältigter Chromosomensatz

präzygotische Isolation = Verhinderung der Durchmischung von gemeinsam wachsenden Arten durch verschiedene Mechamismen, Verhinderung der Bildung einer Zygote
Primärhybride = Hybride aus mindestens 2 Arten, im Gegensatz zur möglichen Rückkreuzung aus einer Hybride und Elternpflanze
Pseudokopulation = Scheinpaarung. Häufiges Bestäuber-Verhalten der Orchideengattung Ophrys (Ragwurz)
Resupination = Drehung der Blüte (meist um 180°), wodurch die Lippe einer Orchideenblüte nach unten ausgerichtet wird
Rhizom = unterirdische, mit Schuppenblättern besetzte Sproßachse
Rostellum = Blütenorgan, das zwischen Staubbeutel und Narbe angeordnet ist und an der Spitze klebrig ist; einerseits dient es der Verhinderung von Selbstbestäubung, andererseits trägt es an der Spitze eine stark klebrige Masse, mit der die Pollinarien einem besuchenden Insekt aufgeklebt werden
Sepal, Sepalen = äußeres Blütenhüllblatt, äußere Blütenhüllblätter
Sippe = allgemeine taxonomische Kategorie unbestimmter Ranghöhe
Staminodium, Staminodien = sind sterile (unfruchtbare) Staubblätter, also Staubblätter, die keinen Pollen produzieren können. Staminodien tragen keine oder nur verkümmerte Staubbeutel.
Staubblatt = Blütenorgan, an dem die Pollen, bzw. bei den Orchideen die Pollinien (s. o.) gebildet werden
Subgenus = Untergattung, taxonomische Rangstufe unterhalb der Gattung
Subspezies, ssp. = Unterart, taxonomische Rangstufe unterhalb der Art
Sukzession = zeitliche Aufeinanderfolge von Ökosystemen an einem Ort
Symbiose = Zusammenleben unterschiedlicher Organismen mit gegenseitigem Vorteil
Synonyme, Synonymie = verschiedene ungültige Namen für ein und dasselbe Taxon
Systematik = Wissenschaft, die sich mit der Gliederung und Definition der Taxa beschäftigt
Taxon = taxonomische Kategorie unbestimmter Rangstufe
Taxonomie = theoretische Disziplin zur Klassifikation verschiedener Taxa
Tetrade = Pollen im Viererverband, die aus einer Pollenmutterzelle durch Reduktionsteilung gebildet werden.
Tetraploidie, tetraploid = vgl. triploid - Zellen mit vierfachem Chromosomen-Satz bzw. eine Pflanze, die aus dsolchen Zellen besteht, ist tetraploid.
Tribus = taxonomische Rangstufe unterhalb der Familie
triploid = Zellen mit einem dreifachen Chromosomensatz
Unterart = siehe S. 4-5
Varietät = siehe S. 4-5
Viscidium = Haftscheibe, an der Pollen anheften
zygomorphe Blüten = Blüten mit nur einer Symmetrieebene
Zygote = Verschmelzungsprodukt von Eizelle mit Samenzelle. Ergebnis der Befruchtung
Zytologie = Zellenlehre

Index

Fett hervorgehoben sind die Seiten, auf denen Arten und Unterarten im Text des Artenteils besprochen werden.

E

F

G

O

P

R

Bildnachweise der Hybriden

Allgemeine Erläuterungen

Anacamptis coriophora
Wanzen-Knabenkraut

S: 14, F: 38
H: 245, 248, 249

H: Verweis auf Seiten, auf denen Hybriden mit der Art namentlich erwähnt oder abgebildet werden.

S: Verweis auf die Seite, auf der die Systematik zur Art abgehandelt wird.

F: Verweis auf Seite im Buch, auf der Frucht oder Samenkapsel der Art abgebildet wird.

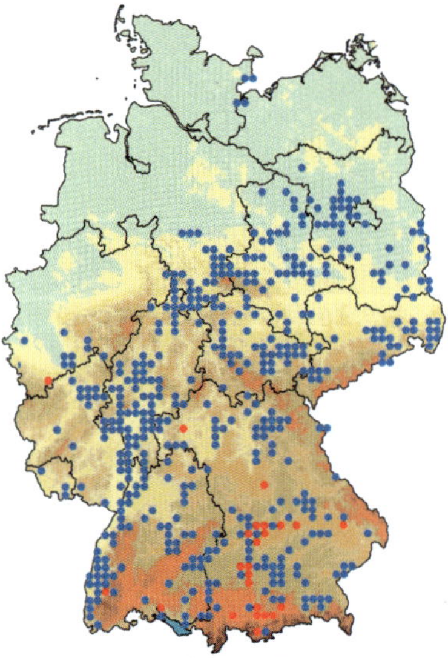

Funde vor 1980

Funde ab 1980

Jeder Punkt entspricht einem Messtischblatt

Ökologie: T.3w32-453-g
Vegetationsphase: 1-9, Blütezeit: 5-7
Verbreitung: gesamt 17%, aktuell 1%

Ökologie: Schlüssel nach LANDOLT (siehe rechts)

Vegetationsphase: Zeitangabe als Monate, in denen die Pflanze oberirdische Organe zeigt, d. h. die Zeit vom Beginn des Austrieb bis zum Aussamen. Analog wird die **Blütezeit** angegeben.

Verbreitung: Als gesamte Verbreitung wird die Prozentzahl aller Messtischblätter verstanden, in denen die Pflanze nachgewiesen wurde. Die aktuelle Verbreitung ist die Prozentzahl, in denen die Pflanze ab 1980 nachgewiesen wurde.